T0181450

Werkstofftechnische Berichte | Reports of Materials Science and Engineering

Reihe herausgegeben von

Frank Walther, Lehrstuhl für Werkstoffprüftechnik (WPT), Technische Universität Dortmund, Dortmund, Nordrhein-Westfalen, Deutschland

In den Werkstofftechnischen Berichten werden Ergebnisse aus Forschungsprojekten veröffentlicht, die am Lehrstuhl für Werkstoffprüftechnik (WPT) der Technischen Universität Dortmund in den Bereichen Materialwissenschaft und Werkstofftechnik sowie Mess- und Prüftechnik bearbeitet wurden. Die Forschungsergebnisse bilden eine zuverlässige Datenbasis für die Konstruktion, Fertigung und Überwachung von Hochleistungsprodukten für unterschiedliche wirtschaftliche Branchen. Die Arbeiten geben Einblick in wissenschaftliche und anwendungsorientierte Fragestellungen, mit dem Ziel, strukturelle Integrität durch Werkstoffverständnis unter Berücksichtigung von Ressourceneffizienz zu gewährleisten.
Optimierte Analyse-, Auswerte- und Inspektionsverfahren werden als Entscheidungshilfe bei der Werkstoffauswahl und -charakterisierung, Qualitätskontrolle und Bauteilüberwachung sowie Schadensanalyse genutzt. Neben der Werkstoffqualifizierung und Fertigungsprozessoptimierung gewinnen Maßnahmen des Structural Health Monitorings und der Lebensdauervorhersage an Bedeutung. Bewährte Techniken der Werkstoff- und Bauteilcharakterisierung werden weiterentwickelt und ergänzt, um den hohen Ansprüchen neuentwickelter Produktionsprozesse und Werkstoffsysteme gerecht zu werden.

Reports of Materials Science and Engineering aims at the publication of results of research projects carried out at the Chair of Materials Test Engineering (WPT) at TU Dortmund University in the fields of materials science and engineering as well as measurement and testing technologies. The research results contribute to a reliable database for the design, production and monitoring of high-performance products for different industries. The findings provide an insight to scientific and applied issues, targeted to achieve structural integrity based on materials understanding while considering resource efficiency.
Optimized analysis, evaluation and inspection techniques serve as decision guidance for material selection and characterization, quality control and component monitoring, and damage analysis. Apart from material qualification and production process optimization, activities concerning structural health monitoring and service life prediction are in focus. Established techniques for material and component characterization are aimed to be improved and completed, to match the high demands of novel production processes and material systems.

Alexander Koch

Verbindungsmechanismen und Leistungsfähigkeit von stranggepressten und feldunterstützt gesinterten Halbzeugen aus wiederverwerteten Aluminiumspänen

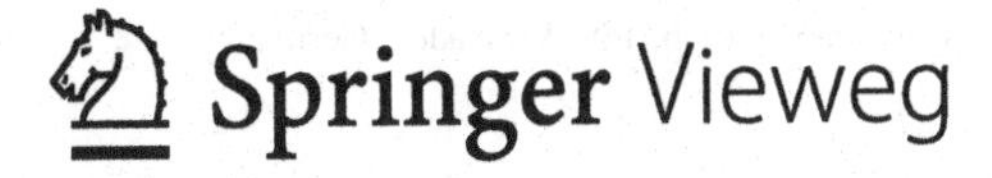

Alexander Koch
Werne, Deutschland

Veröffentlichung als Dissertation in der Fakultät Maschinenbau der Technischen Universität Dortmund.
Promotionsort: Dortmund
Tag der mündlichen Prüfung: 30.06.2023
Vorsitzender: Prof. PD Dr.-Ing. Dipl.-Inform. Andreas Zabel
Erstgutachter: Prof. Dr.-Ing. habil. Frank Walther
Zweitgutachter: Prof. Dr.-Ing. Christoph Broeckmann
Mitberichter: Prof. Dr.-Ing. Prof. h.c. Dirk Biermann

ISSN 2524-4809 ISSN 2524-4817 (electronic)
Werkstofftechnische Berichte | Reports of Materials Science and Engineering
ISBN 978-3-658-44530-0 ISBN 978-3-658-44531-7 (eBook)
https://doi.org/10.1007/978-3-658-44531-7

Die Deutsche Nationalbibliothek verzeichnet diese Publikation in der Deutschen Nationalbibliografie; detaillierte bibliografische Daten sind im Internet über https://portal.dnb.de abrufbar.

Planung/Lektorat: Carina Reibold
Springer Vieweg ist ein Imprint der eingetragenen Gesellschaft Springer Fachmedien Wiesbaden GmbH und ist ein Teil von Springer Nature.
Die Anschrift der Gesellschaft ist: Abraham-Lincoln-Str. 46, 65189 Wiesbaden, Germany

Das Papier dieses Produkts ist recycelbar.

Geleitwort

Die Forschungsaktivitäten des Lehrstuhls für Werkstoffprüftechnik an der Technischen Universität Dortmund im Bereich der Leichtmetalle konzentrieren sich auf die Untersuchung von Aluminiumlegierungen für Leichtbau-Anwendungen, insbesondere in Bezug auf die hohe spezifische Festigkeit, Korrosionsbeständigkeit und Eignung für Umformprozesse. Die Untersuchungen zielen primär darauf ab, ein Verständnis für das Verhalten und die Leistungsfähigkeit dieser Legierungen im Kontext innovativer Produktionsverfahren, wie z. B. Solid-State-Recycling, zu generieren.

Die vorliegende Arbeit behandelt zwei verschiedene Solid-State-Recyclingverfahren, um industrielle Aluminiumspäne wiederzuverwerten: SPD (severe plastic deformation)-basierte und FAST (field-assisted sintering)-basierte Verfahren. Im Zuge dessen werden umfangreiche Analyse- und Charakterisierungsmethoden, wie Elektronenrückstreubeugung und energiedispersive Röntgenanalyse, eingesetzt, um mögliche Einflussgrößen, die die Eigenschaften der hergestellten Halbzeuge bestimmen, zu identifizieren. Untersuchungen der Leistungsfähigkeit, quasistatisch wie zyklisch, dienen der Bewertung der Einsetzbarkeit dieser Halbzeuge. Darüber hinaus finden elektrische Widerstandsmessungen Anwendung, um Mikrostruktur- und Defektcharakteristika zu ermitteln und auftretende Struktur- und Verbindungsmechanismen zu separieren. Auf Basis der Bestimmung einzelner Anteile ver- und entfestigender Mechanismen wird ein Modell entwickelt, das die Leistungsfähigkeit auf Basis struktur- und defektbezogener Charakteristika vorhersagen kann.

Die Ergebnisse stellen sicher, dass die Energie- und Ressourceneffizienz von Aluminium und seinen Legierungen durch innovative Recyclingverfahren verbessert wird und bieten eine umfangreiche Aufklärung der grundlegenden Mechanismen und der Leistungsfähigkeit der spanbasierenden Halbzeuge. Dadurch wird die Nutzung dieser Bauteile in Anwendungen der Automobil- und Luftfahrtindustrie gefördert.

Dortmund
September 2023

Frank Walther

Vorwort

Die vorliegende Arbeit entstand während meiner Zeit als wissenschaftlicher Mitarbeiter am Lehrstuhl für Werkstoffprüftechnik der Technischen Universität Dortmund. Mein Dank geht an die Deutsche Forschungsgemeinschaft für die Förderung der durchgeführten Projekte. Diese wurden in Kooperation mit dem Institut für Umformtechnik und Leichtbau der Technischen Universität Dortmund (Ermittlung und Erweiterung der Einsatzgrenzen bei der umformtechnischen Wiederverwertung von Aluminiumspänen) und dem Institut für Umformtechnik und Umformmaschinen der Leibniz Universität Hannover (Mechanismenbasierte Charakterisierung und Bewertung der Leistungsfähigkeit unter Druck resistiv gesinterter Halbzeuge aus wiederverwerteten Aluminiumspänen) bearbeitet.

Herrn Prof. Dr.-Ing. habil. Frank Walther möchte ich meinen aufrichtigen Dank für seine herausragende fachliche und persönliche Betreuung aussprechen. Seine inspirierenden Diskussionen und die Gelegenheit, mich unter seiner Anleitung weiterzuentwickeln, waren für mich von unschätzbarem Wert. Mein Dank gilt auch Herrn Prof. Dr.-Ing. Christoph Broeckmann für die Übernahme des Korreferats sowie Herrn Prof. Dr.-Ing. Prof. h.c. Dirk Biermann und Prof. PD Dr.-Ing. Dipl. Inform. Andreas Zabel für ihre Bereitschaft, im Promotionsprüfungsverfahren mitzuwirken.

Die produktive und kollegiale Zusammenarbeit mit Herrn Jonathan Ursinus war eine bereichernde Erfahrung. Ich bin ihm besonders für die intensiven Diskussionen und die Bereitstellung von Probenmaterial im Rahmen einer exzellenten Kooperation dankbar.

Mein Dank erstreckt sich an das gesamte Team des Lehrstuhls für Werkstoffprüftechnik für die stets motivierende Arbeitsatmosphäre und kollegiale Unterstützung. Ein besonderer Dank geht an meine geschätzten Kollegen und guten Freunde Nils Wegner und Selim Mrzljak, die in jeder Phase verlässlich an meiner Seite standen und immer ein offenes Ohr für mich und meine Gedanken hatten.

Die Unterstützung durch die studentischen Hilfskräfte und Studienarbeiterinnen und -arbeiter war unerlässlich. Hervorzuheben sind Sarah Laskowski und Lars Hempel für ihre wertvollen Beiträge und ihr Engagement.

Abschließend möchte ich den Säulen meines Lebens – meinen Eltern, Großeltern und meiner Schwester – danken. Ihre bedingungslose und stetige Unterstützung, verbunden mit ihrem tiefen Verständnis, hat den Weg zu meiner Promotion erst ermöglicht.

Werne
September 2023

Alexander Koch

Kurzfassung

Aluminiumlegierungen sind aufgrund ihrer hohen spezifischen Festigkeit, Korrosionsbeständigkeit und Eignung für Umformprozesse vielversprechend für leichtbaurelevante Anwendungen, insbesondere in der Automobil- und Luftfahrtindustrie. Die Primärerzeugung von Aluminium benötigt im Vergleich zu anderen Metallen deutlich mehr Energie und übertrifft die Erzeugung von Stahl um das Zehnfache. In Zeiten des Klimawandels führt dies, verbunden mit der steigenden Nachfrage, zusätzlich zu einer Ressourcenknappheit.

Innovative Produktionsverfahren, wie Solid-State-Wiederverwertungsverfahren gewinnen daher zunehmend an Bedeutung. Im Vergleich zu konventionellen Wiederverwertungsverfahren, die auf Umschmelzen basieren, können durch Solid-State-Wiederverwertungsverfahren sowohl die Energie- als auch die Ressourcenbilanz erheblich verbessert werden. In dieser Arbeit werden zwei verschiedene Solid-State-Wiederverwertungsverfahren für Aluminiumspäne untersucht: SPD (severe plastic deformation)-basierte und FAST (field-assisted sintering)-basierte Verfahren. Ziel der Arbeit ist es, die möglichen Einflussgrößen, die die Eigenschaften der hergestellten Halbzeuge bestimmen, zu identifizieren und die Leistungsfähigkeit der beiden Wiederverwertungsverfahren vergleichend zu bewerten.

Die SPD-basierte Prozessroute realisiert die Verbindung der Späne durch hohe Deformationen in einem Strangpressprozess, während die FAST-basierte Prozessroute aus einem feldunterstützten Sinterprozess zur Konsolidierung der Späne und einem Voll-Vorwärts-Fließpressprozess zur Fertigung von Halbzeugen besteht. Um die Einflussgrößen und die zugrunde liegenden Verbindungsmechanismen der Späne zu identifizieren, wurden verschiedene mikrostrukturelle Analyse- und Charakterisierungsmethoden, wie Elektronenrückstreubeugung und energiedispersive Röntgenanalyse, angewandt. Darüber hinaus wurden die mechanischen Eigenschaften der Halbzeuge mittels Zug-, Druck- und Ermüdungsversuchen umfassend untersucht, um die Leistungsfähigkeit zu bewerten. Schließlich wurden elektrische Widerstandsmessungen durchgeführt, um sowohl Struktur- als auch Defekteigenschaften zu charakterisieren.

Die mikrostrukturellen Untersuchungen zeigten, dass die SPD-basierte Wiederverwertungsroute eine stark inhomogene Korn-, Span- und Defektstruktur aufweist, während die FAST-basierte Wiederverwertungsroute eine homogene Mikrostruktur zur Folge hat. Die mechanischen Untersuchungen zeigten signifikante Einflüsse der Probenposition und des Pressverhältnisses auf die mechanischen Eigenschaften für die SPD-basierte Wiederverwertungsroute. Die lokalen Werkstoffeigenschaften sind damit eine Folge lokaler Änderungen der Prozessgrößen. Bezogen auf die FAST-basierte Wiederverwertungsroute wurden signifikante Einflüsse von Sintertemperatur und -zeit auf die mechanischen Eigenschaften festgestellt. Es konnte zudem gezeigt werden, dass mikrostrukturelle Verfestigungsmechanismen wie Ausscheidungs- und Versetzungsverfestigung zu einer deutlichen Erhöhung der Festigkeit führen und dabei die Referenz deutlich übertreffen können.

Die elektrischen Widerstandsmessungen ermöglichten die Entwicklung kombinierter Charakterisierungsstrategien für die Defektverteilung und Mikrostrukturcharakteristika. Auf diese Weise konnten Einflüsse der verschiedenen Verfestigungsmechanismen separiert werden, sodass quasistatische und zyklische Eigenschaften auf Basis der elektrischen Widerstandsmessung modellbasiert vorhergesagt und ein Maß für die Spangrenzenqualität bestimmt werden konnten.

Abstract

Aluminum alloys are promising candidates for lightweight relevant applications due to their high specific strength, corrosion resistance, and suitability for forming processes, particularly in the automotive and aerospace industries. The primary production of aluminum compared to other metals is significantly more energy-intensive and exceeds, for example, the production of steel by a factor of ten, which in times of climate change, coupled with increasing demand, leads to resource scarcity.

Innovative production methods, such as solid-state recycling processes, are therefore becoming increasingly important. Compared to conventional recycling processes based on re-melting, solid-state recycling processes can significantly improve both energy and resource efficiency. In this work, two different solid-state recycling processes are considered to recycle aluminum chips: SPD (severe plastic deformation)-based and FAST (field-assisted sintering)-based processes. The aim of this work is to identify the possible influencing factors that determine the properties of the produced semi-finished products and to comparatively evaluate the performance of the two recycling processes.

The SPD-based process route realizes the bonding of the chips by high deformation in a hot extrusion process, while the FAST-based process route consists of a field-assisted sintering process for consolidating the chips and a direct impact extrusion process for manufacturing semi-finished products. To identify the influencing factors and the underlying bonding mechanisms of the chips, various microstructural analysis and characterization methods, such as electron backscatter diffraction and energy-dispersive X-ray analysis, were applied. In addition, the mechanical properties of the semi-finished products were characterized by tensile, compression, and fatigue tests to assess the performance. Finally, electrical resistance measurements were carried out to characterize both microstructural and defect properties.

The microstructural investigations showed that the SPD-based recycling route has a highly inhomogeneous grain, chip, and defect structure, while the FAST-based recycling route's microstructure is homogeneous. The mechanical investigations showed significant influences of the sample position and the extrusion ratio on the mechanical properties for the SPD-based recycling route. The local material properties are thus a consequence of local changes in process variables. In the FAST-based recycling route, influences of sintering temperature and time on the mechanical properties were found. It was also shown that hardening mechanisms such as precipitation and work hardening lead to a significant increase in strength, exceeding the reference.

The electrical resistance measurements enabled the development of combined characterization strategies for defect distribution and microstructural characteristics. Influences of hardening and softening mechanisms could be separated so that quasi-static and cyclic properties can be predicted model-based by electrical resistance measurements and a new characteristic value for the quality of the chip boundaries could be applied.

Inhaltsverzeichnis

Abkürzungsverzeichnis

Abb.	Abbildung
AC	Wechselspannung (Alternating current)
ACPD	Wechselstrompotenzialsonde (Alternating current potential drop)
AFM	Rasterkraftmikroskop (Atomic force microscope)
Al	Aluminium
B	Bor
BSE	Rückstreuelektronen (Backscatter electrons)
CAD	Computerunterstütztes Design (Computer aided design)
CDRX	Kontinuierliche dynamische Rekristallisation
CI	Confidence Index
CT	Computertomografie
Cu	Kupfer
DC	Gleichspannung (Direct current)
DCPD	Gleichstrompotenzialsonde (Direct current potential drop)
DMZ	Totmetallzone (Dead metal zone)
DRX	Dynamische Rekristallisation
EBSD	Elektronenrückstreubeugung
ECCI	Electron channeling contrast imaging
EDX	Energiedispersive Röntgenspektroskopie
E-Modul	Elastizitätsmodul
ESV	Einstufenversuch
Fa	Firma
FAST	Feldaktives Sintern (Field assisted sintering)
Fe	Eisen
FEM	Finite-Element-Methode
GAM	mittlere Kornfehlorientierung (Grain average misorientation)

GBM	Korngrenzenfehlorientierung (Grain boundary misorientation)
GDRX	Geometrische Rekristallisation
Gew	Gewachsen
GNV/GND	Geometrisch notwendige Versetzungsdichte
GOS	Grain orientation spread
GP	Guinier-Preston
GROD	Grain reference orientation derivation
GWKG	Großwinkelkorngrenze
H	Wasserstoff
HCF	High cycle fatigue
HP	Heißpressen
IPF	Inverse Polfigur (Inverse pole figure)
KAM	Kernel average misorientation
kfz	Kubisch flächenzentriert
krz	Kubisch raumzentriert
KSS	Kühlschmierstoff
KWKG	Kleinwinkelkorngrenze
LCF	Low cycle fatigue
LE	Legierungselemente
LEBM	Linear-elastische Bruchmechanik
LSV	Laststeigerungsversuch
Ma	Masse
MFZ	Materialflusszone (Material flow zone)
Mg	Magnesium
MK	Mischkristall
Mn	Mangan
Nat	Natürlich
ND	Normalrichtung (Normal direction)
NPLC	Number of power line cycles
O	Sauerstoff
Oxid.-f.	Oxidfrei
Oz	Oberflächenzustand
P	Phosphor
PCG	Grobkornzone (Peripheral course grain)
PLS	Druckloses Sintern
PM	Pulvermetallurgie
Pos	Position
Ref	Referenz
REM	Rasterelektronenmikroskop

RFA	Röntgenfluoreszenzanalyse
Sb	Antimon
SE	Sekundärelektronen
Si	Silizium
SiC	Siliziumcarbid
SIZ	Scherintensive Zone (Shear intensive zone)
SPD	Severe plastic deformation
SPS	Spark plasma sintering
Sr	Strontium
SRX	Statische Rekristallisation
SSR	Solid-state-recycling
Tab.	Tabelle
Ti	Titan
VHCF	Very high cycle fatigue
VHP	Vakuum-Heißpressen
VVFP	Voll-Vorwärts-Fließpressen
WB	Wärmebehandlung
Zn	Zink
Zr	Zirkon

Formelzeichenverzeichnis

Formelzeichen	Einheit	Bezeichnung
A	mm^2	Fläche
A	%	Bruchdehnung
a	mm	Risslänge
a^*	mm	Kritische Risslänge
a_c	mm	Risslänge bei Bruch
A_D	mm^2	Defektfläche
A_D	%	Anteil Defektvolumen
b	–	Schwingfestigkeitsexponent
C	–	Konstante im Paris-Gesetz
C_1, C_2	–	Materialabhängige Konstanten in Gleichung nach Charrier und Roux
C_i	mol/m^3	Konzentration der Spezies
D	–	Zweidimensionale Schädigungskenngröße
$d_{äq}$	µm	Äquivalenter Durchmesser
d_B	mm	Blockdurchmesser
d_D	mm	Defektabstand von Messposition
d_e	µm	Eindruckdiagonale
D_i	m^2s^{-1}	Diffusionskonstante
d_K	µm	Kavitätsabstand
d_k /D_{DB}	mm	Korngröße
d_m	mm	Abstand Messkontakte (Messlänge)

(Fortsetzung)

(Fortsetzung)

Formelzeichen	Einheit	Bezeichnung
d_P	mm	Probendurchmesser
d_r, d_R	µm	Randabstand
d_{sw}	µm	Schrittweite
d_t	mm	Defekttiefe
e	As	Elementarladung
E	GPa	Elastizitätsmodul
E_F	V/m	Elektrisches Feld
F	N	Kraft
f	Hz	(Prüf)frequenz
F_0	mm^2	Querschnitt Stranggussbolzen
F_1	mm^2	Querschnitt austretendes Profil
F_A	–	Faktor Auslagerungsverfestigung
F_c	N	Kompaktierungskraft
f_e	–	Längungsfaktor
F_F	C/mol	Faraday-Konstante
F_K	–	Faktor Korngrenzenverfestigung
F_{max}	N	Maximalkraft
F_S	–	Faktor Spangrenzenbeitrag
$F_{S,FP}$	–	Faktor Spangrenzenbeitrag für die Fließpresslinge
$F_{S,Si}$	–	Faktor Spangrenzenbeitrag für die Sinterlinge
F_V	–	Faktor Versetzungsverfestigung
$F_{V,FP}$	–	Faktor Versetzungsverfestigung für die Fließpresslinge
$F_{V,Si}$	–	Faktor Versetzungsverfestigung für die Sinterlinge
$F_{V+A,FP}$	–	Faktor Versetzungsverfestigung und Auslagerungsverfestigung für die Fließpresslinge
h	µm	Eindringtiefe
h_P	mm	Probenhöhe
HV	HV	Vickers-Härte
HV_0	HV	Initiale Vickers-Härte
$HV_{R,Si}$	HV	Vickers-Härte der spanbasierten Referenz
$HV_{S,FP}$	HV	Vickers-Härte des spanbasierten Fließpresslings

(Fortsetzung)

(Fortsetzung)

Formelzeichen	Einheit	Bezeichnung
$HV_{S,Si}$	HV	Vickers-Härte des spanbasierten Sinterlings
I	A	Stromstärke
J_i	m^2s^{-2}	Fluss der diffundierenden i-ter Art
K	–	Neigungskennzahl
k_1	–	Konstante in Hall–Petch Beziehung
k_B	m^2 kg s^{-2} K^{-1}	Boltzmann-Konstante
K_C	MPa$\sqrt{m}$	Bruchzähigkeit
K_H	HV $\sqrt{\mu m}$	Faktor der Hall–Petch-Beziehung
K_I, K_{II}, K_{III}	MPa$\sqrt{m}$	Spannungsintensitätsfaktor
K_{th}	MPa$\sqrt{m}$	Schwellwert der Spannungsintensität
L	mm	Gleitlänge
l	mm	Leiterlänge
L_0	mm	Messlänge
l_B	mm	Blocklänge
l_O	µm	Oxidlänge
l_p	mm	Prüflänge
L_Z	V^2/K^2	Lorentz-Zahl
m	–	Konstante im Paris-Gesetz
m_b	g	Blockmasse
N	–	Lastspielzahl
N_B	–	Bruchlastspielzahl
$N_{B,150MPa}$	–	Auf eine Spannungsamplitude von 150 MPa bezogene Bruchlastspielzahl
$N_{B,V}$	–	Abgeschätzte Bruchlastspielzahl
N_D	–	Defektanzahl
$N_{D,m}$	–	Anzahl gemittelter Defekte
N_G	–	Grenzlastspielzahl
N_V	1/mm	Versetzungsdichte
p	MPa	Druck
P_D	mm	Abstandsgewichteter Defektparameter
p_H	MPa	Hydrostatischer Druck

(Fortsetzung)

(Fortsetzung)

Formelzeichen	Einheit	Bezeichnung
P_{rad}	W	Emittierte Strahlung
P_Z	μm^2	Projizierte Defektfläche
q	MPa	Von-Mises Vergleichsspannung
Q	J	Diffusionsaktivierungsenergie
R	Ω	Elektrischer Widerstand
R	–	Spannungsverhältnis
R^2	–	Bestimtheitsmaß
R_A	μΩ	Auslagerungsinduzierter Anteil auf elektrischen Widerstand
R_d	MPa	Druckfestigkeit
R_d	μΩ	Elektrischer Widerstand des defektbehafteten Materials
$R_{d0,2}$	MPa	0,2 %-Stauchgrenze
R_{df}	μΩ	Elektrischer Widerstand des defektfreien Materials
R_G	$J\ K^{-1}\ mol^{-1}$	Gaskonstante
R_i	Ω	Initialer elektr. Widerstand
R_{korr}	Ω	Korr. elektr. Widerstand
R_m	MPa	Zugfestigkeit
$R_{m,FP}$	MPa	Zugfestigkeit Fließpressling
$R_{m,R}$	MPa	Zugfestigkeit Referenz
$R_{m,S}$	MPa	Zugfestigkeit spanbasierter Zustand
R_p	–	Pressverhältnis
$R_{p0,2}$	MPa	0,2-Dehngrenze
R_T	μΩ	Temperaturinduzierter Anteil auf elektrischen Widerstand
R_V	–	Von Versetzungsdichte abhängiger Parameter in Gleichung nach Kaveh und Wiser
R_V	μΩ	Versetzungsverfestigungsinduzierter Anteil auf elektrischen Widerstand
s_{ij}	MPa	Spannungskomponenten
T	°C	Temperatur
t	s	Zeit
T_c	°C	Kompaktierungstemperatur

(Fortsetzung)

(Fortsetzung)

Formelzeichen	Einheit	Bezeichnung
t_P	mm	Probendicke
U	V	Spannung
v	mm/Zyklus	Rissfortschrittsrate
V_D	mm^3	Defektvolumen
W	mm	Probenbreite
Y	–	Geometriefaktor
z*	C	Effektive Ladung
α_M	–	Materialspezifische Konstante in Matthiessen-Regel
β_M	–	Materialspezifische Konstante in Matthiessen-Regel
δ	μm	Eindringtiefe
ΔK_I, ΔK_{II}, ΔK_{III}	$MPa\sqrt{m}$	Schwingbreite der Spannungsintensität
$\Delta \rho_D$	Ωm	Anteil der Streuung durch Gitterdefekte
$\Delta \rho_{El}$	Ωm	Anteil der Streuung zwischen Elektronen
$\Delta \rho_{Ph}$	Ωm	Anteil der Streuung durch thermische Gitterschwingungen
$\Delta \sigma$	MPa	Spannungsschwingbreite
ε	–	Dehnung
$\varepsilon_{a,p}$	–	Pl. Dehnungsamplitude
$\varepsilon_{a,t}$	–	Totaldehnungsamplitude
ε_e	–	Elastische Dehnung
ε_p	–	Plastische Dehnung
ε_{rad}	–	Emissionsgrad
ε_t	–	Totaldehnung
κ	S/m	Elektrische Leitfähigkeit
λ	W/mK	Wärmeleitfähigkeit
λ_{max}	nm	Maximum des Wellenlängenspektrums
ρ	Ωm	Spez. Widerstand
ρ_B	g/cm^3	Blockdichte
ρ_{rel}	%	Relative Dichte
ρ_V	m/m^3	Versetzungsdichte
σ	MPa	Spannung
σ_0	MPa	Reibspannung

(Fortsetzung)

(Fortsetzung)

Formelzeichen	Einheit	Bezeichnung
σ_a	MPa	Spannungsamplitude
$\sigma_{a,B}$	MPa	Bruchspannungsamplitude
σ_m	MPa	Mittelspannung
σ_N	MPa	Nominale Spannung
$\sigma_{N,D}$	MPa	Nominale Druckspannung
σ_O, σ_{max}	MPa	Oberspannung
$\sigma_{o,B}$	MPa	Bruchoberspannung
$\sigma_{S,FP}$	MPa	Auf Spangrenzen zurückzuführende Festigkeit für Fließpressling
$\sigma_{S,Si}$	MPa	Auf Spangrenzen zurückzuführende Festigkeit für Sinterling
σ_{SB}	MPa	Spannung
σ_U	MPa	Unterspannung
σ_W	MPa	Wechselfestigkeit
σ_y	MPa	Streckgrenze
τ	MPa	Scherspannung
υ	–	Querkontraktionszahl

Abbildungsverzeichnis

Tabellenverzeichnis

1 Einleitung und Zielsetzung

Aufgrund ihrer hohen spezifischen Festigkeit, Korrosionsbeständigkeit und ausgeprägten Eignung für Umformprozesse sind Aluminiumlegierungen vielversprechende Kandidaten für leichtbaurelevante Anwendungen, insbesondere in der Automobil- und Luftfahrtindustrie. Aluminium ist nach Stahl das am zweithäufigsten verwendete Metall. Aufgrund der steigenden Nachfrage im Zeitalter des Klimawandels sowie der zunehmenden Ressourcenknappheit prognostizieren Studien ein Wachstum der Aluminiumnutzung von etwa 30 % von 2015 bis 2025.

Ein Nachteil von Aluminium ist seine kosten- und energieintensive Produktion. Die Herstellung von Primäraluminium aus Bauxit durch das Schmelzflusselektrolyseverfahren erfordert etwa 200 MJ/kg Energie und verbraucht somit zehnmal mehr Energie als die Stahlproduktion. Um den hohen Energieverbrauch und damit die Kohlendioxidemissionen zu minimieren, was aufgrund der wachsenden Nachfrage an Bedeutung gewinnt, kann der Einsatz von Primäraluminium durch Wiederverwertung reduziert werden. Die Eigenschaften dieses sog. Sekundäraluminiums können aufgrund von Verunreinigungselementen variieren. Konventionelle – auf Umschmelzen basierende – Wiederverwertungsverfahren benötigen etwa 5 % der Energie im Vergleich zur Primäraluminiumproduktion, d. h. halb so viel Energie wie in der Stahlproduktion.

Um diesen Anteil weiter zu reduzieren, sind sog. Solid-State-Recyclingprozesse, die kein Materialumschmelzen erfordern, Gegenstand der aktuellen Forschung. Insbesondere für die Wiederverwertung von Spänen, die aus Sicht des Herstellers als Abfall gelten, sind Solid-State-Recyclingprozesse

A. Koch, *Verbindungsmechanismen und Leistungsfähigkeit von stranggepressten und feldunterstützt gesinterten Halbzeugen aus wiederverwerteten Aluminiumspänen*, Werkstofftechnische Berichte | Reports of Materials Science and Engineering, https://doi.org/10.1007/978-3-658-44531-7_1

geeignet, da ein beim Umschmelzen zu Herausforderungen führender signifikanter Abbrand aufgrund des hohen Oberflächen-Volumen-Verhältnisses der Späne verhindert werden kann.

Solid-State-Recyclingprozesse können in zwei Kategorien unterteilt werden, abhängig vom Verbindungsmechanismus. So können Schweiß- und Diffusionsmechanismen unterschieden werden, abhängig von den Prozessbedingungen. Die Qualität der resultierenden Produkte hängt von der Qualität der Grenzflächen zwischen den einzelnen Spänen ab. SPD (severe plastic deformation)-basierte Prozesse erreichen die Verbindung der Späne durch einen Mikroschweißprozess zwischen den Spänen. Voraussetzung für erfolgreiches Schweißen ist das Aufbrechen der die Späne umhüllenden Oxidschichten, um Metall-Metall-Kontakt sicherzustellen. Bei SPD-Prozessen wird das Aufbrechen durch hohen Druck und hohe Dehnung zwischen den Spänen erreicht und wird typischerweise mittels eines Strangpressprozesses realisiert. Das Prozessfenster von SPD-Prozessen ist begrenzt, bedingt durch die erforderliche Kombination von hohen Scherbeanspruchungen und hohem Druck, sodass das auf diese Weise hergestellte wiederverwertete Material nicht die mechanischen Eigenschaften der umschmelztechnisch hergestellten Referenzmaterialien erreicht.

Die zweite Kategorie von Solid-State-Recyclingprozessen sind Pulvermetallurgie-basierte (PM) Verfahren, die das Verbinden der Späne durch drucküberlagerte Diffusionsprozesse erreichen. Eine typische Prozessroute besteht aus einem feldunterstützten Sinterprozess (FAST - field assisted sintering) zur Konsolidierung der Späne, gefolgt von einem Voll-Vorwärts-Fließpressprozess zur Fertigung von Halbzeugen. Die mechanischen Eigenschaften können mit der PM-Prozessroute im Vergleich zur SPD-basierten Prozessroute deutlich verbessert werden. Eine große Herausforderung bei PM-basierten Prozessen besteht darin, eine homogene Mikrostruktur zu erreichen, die eine wichtige Voraussetzung für die Homogenität von Werkstoffeigenschaften ist.

Ziel dieser Arbeit ist zunächst die Identifikation der möglichen Einflussgrößen, die die Eigenschaften der durch Solid-State-Recycling hergestellten Halbzeuge bestimmen. Dabei werden bekannte Einflussgrößen zunächst auf Basis des aktuellen Stands der Technik zusammengetragen. Durch kombinierte zerstörungsfreie und zerstörende Prüfverfahren werden anschließend zunächst mikrostrukturelle Einflussgrößen, die die Leistungsfähigkeit der Spangrenzflächen betreffen, identifiziert und die zugrunde liegenden Verbindungsmechanismen aufgeklärt. Ein Fokus liegt hierbei auf der vergleichenden Betrachtung der beiden Wiederverwertungsstrategien, bei der aufgrund der sich deutlich unterscheidenden Prozessführung deutliche Unterschiede in Art und Größe der Einflussfaktoren zu erwarten ist.

Auf Basis der kombinierten Untersuchungsmethoden werden weitere, über den Stand der Technik hinausgehende Einflussgrößen auf die Eigenschaften und Leistungsfähigkeit diskutiert, durch eine messtechnikunterstützte Versuchsführung voneinander separiert und in ihrem Einfluss auf die Eigenschaften vergleichend eingeschätzt.

Eine übergeordnete Relevanz nimmt hierbei die elektrische Widerstandsmessung ein, da durch das Potenzial zur Aufzeigung mikrostruktursensibler Materialeigenschaften Aussagen sowohl über die Defekteigenschaften, als auch über mikrostrukturelle Eigenschaften getroffen werden können. Da die Messung des elektrischen Widerstands messprinzipbedingt vor allem zur globalen Charakterisierung von Werkstoffeigenschaften genutzt wird, werden zunächst Untersuchungen zur Lokalisierung des Messverfahrens durchgeführt. Hierbei wird charakterisiert, wie Defekte und Mikrostrukturcharakteristika lokal zu Widerstandsänderungen führen und durch welche Größen diese beeinflusst sind. Analog zur Einschätzung der Prozesseinflussgrößen auf die Leistungsfähigkeit wird daher zunächst eine Messstrategie zur lokalen defekt- und mikrostruktursensitiven Werkstoffcharakterisierung entwickelt und optimiert. Zudem werden mögliche Einflussgrößen separiert betrachtet und ein Modell zur Einschätzung und Abgrenzung defekt- und mikrostrukturbedingter Charakteristika entwickelt, das die generierten mechanischen, elektrischen und defektspezifischen Eigenschaften zusammenfassend zur Vorhersage von Werkstoffeigenschaften nutzt.

2 Grundlagen und Stand der Technik

2.1 Aluminium und seine Legierungen

Aluminium und seine Legierungen erfahren eine kontinuierlich steigende Verbreitung [1]. Ursachen hierfür liegen in den hervorragenden Gebrauchseigenschaften und dem durch Zugabe spezifischer Legierungselemente breit anpassbaren Eigenschaftsprofil. Mit einer Dichte von ca. 2,7 g/cm^3 gehört Aluminium zu den Leichtmetallen und eignet sich daher insbesondere für Anwendungen in leichtbaurelevanten Bereichen wie Luft- und Raumfahrttechnik sowie Automobilindustrie [2].

Die kubisch-flächenzentrierte Gitterstruktur von Aluminium ermöglicht eine ausgezeichnete Verformbarkeit des Materials, wodurch Umformprozesse besonders geeignet sind. Diese Eigenschaft ermöglicht es, den Energieaufwand bei herkömmlichen Fertigungsmethoden wie dem Strangpressen zu verringern und gleichzeitig eine hohe Oberflächenqualität zu erzielen [2]. Aufgrund dieser positiven Eigenschaften wurde Aluminium nach Stahl das wichtigste Gebrauchsmetall [2].

Allerdings sieht sich die Aluminiumindustrie angesichts zunehmender Umweltauswirkungen neuen Herausforderungen gegenüber, insbesondere im Hinblick auf den Energieverbrauch bei der Aluminiumproduktion. Untersuchungen zeigen, dass der größte Teil der Energie in der umformenden Fertigung nicht für die eigentliche Fertigung (7 %), also Erwärmen und Umformen, sondern für die Bereitstellung der Rohstoffe (93 %) benötigt wird [3,4]. Daher ist es besonders wichtig, den Energieverbrauch bei der Herstellung von Rohmaterialien

A. Koch, *Verbindungsmechanismen und Leistungsfähigkeit von stranggepressten und feldunterstützt gesinterten Halbzeugen aus wiederverwerteten Aluminiumspänen*, Werkstofftechnische Berichte | Reports of Materials Science and Engineering, https://doi.org/10.1007/978-3-658-44531-7_2

zu reduzieren. Die Produktion von primärem Aluminium, dargestellt in Abbildung 2.1, erfolgt durch die Verarbeitung des Rohstoffs Bauxit, aus dem im Bayer-Verfahren (1) Aluminiumoxid gewonnen wird [2,5,6]. Als Abfallprodukt entsteht dabei als Folge der Reaktion mit Natronlauge sog. Rotschlamm, der u. a. Eisen- und Titanoxid enthält und ein Abfallprodukt darstellt [2]. Das Aluminiumoxid wird anschließend in einer energieintensiven Schmelzflusselektrolyse (2) zu Aluminium weiterverarbeitet und üblicherweise in Blöcken gegossen [5,6]. Umweltbelastungen und Treibhausgase entstehen dabei in jedem Schritt der Primäraluminiumerzeugung. In der Bauxitaufbereitung werden fossile Rohstoffe verwendet, in der Schmelzflusselektrolyse wird eine elektrische Energie von etwa 15.000 kWh/t Aluminium genutzt und in den chemischen Begleitprozessen der Schmelzflusselektrolyse und beim anschließenden Gießen werden neben CO_2 Perfluorcarbone freigesetzt [5].

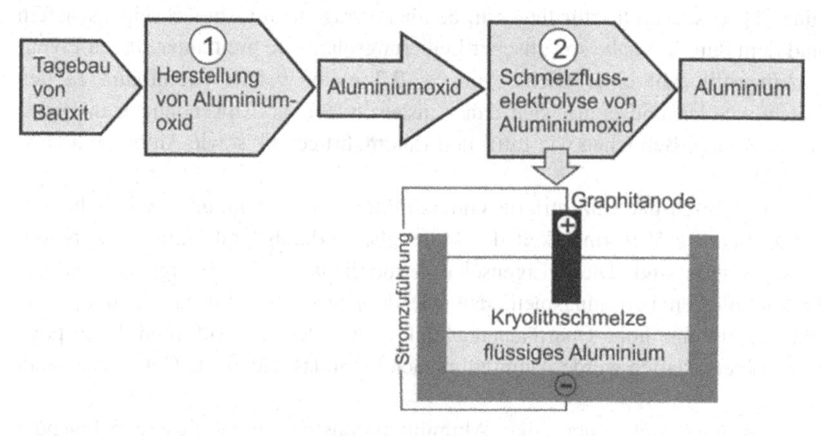

Abbildung 2.1 Abfolge bei der Gewinnung von Primäraluminium [6][1]

Um den Materialkreislauf von Aluminium zu erweitern und den Energieverbrauch erheblich zu reduzieren, wird die Elektrolyse umgangen und ein immer größerer Anteil des Aluminiums wiederverwertet. Im Vergleich zur Herstellung von Primäraluminium führt das Wiederaufschmelzen von Aluminiumschrott zu einer beachtlichen Energieeinsparung von 95 % [7–9]. Bauteile aus wiederverwertetem Aluminium zeigen so gut wie keine Verschlechterung der mechanischen

[1] *Reproduced with permission from Springer Nature.*

Eigenschaften [3,10]. Dies ist sowohl auf die Korrosionsbeständigkeit des Aluminiums als auch auf die Legierungszusätze zurückzuführen, die speziell entwickelt wurden, um mögliche Verunreinigungen zu tolerieren und die Gefüge zu modifizieren, z. B. durch Zugabe von Kornfeinungsmitteln [11]. Dennoch wird bei der Wiederverwertung zumeist Primäraluminium hinzugegeben, um die tolerierbaren Grenzen von verunreinigenden Legierungselementen, speziell Kuper und Eisen, einhalten zu können, da ansonsten eine signifikante Verschlechterung der mechanischen Eigenschaften die Folge ist [12]. Verfahren, die das Trennen von Aluminiumschrott nach Legierungstyp erleichtern und das Recycling noch effizienter gestalten, werden kontinuierlich weiterentwickelt. Neben der Problematik der Verunreinigung besteht bei der Wiederverwertung eine zusätzliche Herausforderung im sogenannten Schmelzeverlust, also der Oxidation der Schmelze [5].

Ein wichtiger werkstoffspezifischer Vorteil von Aluminium ist die Ausbildung einer natürlichen Passivierungsschicht, die in Abbildung 2.2 dargestellt ist [2,13]. Die Passivierungsschicht, auch als Sperrschicht bekannt, besteht in trockener Umgebung und bei Raumtemperatur aus einer porenfreien Aluminiumoxidschicht (Al_2O_3). Diese Sperrschicht ist in einem pH-Bereich von 4,5–8,5 beständig und schützt den darunter liegenden Grundwerkstoff vor Korrosion [2]. Mit steigender Temperatur nehmen das Schichtwachstum und die Schichtdicke bis zu einer Dicke von 1–3 nm weiter zu [13]. An feuchter Luft bildet sich zusätzlich zur Sperrschicht die sog. Deckschicht bestehend aus Aluminiumhydroxid aus. Weiterhin können Legierungselemente des Aluminiums zu Mischoxiden reagieren und somit das Schichtwachstum forcieren. Die Deckschicht besitzt im Gegensatz zur Sperrschicht Poren und ist somit gegenüber äußeren Einflüssen empfänglich [2,13].

Zwar ist die Festigkeit von reinem Aluminium mit etwa 50 MPa [6] verglichen mit Stahl und anderen Konstruktionswerkstoffen als eher gering einzuordnen, jedoch kann die Festigkeit durch Legieren mit bestimmten Elementen, durch unterschiedliche Wärmebehandlungen oder durch Kaltverfestigung erheblich gesteigert werden, sodass Aluminium breit einstellbare Festigkeitsbereiche aufweist, wie Abbildung 2.3 verdeutlicht [2].

Aluminiumlegierungen lassen sich in zwei Hauptkategorien unterteilen: aushärtbare und nicht-aushärtbare Legierungen (Abbildung 2.4). Bei nicht-aushärtbaren Legierungen ist eine Steigerung von Härte und Festigkeit lediglich durch Mischkristallverfestigung oder Kaltverfestigung möglich. Demgegenüber bieten aushärtbare Legierungen weiterhin die Möglichkeit der Ausscheidungshärtung, insbesondere durch die Legierungselemente Magnesium, Silizium, Zink, Kupfer und Mangan [2,15,16].

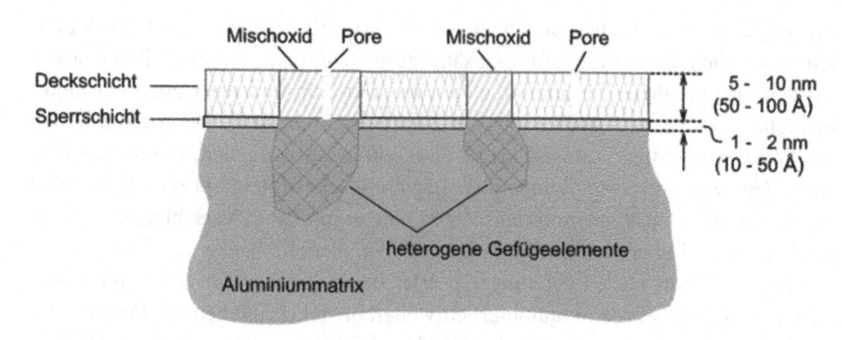

Abbildung 2.2 Oxidschichtsystem von Aluminium [2][2]

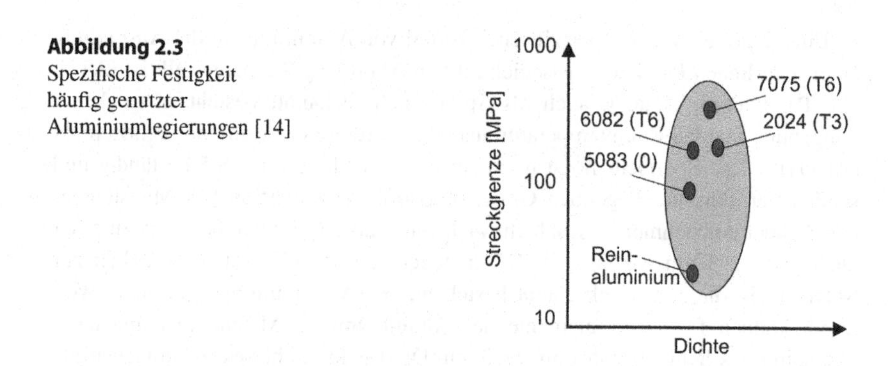

Abbildung 2.3 Spezifische Festigkeit häufig genutzter Aluminiumlegierungen [14]

Für Strangpressprozesse kommen vorrangig AlCuMg-Legierungen zum Einsatz, deren Festigkeit durch Al_2Cu-Ausscheidungen erhöht werden kann. Des Weiteren werden AlZnMg-Legierungen verwendet, deren Härtesteigerung auf $MgZn_2$-Ausscheidungen basiert, sowie AlMgSi-Legierungen, bei denen Mg_2Si-Ausscheidungen zur Härtesteigerung beitragen [3,15,16].

Neben der Klassifizierung auf Basis der Aushärtbarkeit können Aluminiumlegierungen zusätzlich in Knet- und Gusslegierungen untergliedert werden (Abbildung 2.4). Im Vergleich zu Knetlegierungen weisen Gusslegierungen häufig reduzierte mechanische Eigenschaften sowie Porosität auf [2].

[2] *Reproduced with permission from Springer Nature.*

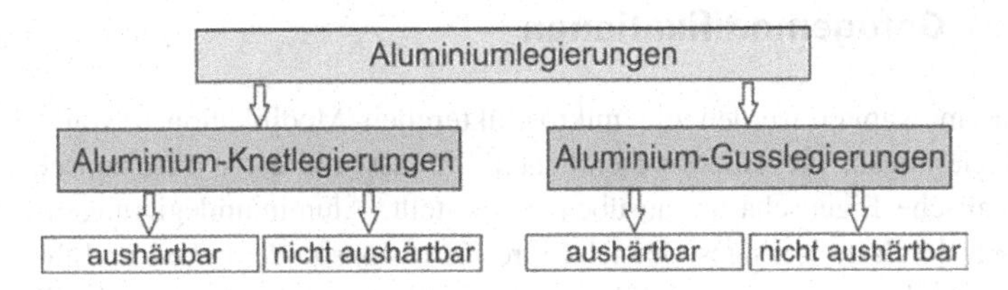

Abbildung 2.4 Einteilung von Aluminiumlegierungen auf Basis der Aushärtbarkeit [6][3]

AlMgSi-Legierungen zählen zu den am häufigsten verwendeten Aluminiumlegierungen. Sie zeichnen sich durch gute Korrosionsbeständigkeit, elektrische Leitfähigkeit und eine gute Wärmebehandelbarkeit aus. Aufgrund ihrer hohen Duktilität und Schweißeignung ergibt sich für sie ein breites Anwendungsspektrum, darunter Zieh-, Schmiede-, Walz- und Strangpressprodukte [2,6,17], insbesondere Fensterprofile, Rahmenstrukturen in der Automobil- und Gebäudetechnik und Wärmetauscher [3].

Die in dieser Arbeit untersuchte Legierung AlMgSi0,5 (EN AW-6060) ist eine Standardlegierung für Strangpressanwendungen. Im Vergleich zu Reinaluminium weist sie verbesserte mechanische Eigenschaften auf, was grundsätzlich für strukturelle Anwendungen von Vorteil ist. Hervorzuheben ist zudem ihr relativ geringer Preis im Vergleich zu sonstigen Aluminiumlegierungen. Ihre Eigenschaften können weiterhin gut durch Wärmebehandlung (insb. Abschrecken) eingestellt werden [2,3].

Höherfeste Legierungen der 5xxx-Reihe (wie AlMg(Mn)-Legierungen) oder der 7xxx-Reihe (wie AlZnMg-Legierungen) werden aufgrund ihres hohen Preises vor allem in Bereichen der Luft- und Raumfahrt eingesetzt. Die höheren Rohstoffkosten und die gesteigerte Festigkeit der Legierung, die die Strangpressgeschwindigkeit reduziert und hohe Bearbeitungskräfte erfordert, tragen zum hohen Preis bei [3,18]. Darüber hinaus sind Legierungen der 5xxx-Reihe nicht aushärtbar, weshalb ihre mechanischen Eigenschaften durch Kaltumformprozesse, wie bspw. Walzen, erhöht werden müssen [2].

[3] *Reproduced with permission from Springer Nature.*

2.2 Gefügemodifikationen

In diesem Kapitel werden die mikrostrukturellen Modifikationen von Aluminiumlegierungen, die einen wesentlichen Einfluss auf deren mechanische und physikalische Eigenschaften ausüben, vorgestellt. Aluminiumlegierungen zeichnen sich durch ihr geringes Gewicht, ihre Korrosionsbeständigkeit und ihre gute Verarbeitbarkeit aus, was sie für eine Vielzahl von Anwendungen in diversen Industriezweigen prädestiniert. Um das Leistungsvermögen dieser Legierungen gezielt zu optimieren, ist die anwendungsbezogene Anpassung ihrer mikrostrukturellen Eigenschaften von großer Relevanz. Die Modifikation des Gefüges von Aluminiumlegierungen beinhaltet verschiedene Verfahren, wie thermomechanische Behandlungen, Ausscheidungshärtung, plastische Verformung und die Zugabe von Legierungselementen. In diesem Kapitel werden die einzelnen Prozesse ausführlich erörtert und der Einfluss der jeweiligen Modifikationen auf die Materialeigenschaften zusammengefasst.

2.2.1 Mischkristallverfestigung

Die Festigkeitssteigerung von Aluminiumlegierungen ist zum Großteil auf die Interaktion mit Legierungselementen zurückzuführen [2,19]. Durch ihre Kombination können für verschiedene Einsatzbereiche optimale Eigenschaften erreicht werden, wobei es zu Interaktionseffekten, also gegenseitiger Beeinflussung zwischen die Legierungselementen kommt [2,20]. Silizium ist das bedeutendste Legierungselement für Aluminiumlegierungen. Es wirkt der Erstarrungsschrumpfung entgegen, reduziert Porosität und Warmrissneigung und verbessert die Korrosions- und Verschleißbeständigkeit [2,20,21]. Eine geeignete Gießbarkeit ist bei einem Siliziumgehalt von mindestens 7 % gegeben [22]. Magnesium bildet in Kombination mit Silizium in AlMgSi-Legierungen Ausscheidungen, die Härte und Festigkeit erhöhen. Die Bruchdehnung nimmt bei einem Magnesiumgehalt von bis zu 0,5 % ab, was bedeutet, dass höhere Massenanteile zur Versprödung führen [2,23,24]. Ein höherer Magnesiumgehalt erhöht zusätzlich die Porosität [2,20,25,26].

Eisen vermindert die Korrosionsbeständigkeit und Lebensdauer der Legierung. Im Gegenzug werden die elektrische Leitfähigkeit, Härte und Klebeneigung von Gusslegierungen in Gussformen verbessert [2,20,25]. Mangan kann die negativen Auswirkungen von Eisen teilweise kompensieren und die Duktilität verbessern [2,27]. In der Praxis wird Mangan bis zu einem Gehalt von ca. 0,8 % eingesetzt

[28]. Kupfer erhöht die Härte der Legierung, während ein Kupfergehalt über 1 % die Korrosionsbeständigkeit und Duktilität reduziert [20,24,25].

Titan, Natrium und Strontium können eine Kornfeinung bewirken (Verdedlung) [13,20,29,30]. Strontium hat dabei eine länger anhaltende Wirkung als Natrium [31]. Die Verformbarkeit erhöht sich durch die Veredelung von Siliziumpartikeln [29,30,32]. Nickel verbessert die Warmfestigkeit, Kriechbeständigkeit und Hochtemperaturfestigkeit [28,33]. Antimon und Wismut stören die Veredelungswirkung von Natrium oder Strontium, indem sich stattdessen unterschiedliche Phasen bilden [33,34]. Wismut erhöht die Verschleißbeständigkeit [33,35]. Geringe Mengen an Phosphor verbessern die Bearbeitbarkeit und Verschleißbeständigkeit, insbesondere bei übereutektischen Legierungen [20,33,36,37]. [16]

2.2.2 Wärmebehandlung und Ausscheidungsverfestigung

Wenngleich Wärmebehandlungen bei Aluminiumlegierungen primär zur Steigerung von Festigkeit und Härte dienen, können hierdurch zusätzlich diverse Werkstoffeigenschaften verändert und anwendungsspezifisch angepasst werden. Beispiele hierfür sind das Spannungsarmglühen zur Reduzierung von Eigenspannungen [38,39] und das Diffusionsglühen zur Verringerung lokaler Konzentrationsunterschiede im Gefüge [40]. Die Festigkeitssteigerung von AlMgSi0,5-Legierungen durch Wärmebehandlung beruht auf der Bildung feiner Mg_2Si-Ausscheidungen während des Prozesses [41–43].

Eine temperaturabhängige Löslichkeit mindestens eines festigkeitssteigernden Legierungselements ist für die Aushärtbarkeit erforderlich. Lösungsglühen ist der erste Schritt einer solchen Wärmebehandlung, bei dem die festigungssteigernden Bestandteile Magnesium und Silizium im α-Al-Mischkristall in Lösung gehen [2]. Um diesen Zustand beizubehalten, wird das Material schnell abgekühlt (abgeschreckt), wodurch das Gefüge thermodynamisch instabil übersättigt. Die Festigkeitssteigerung ist umso höher, je größer die Abkühlrate ist. Durch anschließende Auslagerung erfolgt eine Ausscheidung des zwangsgelösten Magnesiums, wobei zwischen Kaltauslagerung und Warmauslagerung unterschieden wird. Ein typischer T6-Wärmebehandlungszyklus für Aluminiumlegierungen ist in Abbildung 2.5 dargestellt [2]. Die Kaltauslagerung erfolgt bei Temperaturen von -50 bis 100 °C direkt nach dem Abschrecken. Hier formieren sich allmählich Magnesium- und Siliziumcluster, die später zu Silizium-Magnesium-Co-Clustern verschmelzen und für die Festigkeitssteigerung verantwortlich sind

[2,44]. Die auf Kaltauslagerung basierende Festigkeitssteigerung folgt einem zeitlichen Verlauf und nimmt kontinuierlich ab, wobei ein vollständiges Erliegen der Kaltauslagerung bisher auch nach Monaten und Jahren nicht beobachtet wurde [2].

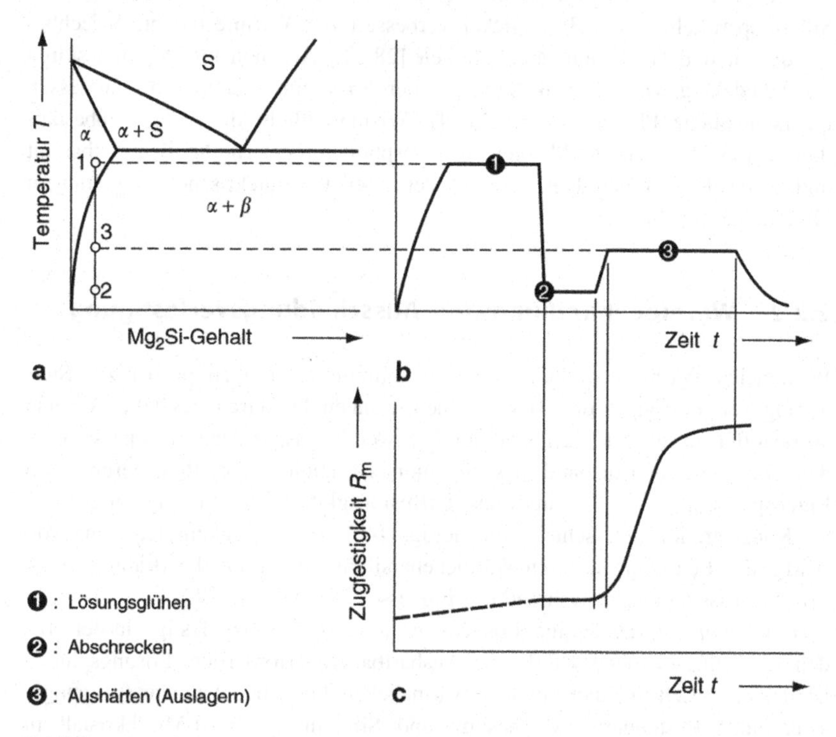

Abbildung 2.5 Schematische Darstellung der Aushärtung einer Al-Mg-Si-Legierung: quasibinärer Schnitt $AlMg_2Si$ (a), Temperatur-Zeit-Verlauf (b), zeitlicher Verlauf der Zugfestigkeit (c) [40][4]

Im Gegensatz zur Kaltauslagerung findet die Warmauslagerung bei erhöhten Temperaturen (120–250 °C) statt. Zur Erreichung maximaler Festigkeitssteigerungen wird die Warmauslagerung direkt nach dem Abschreckprozess durchgeführt, da eine vollständige Aushärtung nach einer Kaltauslagerung nicht erreicht werden kann [2,44]. Hierbei kommt es zur Bildung von kohärent ausgeschiedenen,

[4] *Adapted/Reproduced with permission from Springer Nature.*

nadelförmigen GP(I)-Zonen (Guinier-Preston-Zonen) im thermodynamisch instabil übersättigten Mischkristall, die starke Versetzungshindernisse darstellen und nach dem Friedel-Effekt von Versetzungen geschnitten werden [2,40,45]. Eine weitere Festigkeitssteigerung ergibt sich aus der Umwandlung der GP(I)-Zonen in sog. β"-Phasen, die eine schwächere Kohärenz zum Gefüge aufweisen [41]. [16]

Während der fortschreitenden Warmauslagerung entstehen teilkohärente β'-Phasen, die von der inkohärenten β-Phase (Mg_2Si) abgelöst werden. Infolge des fremdartigen Gitters inkohärenter Ausscheidungen ist ihre Widerstandsfähigkeit gegenüber Versetzungen limitiert. Demzufolge können Versetzungen gemäß dem Orowan-Mechanismus, der in Abbildung 2.7 schematisch dargestellt ist, diese Ausscheidungen umgehen, was zu einer im Vergleich zum unbehandelten Zustand nur marginal erhöhten Festigkeit führt. Versetzungen bewegen sich dabei mit reduzierter Energie fort. Um die umgangene Ausscheidung bildet sich anschließend ein neuer Versetzungsring. Abbildung 2.6 bietet einen Überblick über die Zustände während der Auslagerung [2]. [16]

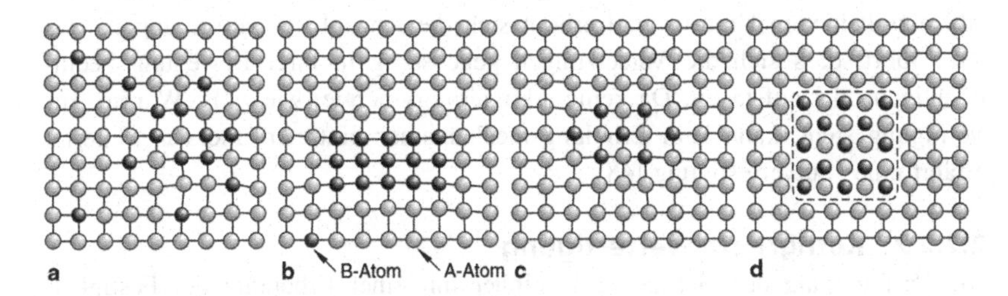

Abbildung 2.6 Schematische Darstellung der zeitlichen Abfolge bei der Auslagerung auftretender Zustände: Cluster (a), geordnete Konzentration (Zone) (b), kohärente Ausscheidung (c), inkohärente Ausscheidung (d) [40][5]

Durch die im Strangpressprozess in der Regel oberhalb der Rekristallisationstemperatur liegenden Temperaturen in Kombination mit dem nach dem Strangpressen erfolgenden Abschrecken, laufen Teile der beschriebenen Auslagerungsprozesses während des Strangpressens und insbesondere danach ab, wenn direkt an den Strangpressprozess eine Auslagerung angeschlossen wird [3,17,46]. [16]

[5] *Reproduced with permission from Springer Nature.*

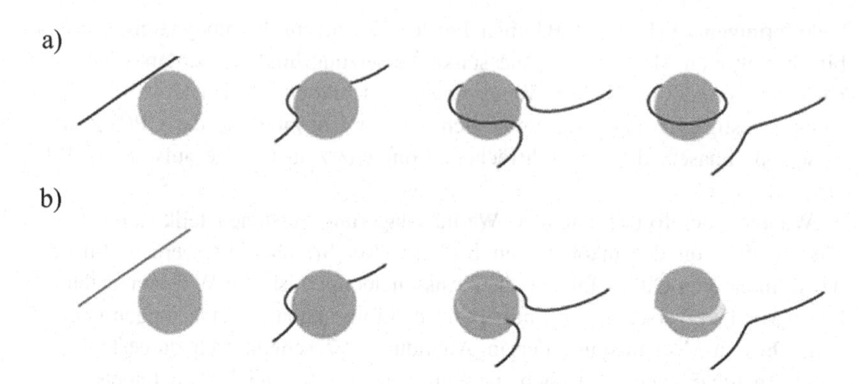

Abbildung 2.7 Schematische Darstellung der Wechselwirkungen von Versetzungen und Ausscheidungen: Friedel-Effekt (a), Orowan-Mechanismus (b), vgl. [47]

2.2.2.1 Kaltverfestigung

Durch Kaltverformung werden Versetzungen in das Material eingebracht. In Abhängigkeit vom Umformgrad erhöht sich die Anzahl der Versetzungen, was dazu führt, dass sich die Versetzungen gegenseitig in ihrer Bewegung beeinträchtigen oder aufstauen. Da keine Aktivierungsenergie, wie z. B. Wärme, zur Verfügung steht, kann kein Erholungsmechanismus eintreten und das Material erfährt eine Kaltverfestigung [48].

2.2.2.2 Korngrenzenverfestigung

Die Verfeinerung des Gefüges geht einher mit einer Erhöhung der Festigkeit des Materials. Korngrenzen wirken als unüberwindbare Barrieren für die Bewegung von Versetzungen, da die Orientierung des Kristallits geändert wird und der Burgers-Vektor somit kein Translationsvektor ist [49]. Wenn mehr Korngrenzen als Hindernisse für das Versetzungsgleiten vorhanden sind, stauen sich die Versetzungen an diesen Grenzen auf. Die aufgestauten Versetzungen erzeugen eine Rückspannung auf nachfolgende Versetzungen, die der angreifenden Schubspannung entgegenwirkt [50]. Wenn sich die Rückspannung und die Schubspannung aufheben, bleibt die neu eintreffende Versetzung an ihrem Platz. Mit einer wachsenden Anzahl von aufgestauten Versetzungen erhöht sich die Rückspannung und der Abstand zwischen den Versetzungen vergrößert sich von der Aufbauspitze (Abbildung 2.8). Die Symmetrie des beschriebenen Prozesses innerhalb eines Korns begrenzt die Aufstaulänge auf den halben Korndurchmesser [50].

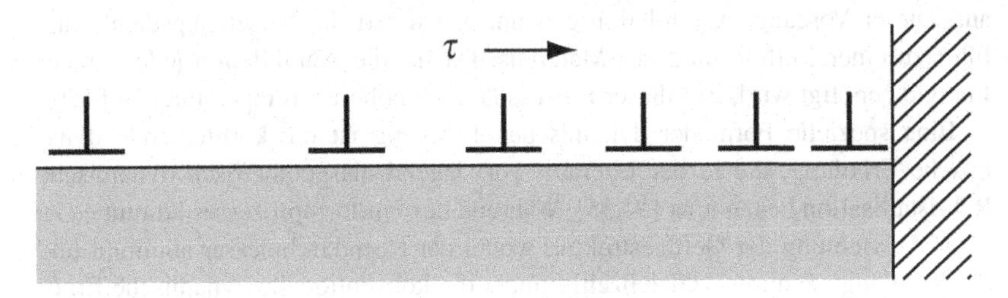

Abbildung 2.8 Versetzungsaufstau an Korngrenze [40][6]

Eine größere Anzahl kleiner Körner erhöht die Anzahl der Korngrenzen und damit den Widerstand gegen Versetzungsbewegungen. Der lineare Zusammenhang zwischen Kornverfeinerung und erhöhter Festigkeit wird durch die Hall-Petch-Beziehung beschrieben [50]. Basierend auf dieser Beziehung kann die Streckgrenze rekristallisierter Materialien in Abhängigkeit von der Korngröße berechnet werden. Die Streckgrenze σ_y in Gleichung 2.1 wird durch die Korngröße D_{DB} definiert, wobei σ_0 die Reibspannung in Form einer Konstanten und k_1 eine Konstante repräsentieren [51]. [52]

$$\sigma_y = \sigma_0 + k_1 D_{DB}^{-\frac{1}{2}} \quad \text{(Gl. 2.1)}$$

2.2.2.3 Erholung

Die Kristallerholung lässt sich in zwei Kategorien unterteilen: dynamische Erholung (DRV), die z. B. während des Umformprozesses auftritt, und statische Erholung (SRV), die z. B. bei einer anschließenden Wärmebehandlung nach Kaltverformung stattfindet. Gitterfehler innerhalb der Kristallstruktur führen aufgrund ihrer thermodynamisch instabilen Natur Energie in das System ein [53]. Durch die Zugabe von thermischer Energie erhöht sich die Beweglichkeit der Versetzungen, wodurch sie innerhalb der Gleitebenen des Kristalls wechseln können, um eine energetisch günstigere Position einzunehmen. Solche Versetzungsverlagerungen können durch Gleiten, Quergleiten oder Klettern erfolgen. Die Ansammlung von Versetzungen bildet Kleinwinkelkorngrenzen, die den Kristall in energetisch günstigere Subkörner unterteilen. Dieses Phänomen wird in der Fachliteratur als Polygonisation bezeichnet [50]. Wenn Versetzungen mit entgegengesetzter Richtung aufeinandertreffen, ziehen sie sich an und heben sich im Idealfall gegenseitig

[6] *Reproduced with permission from Springer Nature.*

auf. Dieser Vorgang, Annihilation genannt, verringert die Versetzungsdichte und führt zu einer Entfestigung des Materials. Da für die Annihilation jedoch mehr Energie benötigt wird, tritt dieser Prozess erst bei höheren Temperaturen auf [50].

Eine spezielle Form der dynamischen Erholung ist die kornfeinende dynamische Erholung, die in der Literatur vorwiegend als geometrisch dynamische Rekristallisation bekannt ist [54,55]. Während des Umformprozesses kommt es zu einer Ausrichtung der Gefügestruktur, wobei der Korndurchmesser abnimmt und die Kornlänge zunimmt. Gleichzeitig findet die konventionelle dynamische Erholung statt. Versetzungen werden innerhalb des gestreckten Korns umgelagert und bilden Subkörner. Die Großwinkelkorngrenzen formen unter der Umformlast eine sägezahnartige Struktur mit Korngrenzenwölbung, die durch lokale Umordnungsprozesse der GWKG entlang der Subkorngrenze entsteht [56]. Dieser Prozess wird hauptsächlich bei Al-Mg-basierten Legierungen beobachtet, bei denen die Verzahnungen durch dehnungsinduzierte Wanderung der Versetzungen wachsen [57]. Wenn der Umformgrad und damit die Streckung der Körner ausreichend groß ist, kann es zur lokalen Korngrenzenabschnürung kommen. Es berühren sich parallel liegende GWKG aufgrund hoher Verformung, was zur Abschnürung (pinch-off) oder Perforation des Korns führt [58]. Mit fortschreitender Verformung nimmt die Anzahl der Perforationen zu und die Kornlänge verringert sich immer weiter. Das resultierende Gefüge besteht schließlich aus nahezu runden Körnern mit wenigen innen liegenden Subkörnern, die von GWKG umgeben sind [52,55,56].

2.2.2.4 Rekristallisation

Die Rekristallisation ist durch die Entstehung neuer Kornstrukturen im verformten Gefüge gekennzeichnet, bei denen GWKG sich verschieben oder gänzlich neu entstehen [56]. Hierbei wird zwischen dynamischer und statischer Rekristallisation unterschieden. Die dynamische Rekristallisation (DRX) tritt während des Umformvorgangs auf, während die statische Rekristallisation (SRX) in der Phase der Wärmebehandlung nach dem Umformprozess stattfindet. Rekristallisation führt zur Verringerung des thermischen Ungleichgewichts im Material in Form von Defekten. Da die Bewegung von GWKG hohe Energie erfordert, sind gespeicherte Energie im Material (in Form von Versetzungen oder Korngrenzen) und eine Mindesttemperatur durch zusätzliche thermische Energie Voraussetzungen für die Rekristallisation [50]. Eine erhöhte Versetzungsdichte und zusätzlich zugeführte Wärme steigern das Energielevel im Material und senken dadurch die Rekristallisationstemperatur. Eine weitere Unterscheidung erfolgt zwischen kontinuierlicher und diskontinuierlicher Rekristallisation. Bei der kontinuierlichen Rekristallisation treten weder Keimbildung noch Keimwachstum auf.

Subkörner, die durch Kleinwinkelkorngrenzen (KWKG) getrennt sind, werden in entspannte GWKG umgewandelt [57]. Die diskontinuierliche Rekristallisation ist durch Keimbildung und Keimwachstum gekennzeichnet [50] und wird daher auch als primäre Rekristallisation bezeichnet. Die primäre Rekristallisation verläuft in zwei Phasen. Zunächst werden sog. Rekristallisationskeime benötigt. Es wird angenommen, dass im Verformungsgefüge bereits kleine Volumenanteile erholt und nahezu defektfreie Subkörner vorhanden sind. Falls diese von GWKG umgeben sind, können sie als Rekristallisationskeime dienen. Die zweite Phase ist vom Kornwachstum geprägt. Die initialen Keime vergrößern sich und wachsen mit benachbarten Subkörnern zusammen. Das Größenverhältnis zwischen rekristallisierten Körnern und Subkörnern der deformierten Matrix kann Aufschluss über die auftretenden Mechanismen der Rekristallisation bieten [57].

2.3 Strangpressen

Aluminium eignet sich aufgrund der verhältnismäßig niedrigen erforderlichen Umformkräfte besonders für das Strangpressverfahren als ökonomisch effiziente Methode zur Formgebung. Das Strangpressen ermöglicht komplexe Querschnittsformen. Aus konstruktiver Perspektive ist es zweckmäßig, möglichst viele Funktionen in einem Querschnitt zu integrieren, um zusätzliche Fertigungsschritte zu reduzieren. Die Grenzen des Strangpressens ergeben sich hauptsächlich aus dem Fließverhalten des Materials, der Legierungsauswahl und der verfügbaren Presskraft, die durch die Wahl einer Strangpressmaschine bestimmt wird. Ein Nachteil ist die eingeschränkte Anpassungsfähigkeit der Profilgeometrie entlang der Presslänge. Dennoch können Hinterschneidungen erzeugt und Fügestellen vermieden werden, wodurch diesem Verfahren ein besonderes Differenzierungsmerkmal zuteil wird [2].

Bedingt durch die Fließrichtung des Materials, der Temperaturverteilung und des hohen Umformgrads sind vielfältige, über den Radius variierende, Mikrostrukturveränderungen zu erwarten, die sowohl die quasistatischen als auch die zyklischen Eigenschaften signifikant beeinflussen können [2,59], weshalb diese im Folgenden aufgegriffen werden.

2.3.1 Grundlegende Verfahren

Beim Strangpressen werden grundsätzlich direkte und indirekte Verfahren unterschieden. Das direkte Strangpressen wird vorwiegend zur Herstellung von

Konstruktionsprofilen eingesetzt. Der Bolzen aus dem zu pressenden Material wird dabei auf eine Temperatur von in der Regel 450 – 500 °C erhitzt und mittels eines Pressstempels durch eine formgebende Matrize gedrückt. Der auf eine meist oberhalb der Rekristallisationstemperatur erhitzte austretende Profilstrang wird anschließend direkt mit Druckluft oder Wasser abgeschreckt. Gegebenenfalls ist eine anschließende Richteinheit erforderlich. Bei aushärtbaren Legierungen kann optional eine Warmaushärtung durchgeführt werden. Abbildung 2.9 zeigt das Schema des direkten Strangpressens. [2,59,60]

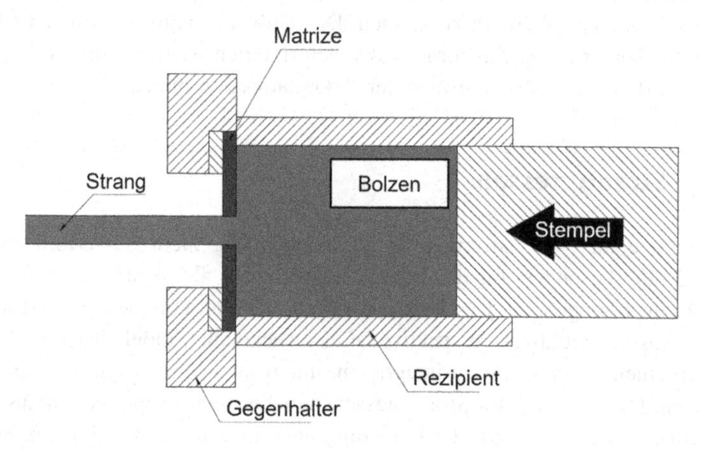

Abbildung 2.9 Schema des direkten Strangpressens [59], vgl. [2]

Im Gegensatz zum direkten Strangpressen bewegt sich beim indirekten Strangpressen der Pressstempel in entgegengesetzter Richtung gegen eine Gegendruckplatte. Die resultierende Volumenkraft drückt den Pressbolzen durch die Matrize. Aufgrund dieser Verfahrensweise werden Reibungsverluste zwischen Rezipienten und Bolzen vermieden, sodass die gesamte Presskraft für den eigentlichen Pressvorgang zur Verfügung steht. Daher wird das indirekte Strangpressverfahren hauptsächlich bei der Herstellung schwer pressbarer Materialien mit hohen Festigkeiten eingesetzt. Zudem führt die gleichmäßigere Temperaturverteilung entlang des Strangs zu einer homogeneren Gefügeausbildung. Ein Nachteil dieses Verfahrens ist die aufgrund des sich außerhalb des Rezipienten befindenden Werkzeugs begrenzte Größe der pressbaren Profile. Abbildung 2.10 veranschaulicht das Verfahrensprinzip des indirekten Strangpressens. [2,59,60]

Eine Methode zur Herstellung nahtloser Rohre und Hohlprofile mittels Strangpressen besteht in der Verwendung eines stehenden bzw. mitlaufenden Dorns, der

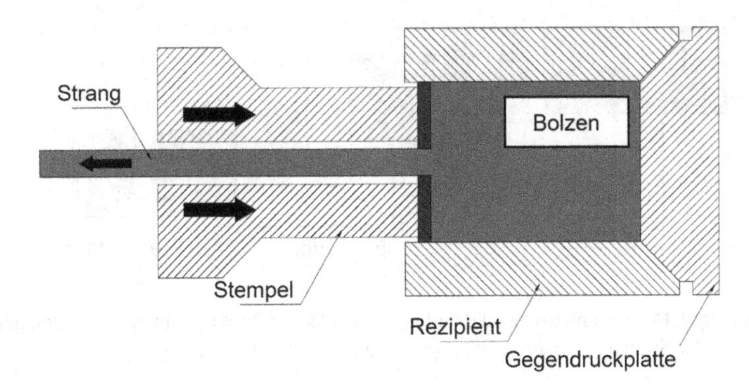

Abbildung 2.10 Schema des indirekten Strangpressens nach [59], vgl. [2]

direkt am Stempel montiert ist und zusätzlich den Pressbolzen durchdringt. Das Pressverhältnis, das den Grad der Umformung in der Matrize widerspiegelt, ist als Quotient aus dem Querschnitt des Stranggussbolzens F_0 und des austretenden Profils F_1 definiert [2]. [16]

2.3.2 Auswirkungen auf die Mikrostruktur

Während des Strangpressens ist die relative Geschwindigkeit des austretenden Strangs aufgrund der Volumenkonstanz höher im Vergleich zu der des Pressbolzens, wodurch der Werkstoff in Strangpressrichtung verlängert wird. Wenn die Temperatur innerhalb des Werkstoffs unterhalb der Rekristallisationstemperatur liegt, entstehen stark gestreckte Körner, was zu einer Mikrostruktur führt, die als Fasergefüge bezeichnet wird [2]. Die bereichsabhängige Struktur des sich bildenden Gefüges und der Werkstofffluss sind in Abbildung 2.11 dargestellt [61].

In der Region um Punkt 1 liegt das vom Strangpressprozess unverformte Material vor, das sich durch homogene große und runde Körner auszeichnet. Im Gegensatz dazu weisen die Bereiche der Punkte 2 bis 4 eine durch den Strangpressprozess beeinflusste Orientierung der Körner auf. Es kommt zu einer Elongation der Körner in Richtung des Materialflusses und zu einer Trennung durch entstehende Subkorngrenzen. In diesen Zonen kann dann eine Umorientierung, bedingt durch die Mechanismen der Erholung und Rekristallisation im Metall beobachtet werden [17,52,62,63].

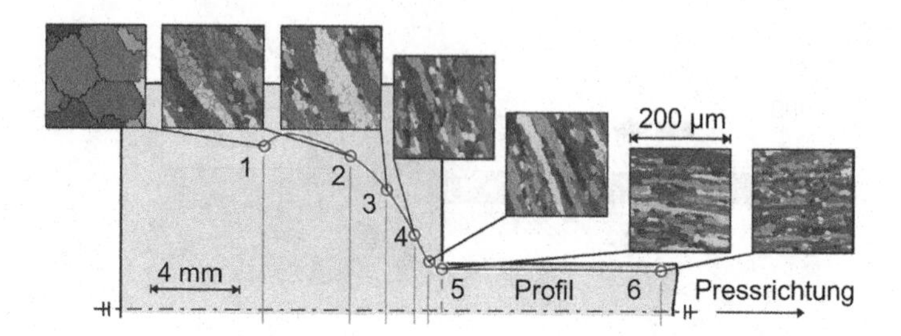

Abbildung 2.11 Schematische Darstellung des Werkstoffgefüges in den verschiedenen Bereichen der Strangpressmatrize, übersetzt und adaptiert aus [61][7]

Der Mechanismus der Kristallerholung setzt unmittelbar bei der Umformung des Werkstoffs bei ausreichend hohen Temperaturen, jedoch unterhalb der Rekristallisationstemperatur, ein. Die Kristallerholung ist durch eine kontinuierliche Neuausrichtung der Versetzungen bei gleichzeitiger Bildung von Subkorngrenzen gekennzeichnet. Ist die Rekristallisationstemperatur, die als die Temperatur definiert wird, bei der sich sämtliche Körner innerhalb eines kaltverformten Gefüges innerhalb einer Stunde neu formieren [40], erreicht, so kommt es zum Kornwachstum einiger Körner auf Kosten benachbarter Körner oder zur Verschmelzung direkt mit ihren Nachbarn. Dies führt zu einer Reduktion der gesamten Grenzflächen im Gefüge und damit zu einer Verringerung der Gesamtenergie, die die treibende Kraft des Rekristallisationsprozesses darstellt. Der Prozess ist temperatur- und zeitabhängig basierend auf der Diffusionsabhängigkeit [63].

Als Folge der hohen Umformgrade im Strangpressprozess weisen die in Strangpressrichtung gestreckten Körner in Punkt 4 eine annähernd doppelt so hohe Breite im Vergleich zur Subkorngröße auf. Im Punkt 5 kommt es schließlich zur erneuten Umformung der Körner zu neuen Körnern, was in diesem Bereich als geometrische Rekristallisation bezeichnet wird (Abbildung 2.12) [61,64,65].

Güzel et al. [61] klassifizierten die Entwicklung der Kornstruktur in einer alternativen Weise und unterteilten sie in vier verschiedene Zonen mit zugehörigen Kornmorphologien. Die vier Zonen werden dabei ausgehend von der Oberfläche (Zone 1) bis ins Werkstoffinnere (Zone 4) nummeriert. Die erste Zone, als

[7] Reprinted from Journal of Materials Processing Technology, Volume 212, Issue 1, A. Güzel, A. Jäger, F. Parvizian, H.-G. Lambers, A.E. Tekkaya, B. Svendsen, H.J. Maier, A new method for determining dynamic grain structure evolution during hot aluminum extrusion, 323–330, Elsevier (2011), with permission from Elsevier.

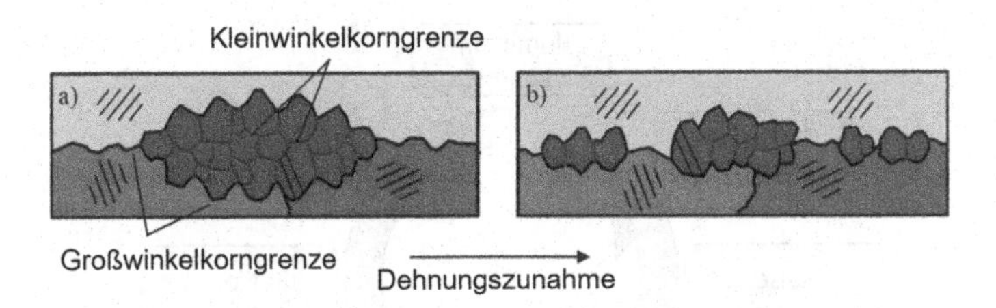

Abbildung 2.12 Schematische Darstellung der dynamischen geometrischen Rekristallisation, Separierung eines Korns (a) in kleinere Körner entlang von Subkorngrenzen durch hohe Dehnung (b), übersetzt und adaptiert aus [63]

„Tote Zone" bezeichnet, weist bedingt durch die Reibungsverhältnisse vernachlässigbare Umformvorgänge bei gleichzeitig erhöhten Temperaturen auf, sodass Rekristallisation prinzipiell ausbleibt. Dennoch kommt es zu einer dünnen Zone mit rekristallisiertem Gefüge, das als PCG-Zone (eng. Peripheral coarse grain) bezeichnet wird und typischerweise in Strangpresserzeugnissen zu beobachten ist [66]. In Zone 2, der Scherzone, kommt es zu einer intensiven Scherbelastung der Körner, sodass diese in Materialflussrichtung zu bandförmigen Streifen verlängert werden. Die anschließende primäre Umformzone (Zone 3) ist durch Körner gekennzeichnet, die eine Orientierung in Matrizenrichtung aufweisen. Im Unterschied zur Scherzone hat das Pressverhältnis hier nur einen geringen Einfluss auf den Umformgrad. In der vierten Zone unterliegen die Körner keiner Umformung durch den Strangpressprozess [61]. [16,52]

2.4 Wiederverwertung von Aluminium

2.4.1 Wiedereinschmelzen

Die Wiederverwertung von Aluminium durch Wiedereinschmelzen ist ein wichtiger Aspekt im Hinblick auf die Umweltverträglichkeit und Nachhaltigkeit der Aluminiumproduktion. In diesem Kontext ist zu erwähnen, dass etwa 4 % der gesamten menschengemachten industriellen Treibhausgasemissionen auf die Aluminiumproduktion zurückzuführen sind [5]. Dabei entfallen 40 % dieser Emissionen direkt auf die Aluminiumproduktion, während der übrige Anteil indirekt durch die Stromproduktion verursacht wird [7].

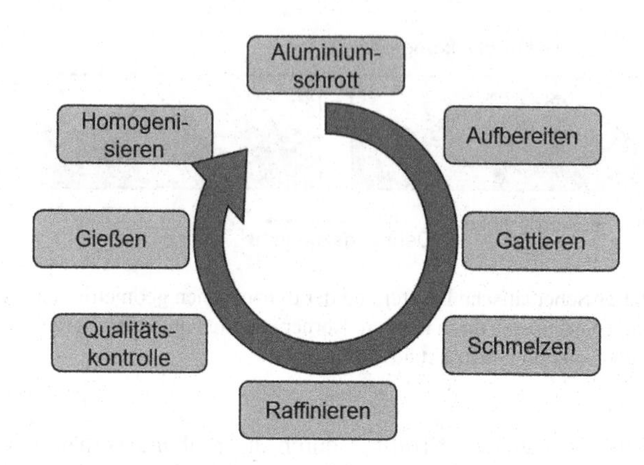

Abbildung 2.13 Schritte der umschmelzbasierten Aluminiumwiederverwertung nach [67], [14]

Abbildung 2.13 zeigt die Schritte der traditionellen Aluminiumwiederverwertung [67]. Die sog. Sekundäraluminiumproduktion, bei der Aluminium wiederverwertet wird, verbraucht lediglich 5 % der Energie, die für die Primärproduktion benötigt wird [7,68,69]. Unter anderem aufgrund der Tatsache, dass es durch die Wiederverwertung von Aluminium nicht zu einer signifikanten Verschlechterung der Materialeigenschaften kommt [7,10] und es beliebig oft wiederverwertbar ist [70], kann Aluminium als nachhaltiges Material betrachtet werden. Dennoch sind der Tolerierbarkeit von Verunreinigungen Grenzen gesetzt, insbesondere gegenüber Kuper und Eisen, da es bei signifikanten Gehalten dieser beiden Elemente, die kaum wirtschaftlich zu entfernen sind, zu signifikanten Veränderungen der Eigenschaften kommt [12], was die Anzahl der Wiederverwertungen stark einschränkt.

Der konventionelle Wiederverwertungsprozess besteht aus den Schritten des Einschmelzens und der Veredelung. Das wiederzuverwertende Material wird im Ofen aufgeschmolzen, woraufhin eine Elementaranalyse durchgeführt wird, um die Zusammensetzung des Materials zu bestimmen. Anschließend werden reines Primäraluminium und weitere benötigte Elemente hinzugefügt, um die gewünschte Zusammensetzung einzustellen [71]. Die Schmelze wird schließlich aus dem Ofen in Halbzeuge gegossen und zu Endprodukten verarbeitet. [7]

Eine Herausforderung bei diesem Vorgehen besteht darin, dass bis zu 8 % [72], je nach verwendetem Ofensystem und Art des Schrotts sogar bis zu 35 % [73] und mehr [72] des Aluminiums während des Schmelzprozesses oxidieren und damit verloren gehen, was auch als Schmelzeverlust bzw. Abbrand bezeichnet wird. Zudem können Aluminiumpartikel im Filtrationssystem und Ofen eingeschlossen werden (sog. „pot failure") [7,74]. Insbesondere bei Spänen ist dies aufgrund der hohen Oberfläche als besonders schwerwiegend anzusehen. Weitere Einflussfaktoren sind die Fallhöhe der Schmelze in den Ofen, die Gießgeschwindigkeit und die Art des Ofens, die die Oxidationsrate maßgeblich beeinflussen [7,73,75]. Da einige dieser Faktoren nur schwer kontrolliert oder beeinflusst werden können, ist die Minimierung der Schmelzeverluste ein wichtiges Ziel während des Gießprozesses.

Obwohl die konventionelle Wiederverwertung von Aluminium deutliche Energieeinsparungen ermöglicht, benötigt der Prozess erhebliche Energiemengen und verursacht hohe Treibhausgasemissionen. So werden 16–19 GJ/t Energie und 600 kg CO_2/t wiederverwertetes Aluminium benötigt [7,68,73]. Daher besteht ein großes Interesse daran, alternative Verfahren zu entwickeln, die ohne Einschmelzen und Gießen auskommen, geringe Zykluszeiten aufweisen und umweltfreundlicher sind [68,76,77].

2.4.2 Solid-State-Recycling

Unter Solid-State-Recycling (SSR) werden Wiederverwertungsverfahren verstanden, bei denen das wiederzuverwertende Material nicht eingeschmolzen wird, sondern direkt in Halbzeuge oder Endprodukte verarbeitet wird [7]. Diese innovative Technik überwindet einige Nachteile der konventionellen Wiederverwertung durch Wiedereinschmelzen, indem der in Abschnitt 2.4.1 beschriebene Abbrand, der bei der Nutzung von Spänen als Basis für den Wiederverwertungsprozess besonders hoch ist, vermieden wird und die mechanischen Eigenschaften des Materials teilweise verbessert werden können. SSR-Verfahren wurden in der Literatur für verschiedene Nichteisenmetalle wie Magnesium (Mg), Titan (Ti), Kupfer (Cu) und Aluminium (Al) untersucht [7,72,78].

Generell führt SSR zu signifikanten Energieeinsparungen, die verglichen zur Nutzung von Sekundäraluminium bis zu 40 % betragen und gleichzeitig eine Reduzierung des CO_2-Ausstoßes um bis zu 26 % ermöglichen. Zudem können 16–60 % der Arbeitskosten eingespart werden [73].

Kritisch für den Prozesserfolg und die Leistungsfähigkeit auf Spänen basierender SSR-Verfahren sind die die Späne umgebenden Oxidbelegungen, da eine wichtige Voraussetzung für die Herstellung eines Verbunds ein ausreichender Metall-zu-Metall-Kontakt ist. Die Sicherstellung des metallischen Kontakts durch partiellen Abbau der Oberflächenoxide und deren Dispergierung im Gefüge und damit die Herstellung eines metallischen Verbundes zwischen den einzelnen Spänen ist die Voraussetzung für einen adäquaten Prozess [79].

Wan et al. [78] unterscheiden zwei grundsätzliche Arten von SSR-Verfahren, die auf Basis des Aufbruchs der Oxidbelegungen eingeteilt werden. So können Ansätze, die die Oxidschichten durch hohe Scherdeformationen, sog. SPD-(severe plastic deformation-)Verfahren von solchen unterschieden werden, die sich Ansätzen des Sinterns aus der Pulvermetallurgie (PM) bedienen.

Im Folgenden werden daher zunächst die Voraussetzungen zur Schaffung einer Verbindung zwischen den Grenzflächen erläutert und anschließend die beiden unterscheidbaren Verfahrensklassen näher charakterisiert.

2.4.3 Bindungsmechanismen

Aluminium besteht aus einem kubisch-flächenzentrierten Metallgitter und einer durch die 3s und 3p Valenzelektronen gebildeten Elektronenwolke. Das Metallgitter wird durch die Kräfte zwischen den positiv geladenen Metallionen und den negativ geladenen Elektronen zusammengehalten. Den größten Anteil nehmen hierbei interatomare Kräfte ein. Diese Kräfte sinken allerdings mit steigendem Atomabstand stark ab, sodass es ab einer Distanz von etwa 10 Atomabständen, bzw. 2,86 Å [80,81] zu einer Trennung der Atome kommt. Demgegenüber bilden Atome unterhalb dieses Abstands einen Verbund, wobei sich aufgrund der unterschiedlichen Orientierung der Metallgitter eine Korngrenze bildet [79,82]. Die Tatsache, dass Metalle im Weltraum aufgrund der geringen Umgebungspartikel und geringer Oxidation schnell aneinander haften, kann auf dieses Verhalten zurückgeführt werden. [79]

Inglesfield et al. [83] zeigten, dass interatomare Kräfte für die Verbindung von reinen Metalloberflächen besonders relevant sind, während van der Waals-Kräfte einen größeren Wirkungsradius haben und auch über die Kontaktflächen wirken können. Diese sog. Filmtheorie wurde von Conrad und Rice [84] unterstützt, indem gezeigt wurde, dass zwei blanke Metalloberflächen im Vakuum dieselbe Festigkeit aufweisen wie die aufgebrachte Verbindungskraft, mit der sie aufeinander gepresst werden. Dies legt nahe, dass Bereiche mit geringem Abstand miteinander verbunden werden können. [79]

Um einen solch geringen Abstand zur Erzielung eines Verbunds zu erreichen, ist dementsprechend eine nahezu vollständig oxidfreie und damit rein metallische Oberfläche erforderlich, was für die meisten Metalle und insbesondere für Aluminium unter natürlichen Bedingungen nicht gegeben ist. Die Herausforderung besteht darin, adäquate Prozesse und damit verbundene Prozessparameter anzuwenden, die in der Lage sind, eine vollständig oxidfreie und somit eine starke Verbindung zwischen den Aluminiumteilen zu erreichen. Dies kann beispielsweise durch chemische Oberflächenbehandlung [85] oder Erhitzen [86] geschehen. In diesem Zusammenhang ist jedoch festzustellen, dass aufgrund der sehr hohen Affinität von Aluminium bei Kontakt zu Sauerstoff eine direkte Neuoxidation der Oberfläche stattfindet. Selbst in als technisch sehr hohes Vakuum bezeichneten Umgebungen mit Sauerstoffpartialdrücken von etwa 10^{-15} mbar befinden sich in der Umgebung noch derart viele Atome, dass es in Minuten zur Neubildung einer Monolage aus Aluminiumoxid kommt [87]. [79]

Die Filmtheorie geht vor diesem Hintergrund davon aus, dass zur Verbindung wie beschrieben ein geringer Abstand der Oberflächen notwendig ist [81]. Durch Dehnung der Oberfläche werden die Oberflächenoxide schließlich fragmentiert. Durch hohen Druck werden dann die umliegenden metallischen Bereiche durch die entstehenden Lücken zwischen den Oxiden aufeinandergepresst [79,81,88]. Maßgebliche Arbeiten zu dieser Theorie gehen auf Cooper und Allwood zurück [79] und werden in Abschnitt 2.4.3.1 näher beschrieben. Auf Basis der Arbeiten von Pilling [89] sowie Hill und Wallach [90] wurde festgestellt, dass die auftretenden Mechanismen denen von druckunterstützten Sinterprozessen ähneln [81], sodass Cooper und Allwood die Theorie erweiterten, um Diffusion zu berücksichtigen [81,87]. Vor allem Korngrenzen- und Gitterdiffusion wurden als dominante Mechanismen identifiziert, wobei die Rolle der Diffusion generell ab dem 0,8-fachen der Schmelztemperatur zunimmt [87].

Eine weitere Theorie befasst sich mit der Energiebarriere, die weiter in Theorien zu unterschiedlichen Gitterstrukturen der Fügepartner und Theorien der Rekristallisation unterteilt wird. Semenov [91] beschreibt eine notwendige Umorientierung des Kristallgitters als Voraussetzung für die Verbindung, was als Überwindung einer Energiebarriere verstanden werden kann. Conrad und Rice [84] argumentieren hingegen, dass der Verbund auch ohne Verformung möglich ist, was für eine energiefreie Verbindung spricht. Nach Huang et al. trägt das Kornwachstum während der Rekristallisation dazu bei, nicht-metallische Verunreinigungen zu eliminieren [81,92]. Zhang und Bay [93,94] betonen, dass sich die Energiebarriere in Form von plastischen Verformungen äußert, die notwendig sind, um den ausreichend geringen Abstand der Oberflächen zu erreichen und Oberflächenverunreinigungen zu entfernen, nicht aber, um die Gitterstruktur anzupassen [87]. [79]

Die Rekristallisationstheorie nach Parks [94] besagt analog zu den Untersuchungen von Huang et al. [92], dass Kristallwachstum während der Rekristallisation vorhandene Filme entfernt. Der Theorie zufolge führt Wärme, die durch die Umformung des Metalls entsteht, zu einer Absenkung der Rekristallisationstemperatur. Pendrous et al. [95] argumentieren vor diesem Hintergrund, dass bei geringen Temperaturen während der Kaltverschweißung keine Rekristallisation auftreten kann. Jata und Semiatin [96] führen kontinuierliche dynamische Rekristallisation (CDRX) als Mechanismus auf, der bei der Verbindung beteiligt ist [81]. [79]

Auf Basis der verschiedenen Theorien wurden für unterschiedliche Prozesse verschiedene Modelle aufgestellt, die in Tabelle 2.1 zusammengefasst sind.

Tabelle 2.1 Übersicht über relevante Prozessparameter und zugrundeliegende Modelle

Prozess	Einflussreiche Prozessparameter	Modelle
Walzen	Temperatur	Filmtheorie (Bay 1983, [88])
	Dickenreduktionen	
	Walzengeschwindigkeit	
Strangpressen	Mikroextrusionsdruck	Energiebarrierentheorie (Semenov, 1960 [91])
	Temperatur	Akeret, 1972 [97]
	Pressverhältnis	Donati & Tomesani, 2004 [98]
	Strangpressgeschw.	Plata & Piwnik, 2000 [99]
	Scherdehngrenze	Edwards, 2006 [100]
	Kontaktnormalspannung	Gronostajski, 2015 [101]
	Kontaktzeit	Wu, 1998 [102]
	Oberflächendehnung	Bowden & Rowe, 1956 [103]; Cooke & Levy, 1949 [104]
Übergeordnetes Modell	Druck Dehnung Temperatur	Cooper & Allwood, 2014 [87]

2.4.3.1 Modell nach Cooper und Allwood

Wie bereits beschrieben haben Cooper und Allwood ein Modell zur Spanverschweißung abgeleitet und experimentell untersucht, das auf der Filmtheorie basiert [79]. Später wurde dieses um Diffusionsmechanismen erweitert [87]. Grundsätzlich geht das Modell davon aus, dass zunächst eine ausreichend hohe Dehnung wirken muss, um die Oxidschichten aufzubrechen. Anschließend ist ein hoher Druck erforderlich, um die entstandenen Mikrokavitäten mit dem metallischen Grundmaterial zu verfüllen und verbinden zu lassen. Je nach Temperatur wirken bei der Verbindung der beiden Fügepartner auch Diffusionsmechanismen [81,87]. Neben dem Aufbruch der Oxidschichten durch hohe Dehnungen kann Shirzadi [105] zufolge auch ein starker Oberflächenimpuls oder die Nutzung von Zwischenschichten und Interaktion der Legierungselemente zum Aufbruch der Oxidschichten führen [81].

Cooper und Allwood untersuchten die Bindungsmechanismen während des SSRs von Aluminium mit dem Ziel, einen Kennwert für die Schweißqualität zu generieren. Dabei identifizierten sie durch mechanismenseparierende Untersuchungen entscheidende Prozessparameter wie Grenzflächendehnung zwischen den Spänen, Dehnrate, Kontaktnormalspannung, Temperatur und Scherung. Die Dehnung wurde als wichtigster Parameter identifiziert, wobei ein Mindestwert für den Prozesserfolg erreicht werden muss. Dieser Wert der minimal erforderlichen Dehnung kann durch Steigerung der Temperatur, der Kontaktnormalspannung oder der Scherspannung reduziert werden. Untersuchungen von Urena et al. [106] haben für eine Verbindung aus SiC/Al-Schichten mit einer Aluminium-Kupfer-Legierung eine minimale Dehnung von 40 % ergeben [81]. Zudem ist eine Kontaktnormalspannung oberhalb der Dehngrenze für eine robuste Verbindung notwendig. Die Dehnrate hat, insbesondere bei geringen Temperaturen, kaum Einfluss auf die Verbindungsstärke, kann diese jedoch bei erhöhten Temperaturen signifikant reduzieren. [79]

Validierungen des Cooper-Allwood-Modells bestätigen die Anwendbarkeit und die beschriebenen Einflüsse der genannten Prozessparameter [107], wenngleich das Modell je nach Anwendungsfall modifiziert wurde [108]. Allerdings zeigen sie auch eine Unterschätzung der Verbundfestigkeiten bei erhöhten Temperaturen und den Einfluss der Dehnrate, da bei erhöhten Temperaturen möglicherweise überlagerte Diffusionsmechanismen zu berücksichtigen sind [87].

Sogenanntes Solid Bonding, auch als Fügeschweißen ohne Lötzusatzstoff bekannt, das bei einer Temperatur deutlich unterhalb der Schmelztemperatur des Grundwerkstoffs durchgeführt wird, wurde bereits in historischen Techniken wie der Herstellung von Samuraischwertern [109] oder beim Bau des Brunel-Schiffs 1858 [82] angewandt. Erste Untersuchungen von Desaguliers et al. [110] zeigten bereits im 18. Jhd., dass zwei rotierende metallische Bälle miteinander verschweißt werden können und die Festigkeit des Grundmaterials erreichen. Spring [111] stellte insbesondere fest, dass Aluminium sehr starke Verbunde bei niedrigen Temperaturen ergibt. Das Interesse an dieser Technik nahm ab, als Stahl in den Fokus rückte und das konventionelle Schweißen entwickelt wurde [79]. [79]

Das Modell nach Cooper und Allwood ist auch bei gewöhnlichem Strangpressen mit Dorn relevant, da in der Verbindungszone der Matrize aufgrund der zusammenlaufenden Materialströme eine Pressnaht entsteht, deren Qualität die mechanischen Eigenschaften bestimmt. Studien zum Thema der dem Cooper-Allwood-Modell unterliegenden Kaltverschweißung fokussierten sich auf zwei Aspekte: die Entstehung der Verbindung zu erklären und prozessspezifische parametrische Untersuchungen zur Erhöhung der Festigkeit durchzuführen [79,107]. Die etablierten Modelle, wie zum Beispiel die Filmtheorie, wurden dabei modifiziert [87].

Im Modell von Cooper und Allwood wird eine von Mises-Vergleichsspannung aus der Kontaktnormalspannung und der nominalen Scherspannung gebildet. Mit dieser effektiven Spannung kann unter Berücksichtigung der idealen Plastizität eine wahre Kontaktfläche berechnet werden [79]. Die Dehngrenze ist abhängig von Dehnung, Dehnrate und Temperatur. Da Oxide nicht unter 1000 °C verschweißen können und davon ausgegangen wird, dass keine Diffusion stattfindet, muss die Dehnung ausreichend hoch zum Aufbruch der Oxide sein. Nach dem Aufbruch der Oxide wird davon ausgegangen, dass der Mikroextrusionsdruck hoch genug sein muss, um die in der Oxidschicht gebildeten Risse zu durchdringen. Zuletzt muss die Neuoxidationsrate, die über den zwischen den Oxiden eingeschlossenen Sauerstoffgehalt berechnet werden kann, gering genug sein, um eine zu hohe Neuoxidation zu verhindern. Die Annahmen und Schritte der Spanverschweißung nach dem Verständnis des Cooper-Allwood-Modells sind in Abbildung 2.14 zusammengefasst [79,87]. Dabei korrespondieren die Schichten mit den in Abbildung 2.2 gezeigten Schichten. Die Sperrschicht, also die Al_2O_3-Schicht, in Abbildung 2.14 als Oxidschicht bezeichnet, hat dabei gegenüber der Deckschicht die weitaus größere Bedeutung bezüglich des Aufbruchs, da diese unterbrechungsfrei ausgebildet ist und sich unter Sauerstoffeinfluss unmittelbar neu bildet [2,13,40]. [79]

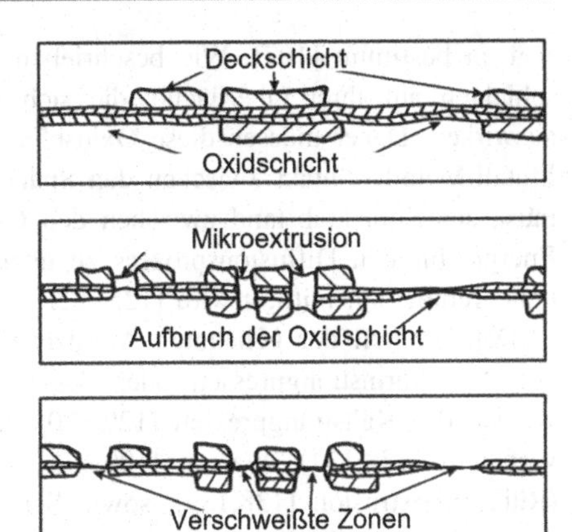

Abbildung 2.14 Modell zur Spanverschweißung nach Cooper und Allwood [79], übersetzt und adaptiert aus [107][8], vgl. [88]

2.4.4 Solid-State-Recycling-Verfahren zur Wiederverwertung von Aluminium

2.4.4.1 Aufbruchtheorie – SPD-basierte Verfahren

Um verschiedene Verformungspfade für die Verbindung von Spänen auf Basis SPD (Severe Plastic Deformation)-basierter Wiederverwertungsverfahren ohne Wiedereinschmelzen zu etablieren, wurden Verfahren wie das ECAP-Verfahren (Equal Channel Angular Pressing) [112–114] und das Warmstrangpressen [78,115–117] entwickelt, das 1945 erstmals von Stern [118] patentiert wurde. Dabei stützen sich diese Verfahren vor allem auf die Filmtheorie, wobei die Verbindung der Fügepartner durch hohe Dehnung und damit einen Aufbruch der Oxidschichten realisiert wird, weshalb von Aufbruchtheorie gesprochen wird.

Nach bisherigen Studien [119–122] über das SSR von Aluminiumspänen werden die mechanischen Eigenschaften der Strangpressprofile durch die relative Dichte, sowie die Mikrostruktur bestimmt, die von den Umformgegebenheiten abhängt [78,123]. Die Mikrostrukturcharakteristika spanbasierten Materials können dabei mit denen von konventionellem, stranggepressten Material verglichen werden [46], weisen aber durch die Spangrenzen Unterschiede auf, insbesondere bezogen auf die Kornstruktur und die Orientierung [124]. Insbesondere werden die Eigenschaften durch die Qualität der Schweißnähte zwischen den

[8] Reprinted from Journal of Materials Processing Technology, Volume 274, F. Kolpak, A. Schulze, C. Dahnke, A.E. Tekkaya, Predicting weld-quality in direct hot extrusion of aluminium chips, 116294, Elsevier (2019), with permission from Elsevier.

Spänen bestimmt [107]. Wie beschrieben bilden Aluminiumlegierungen Oxidschichten auf ihrer Oberfläche, die sich negativ auf die Schweißnahtqualität auswirken. Daher müssen diese Oxidschichten aufgebrochen werden, damit ein Metall-Metall-Kontakt zwischen den Spänen möglich ist [125]. Darüber hinaus muss der Kontaktabstand zwischen den Oberflächen ausreichen, um genügend Energie für den Diffusionsprozess zu übertragen, der durch hohen Druck und hohe Temperatur initiiert wird [125–127].

Der Großteil der genannten Ansätze zum SSR [112,119] konzentriert sich auf das Warmstrangpressen oder dessen Modifikation [128]. Neben diesen werden das Kaltstrangpressen [129,130], Schmieden [131,132], Drucktorsionsverfahren [133,134], Walzen [129,135], zyklische Druckextrusion [136,137], (Rühr)reibextrusion [138,139], sowie Schraubenextrusion [140,141] betrachtet, die zum Teil auf Späne angewandt wurden. [7,78]

Die Auswirkungen komplexer Strangpresswerkzeuge auf die Schweißqualität zwischen den Spänen und auf die mechanischen Eigenschaften wurden von Haase et al. untersucht [112,114]. Die Ergebnisse zeigen, dass das auf den Spänen basierende Material in Bezug auf Festigkeit und Dichte mit dem Referenzmaterial vergleichbar ist, wenn während des Strangpressens mit ECAP- und Kammermatrizen eine zusätzliche plastische Verformung auf das Material ausgeübt wird [112,114,115,119].

Paraskevas et al. [142] bewerteten die Umweltverträglichkeit der direkten Wiederverwertung durch Warmstrangpressen im Vergleich zur herkömmlichen Wiederverwertungsroute von Aluminiumspänen durch Umschmelzen und Gießen. Bei 5–15 % Oxidationsverlusten während des Umschmelzprozesses ist die Umweltverträglichkeit eines Profils auf Spanbasis pro Masse um 57 % geringer als die eines Profils auf Gussbasis. Dabei berücksichtigt die Umweltverträglichkeit, gemessen in mPt, die drei großen Kategorien menschliche Gesundheit, Ökosystem und Ressourcen [142]. Widerø et al. [128] entwickelten für zerkleinerten Schrott ein direktes Schneckenextrusionsverfahren, das Verdichtung und Strangpressen in einem Schritt kombiniert.

Um den Mechanismus der Spanverbindung zu verstehen, bewerteten Güley et al. [17] die Schweißqualität von Spänen anhand eines Kriteriums für den Oxidschichtaufbruch und eines Schweißqualitätsindex. Als Ergebnis dieser Studie wurde festgestellt, dass die plastische Verformung groß genug sein muss, um die Oberflächenoxidschicht der Späne aufzubrechen, sodass saubere und nicht oxidierte Metalloberflächen freigelegt werden und sich Metallverbindungen bilden können. Sherafat et al. [143] wählten eine alternative Strategie, indem sie Späne aus der Legierung EN AW-7075 mit handelsüblichem, luftverdüstem reinem Al-Pulver wiederverwerteten, um ein zweiphasiges EN AW-7075/Al-Material herzustellen. Für das Gemisch aus Spänen und Pulver wurden Kalt- sowie Warmstrangpressverfahren verglichen. Als Ergebnis konnte festgestellt werden, dass das Pulver als Matrix für die eingebetteten Späne wirken konnte, sodass die mechanischen Eigenschaften signifikant verbessert werden konnten.

2.4.4.2 Diffusionstheorie - PM-basierte Diffusionsverfahren

Eine neuere Innovation auf dem Gebiet der Pulvermetallurgie ist das druckunterstützte, mit gepulstem elektrischem Strom betriebene und damit auf Joule'scher Wärme basierende Sinterverfahren, das als Spark Plasma Sintering (SPS) oder Field Assisted Sintering (FAST) bekannt ist und das Sintern von Pulvern bei niedrigen Temperaturen in einer kurzen Zeitspanne unter Anwendung von Druck und Temperatur ermöglicht [144–146]. Kumar et al. nutzten den Prozess zur Wiederverwertung von Aluminiumpulver [147]. Neuere Entwicklungen haben den Prozess auf Späne mit dem Ziel der energieeffizienten Wiederverwertung übertragen [78,125,148,149].

FAST ist mit dem Heißpressen (HP) vergleichbar, wobei sich die Methode der Wärmeerzeugung und -übertragung auf das gesinterte Material unterscheidet. Unter der Voraussetzung eines elektrisch leitfähigen Grünlings wird die Energie unmittelbar in der Probe und den elektrisch leitenden Teilen des Presswerkzeugs freigesetzt. Im gegenteiligen Fall muss ein elektrisch leitfähiges Werkzeug verwendet werden und die durch Joule'sche Erwärmung erzeugte Wärme anschließend durch Wärmeleitung auf das Pulver übertragen werden [145,150,151]. Der Energieverbrauch bei der FAST-Konsolidierung ist im Vergleich zu konventionellen Verfahren wie drucklosem Sintern, Heißpressen (HP) und heißisostatischem Pressen (HIP) aufgrund der geringen Zykluszeiten und der energieeffizienten Erhitzungsmethode um etwa ein Drittel bis ein Fünftel reduziert [145,148,149].

Aufgrund der elektrischen Leitfähigkeit der Werkzeugmaterialien führen niedrige Spannungen (in der Regel weniger als 10 V für den gesamten Aufbau) zu hohen Strömen (im Allgemeinen zwischen 1 und 10 kA), was zu einer effizienten Joule'schen Erwärmung führt [125,150]. Selbst bei Verwendung von elektrisch nicht-leitendem Sinterpulver wird die Wärme schnell und effizient auf die Probe übertragen. Je nach eingesetztem Material können Puls- und Pausendauern von wenigen Millisekunden realisiert werden. Aufgrund der kompakten Form von Matrize und Stempeln sind Sinterzyklen mit Heizraten von bis zu 1000 K min^{-1} denkbar, wodurch sich die Gesamtprozessdauer und die Energiekosten erheblich reduzieren lassen. Standardmäßig sind Abkühlraten von bis zu 150 K min^{-1} realisierbar; eine zusätzliche aktive Kühlung unter Gasströmung ermöglicht Abschreckgeschwindigkeiten von 400 K min^{-1}. Die gleichzeitige Anwendung eines einachsigen mechanischen Drucks erhöht die Verdichtung, wobei maximale Kräfte zwischen 50 und 250 kN realisierbar sind (Abbildung 2.15) [149,150].

Abbildung 2.15
Schematischer Aufbau einer FAST-Anlage [14]

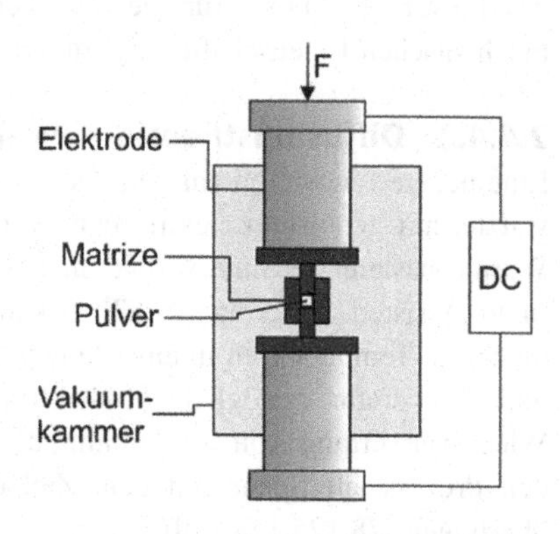

Die im Werkstoff während des FAST-Prozesses ablaufenden Vorgänge können in vier Stufen unterteilt werden [151]:

1) Aktivierung und Veredelung des Pulvers
2) Bildung von Sinterhälsen
3) Wachstum der Sinterhälse
4) Verdichtung durch plastische Verformung

Damit sind die grundsätzlichen Verbindungsmechanismen im Wesentlichen mit denen des stromlosen Sinterns vergleichbar. Unterteilt werden können die Effekte beim FAST-Prozess nach Guillon et al. [150] in mechanische, thermische und elektrische Effekte.

Obgleich die ebenfalls für FAST, neben einigen weiteren Abkürzungen, etablierte Bezeichnung SPS (Spark Plasma Sintering) die Beteiligung eines Plasmas nahelegt, besteht in der Literatur keine eindeutige Auffassung über plasmainduzierte Verbindungsmechanismen, da das Vorkommen eines Plasmas sowohl bejaht (u. a. [149]), als auch verneint wird (u. a. [152]), bzw. festgestellt wird, dass dieses noch nicht nachgewiesen wurde [150].

Die Theorien, denen zufolge Plasmabildung angenommen wird [146,153], sehen als Folge der schnellen Gleichstrompulsierung die Bildung eines Plasmas, Druck durch entstehende Funken, Joule'sche Erwärmung und elektrische Felddiffusionseffekte an [145]. Dies führt den Autoren zufolge zu einer stärkeren und einfacheren Verbindung bzw. Aktivierung der Partikeloberflächen im Vergleich zu konventionellen stromunterstützten Sinterverfahren. Folge davon sind schnellere Sintervorgänge bzw. geringere erforderliche Sintertemperaturen [146].

Die Funkenentladung zwischen den Partikeln führt zunächst zu einer lokalen Reinigung von vorhandenen Oberflächenoxiden sowie zu einem lokalen Aufschmelzen der Partikeloberfläche. Hierdurch kommt es zu einer inhomogenen Temperaturverteilung und demzufolge Mikrostruktur. Zusätzlich führt die hohe Temperatur zu einer Entfestigung, was die Entwicklung von Sinterhälsen fördert [151]. Die Sinterhalsbildung (Abbildung 2.16) ist abhängig von den lokalen Prozessgrößen und bestimmt entscheidend die nachfolgenden Schritte. Gerade zu Beginn weisen die Partikel untereinander nur geringe Kontaktflächen auf, was den elektrischen Widerstand entsprechend stark erhöht und zu einer sehr starken lokalen Erwärmung führt [146].

Insgesamt sind sich jüngere Studien zum Großteil einig, dass die Bildung eines Plasmas nicht oder allenfalls im Anfangsstadium des FAST-Prozesses erfolgt und damit in späteren Stadien nicht zur Verbindung der Partikel beiträgt [146,152,154]. Die Verbesserung des Sinterprozesses wird laut Paraskevas et al. [149] durch die Wirkung dieses Plasmas zur Beseitigung von Oberflächenverunreinigungen erklärt. Die Prozesserfinder behaupteten ursprünglich, dass die erzeugten Pulse Funken und Plasmaentladungen zwischen den Partikelkontakten erzeugten. Es wird häufig argumentiert, dass die verbesserten Verdichtungsraten hauptsächlich auf die Verwendung von Gleichstromimpulsen hoher Energie zurückzuführen sind. Ob Plasma erzeugt wird, wurde bisher in Experimenten nicht direkt bestätigt. Aufgrund dessen erscheint auch der Name SPS unpassend, sodass neuere Studien diese Bezeichnung vermeiden. Es wurde jedoch experimentell nachgewiesen, dass die Verdichtung durch die Verwendung von Gleichstromimpulsen verbessert wird [149,155].

Nach den Studien, die ein Plasma verneinen, kommen vielfältige, auf den Stromfluss zurückzuführende Mechanismen während des FAST-Prozesses zum Tragen:

Während des Frühstadiums des Sinterprozesses erzeugt einigen Studien zufolge ein elektrischer Durchschlag zwischen den Partikeln des Materials augenblicklich einen lokalen Hochtemperaturzustand von mehreren Tausend bis Zehntausend Grad Celsius. Dabei ist die Wärmemenge, die hierdurch eingebracht wird größer, als durch Wärmeleitung wieder abgeführt werden kann, was zusätzlich zu lokal erhöhter Diffusion führt. Andere Studien verneinen ebenso wie für das Plasma eine Funkenentladung bzw. Durchschlag [146,152,154]. Infolge eines potenziellen Durchschlags kommt es im FAST-Verfahren zur Verdampfung und Anschmelzungen an der Oberfläche der Pulverpartikel, wodurch sogenannte „Nacken“ oder „Hälse“ im Bereich des Partikelkontaktpunkts entstehen. Stark unterstützt wird dieser Effekt durch den hohen elektrischen Widerstand aufgrund der anfänglich geringen Kontaktflächen, die zusätzlich zu deutlich stärkeren Erwärmungen führen, der für einige Autoren als hauptsächlicher Grund für die schnellen Sinterzeiten genannt wird [146,156,157]. Dabei wird der Widerstand des Pulversystems insgesamt zusätzlich vom Pressdruck und der Teilchengröße bestimmt und liegt insgesamt um Größenordnungen höher als der des Grundmaterials [146,158]. Im Fall von Aluminium können die schnelle Verdampfung sowie die Durchschlagspannung verbunden mit der plastischen Verformung aufgrund des Pressdrucks für einen Aufbruch der Oberflächenoxidschicht sorgen, was eine Voraussetzung für den Prozesserfolg ist [146]. Elektronenmikroskopische Untersuchungen zeigen in diesem Zusammenhang Hinweise auf Durchschläge. Demnach wirken in sehr frühen Stadien Mechanismen des Mikrolichtbogenschweißens. Anschließend folgt eine Phase, während der es zu Joule'scher Erwärmung aufgrund des Widerstands kommt. Hier tritt zusätzlich Diffusionskriechen auf [146]. In späten Phasen finden darüber hinaus Mechanismen des Diffusionsschweißens statt [151]. Das Diffusionskriechen ist weniger relevant, dafür erhöht sich der Einfluss der Verhinderung von Kornwachstum [146]. Nach Kieback et al. führt der Druck während des FAST-Prozesses zu einer verglichen mit dem drucklosen Sintern um Größenordnungen höheren Sintergeschwindigkeit sowohl im Früh-, als auch im Spätstadium des Sinterns, was auf verschiedene Effekte zurückzuführen ist [146]. Es zeigt sich, dass die Wärme rasch von der Funkenentladungssäule auf die Partikeloberfläche übertragen und verteilt wird, wodurch der intergranulare Bindungsbereich zügig abkühlt. Demnach ist der Einfluss des erhöhten Widerstands umso höher, je schlechter die Wärme in das Innere des Materials geleitet wird. Nach der anfänglich hohen Sintergeschwindigkeit aufgrund der geringen Kontaktflächen und dem damit verbundenen hohen elektrischen Widerstand ist in späteren Phasen vor allem der Sinterdruck von hoher Wichtigkeit, da dieser durch Diffusionskriechen und eine Erhöhung der Leerstellenkonzentration für eine auch in späteren Phasen erhöhte Diffusionsgeschwindigkeit sorgt und Defekte schneller ausheilen kann. [145,146]

Die Bereiche hoher Temperatur zwischen den Partikeln dienen als Beleg für die SPS-Wirkung auf metallische und keramische Materialien. Es wird angenommen, dass die in einigen Studien beobachteten gewellten Oberflächen durch den Hochtemperaturzustand infolge thermischer und Sputtereffekte des Prozesses und durch den FAST-Druck hervorgerufen werden. [145,146]

Die Prozesse der Thermodiffusion und Elektromigration, sowie Einflüsse eines Elektronenwinds, der von [146,159] vorgeschlagen wird, sind Kieback et al. [146] zufolge jedoch von untergeordneter Rolle, wobei der jeweilige Einfluss auch hier in anderen Studien unterschiedlich eingeschätzt wird [145,151].

Gängige elektrische Heißpressverfahren nutzen Gleichstrom oder kommerziellen Wechselstrom. Die Hauptfaktoren, die das Sintern in diesen Prozessen fördern, sind die durch die Stromversorgung erzeugte Joule'sche Wärme und die durch hydraulischen oder mechanischen Druck verursachte plastische Verformung des Werkstoffs [145,150,153,160].

Bemerkenswert ist auch die Wichtigkeit der Gestaltung der Sinterformen und -stempeln aus Graphit in Bezug auf die Joule'sche Erwärmung. Diese Aspekte sind entscheidend für die Homogenität der Sintertemperatur, da sie mit dem Fortschreiten des Sinterprozesses, der Wechselwirkung des Pulvermaterials und der Systemresistivität interagieren und als direkte Heizelemente fungieren [145,161–163]. Insgesamt ist die Vorstellung eines Ersatzschaubilds für einen FAST-Prozess hoch komplex, da jeder Partikel einen einzelnen zu berücksichtigenden Widerstand darstellt. [146]

Das FAST-Verfahren hat mehrere Vorteile gegenüber herkömmlichen Sintertechniken wie dem drucklosen Sintern (PLS), dem Vakuum-Heißpressen (VHP) und dem heißisostatischen Pressen (HIP) [78]. Im Gegensatz zum herkömmlichen HP ermöglicht das FAST-Verfahren sehr hohe Heizraten bei relativ geringem Energieverbrauch [148,164]. Zusätzlich zum Vorteil der direkten volumetrischen Joule'schen Erwärmung kann die Verwendung von Hochstrom-Gleichstromimpulsen die Konsolidierung von schwer zu sinternden Metallpulvern erleichtern [165]. Aufgrund der die Oberflächen umgebenden Oxidschicht, die eine Bindung zwischen den Fügepartnern verhindert, sind Pulver aus Aluminium/-legierungen schwer zu sintern. Dennoch kann mittels des FAST-Verfahrens eine erfolgreiche Konsolidierung von Aluminiumpulver realisiert werden, die bis zu vollständiger Verdichtung führt [148]. Die grundsätzlichen Vorgänge sind in Abbildung 2.16 dargestellt, dabei wird die Annahme vorhandener Durchschläge aufgrund der möglichen Überschreitung der Durchschlagspannung in den sehr frühen Stadien des Sinterns getroffen.

Das FAST-Verfahren zur Wiederverwertung von Aluminiumspänen ist ein neuer Ansatz, sodass in diesem Bereich nur wenige Studien existieren [78,148]. Aufgrund der Verfahrensvorteile, insbesondere die Entfernung der Oberflächenoxide durch stromunterstütze Sintervorgänge, bietet sich eine Konsolidierung von Spänen mittels FAST-Prozess jedoch durchaus an [78,166].

Im Gegenzug ist das Erreichen einer homogenen Mikrostruktur, eine Voraussetzung für homogene Werkstoffeigenschaften auf Makroebene, eine der größten Hürden des FAST-Prozesses. Während des thermomechanischen Prozesses können trotz der kurzen Zykluszeiten verschiedene metallurgische Phänomene wie statische Rekristallisation (SRX), (partielle) dynamische Rekristallisation (DRX),

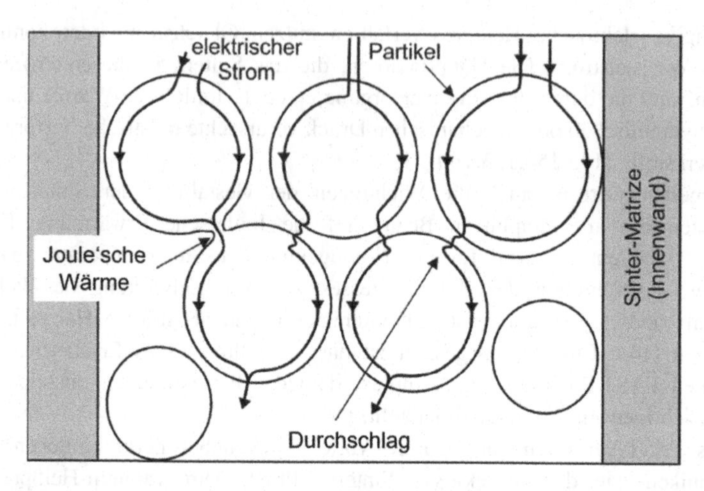

Abbildung 2.16 Sinterhalsbildung beim FAST nach [145], vgl. [14]

geometrische Rekristallisation (GDRX), kontinuierliche dynamische Rekristallisation (CDRX), Kornwachstum oder Partikelausscheidung auftreten. Die lokalen Verformungsbedingungen, wie Dehnung, Dehnungsgeschwindigkeit und Temperatur im Werkstück, haben einen erheblichen Einfluss auf die Mikrostrukturentwicklung [125]. Die Menge der Oxide in den Proben nimmt proportional zum steigenden Verhältnis von Oberfläche zu Volumen zu, was die metallische Bindung zwischen den Partikeln einschränkt [151].

Letztlich hat sich gezeigt, dass der FAST-Prozess grundsätzlich für die effektive Konsolidierung von Aluminiumspänen geeignet ist. Im Gegensatz zu SPD-Prozessen beruht der Mechanismus beim FAST-Prozess auf Rekristallisation und der Aktivierung von drucküberlagerten Diffusionsprozessen und nicht ausschließlich auf dem Aufbrechen der Oxidschichten durch hohe Verformungsgrade [125]. Erste Untersuchungen zeigen vielversprechende Ergebnisse für die Verbindungsqualität [149]. Der Einsatz der SPS-Technologie ermöglicht im Gegensatz zu SPD-basierten Verfahren die flexible Herstellung von endkonturnahen Komponenten oder zahlreichen Teilen in einem Zyklus [144,149].

2.4.5 Einflussgrößen auf mechanische Eigenschaften

Zur Bewertung der Einsetzbarkeit von auf SSR-basierenden Produkten ist die Beurteilung der Leistungsfähigkeit von übergeordneter Bedeutung. Um die zu erwartenden Eigenschaften einschätzen zu können, ist eine Kenntnis der Einflussgrößen auf die mechanischen Eigenschaften hierbei von Vorteil, sodass diese für die SPD-basierte Prozessroute im Folgenden näher betrachtet werden.

Eine Zusammenfassung relevanter Studien und dort genutzter Prozessparameter kann [72,167] entnommen werden. Die Eigenschaften der spanbasierten Erzeugnisse sowie der generelle Prozesserfolg ist Resultat der Kombination aller relevanter Einflussfaktoren [107]. Relevant für einen Prozesserfolg sind nach Kolpak et al. nach Auswertung verschiedener Studien jedoch vor allem die Matrizengeometrie und das Pressverhältnis, weniger relevant sind die Strangpresstemperatur, die Spangeometrie und der Grad der Vorkompaktierung [107]. Gronostajski et al. [101] kamen im Gegensatz dazu zu dem Schluss, dass eine hohe Strangpresstemperatur und eine geringe Strangpressgeschwindigkeit zur Füllung von Porosität führen [7], was die mechanischen Eigenschaften deutlich verbessern dürfte. In den Untersuchungen von Krolo et al. stellte sich ebenso die Strangpresstemperatur als der größte Einflussfaktor auf die Zugfestigkeit heraus [7,168].

Tekkaya et al. [119] untersuchten die quasistatischen Eigenschaften von stranggepressten Profilen aus Gussmaterial und Spanmaterial der Legierung EN AW-6060. Sie stellten fest, dass die Profile aus Spänen eine vergleichbare Dehngrenze von mehr als 90 % gegenüber denen aus Gussmaterial aufweisen. Die Autoren führen dies darauf zurück, dass die Spangrenzen ähnliche mechanische Eigenschaften wie das Grundmaterial aufweisen [119]. Die Eigenschaften der betrachteten Strangpresserzeugnisse hängen vor allem vom Pressverhältnis ab, das sowohl die Festigkeit als auch die Duktilität signifikant beeinflussen kann, während das als Referenz betrachtete Gussmaterial vom Pressverhältnis unabhängige mechanische Eigenschaften aufweist [62], wie Abbildung 2.17 zu entnehmen ist.

Aida et al. [3,169] untersuchten ebenso den Einfluss unterschiedlicher Pressverhältnisse auf die mechanischen Eigenschaften von Profilen aus wiederverwerteten Spänen der AZ31B-Legierung. Es konnte geschlussfolgert werden, dass bei einem Pressverhältnis von ca. 40:1 die optimalen mechanischen Eigenschaften bezüglich 0,2 %-Dehngrenze bzw. Zugfestigkeit sowie Bruchdehnung erzielt werden können. Zudem wurde eine deutlich verbesserte Oberflächenqualität erreicht. Bei einem Pressverhältnis von 100:1 wurden jedoch deutlich verschlechterte mechanische Eigenschaften beobachtet, was auf die vermehrte Bildung von Grobkornstrukturen zurückgeführt wurde [3,169].

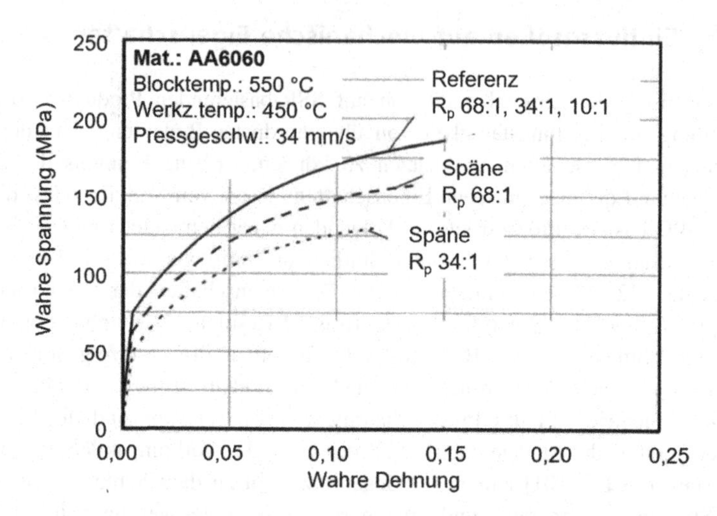

Abbildung 2.17 Einfluss des Pressverhältnisses auf die quasistatischen Eigenschaften spanbasierter Flachprofile im Vergleich mit der Referenz, übersetzt und adaptiert aus [3], vgl. [62]

Güley [3] untersuchte die Einflussfaktoren auf die quasistatischen Eigenschaften von stranggepressten Profilen aus wiederverwerteten Spänen der Legierungen AlMgSi0,5 (EN AW-6060) und AlZn5,5MgCu (EN-AW 7175). Hierbei konnte festgestellt werden, dass die quasistatischen Eigenschaften der Strangpresserzeugnisse vom Oxidanteil abhängig sind. Demzufolge weisen 0,2 %-Dehngrenze und Zugfestigkeit mit zunehmendem Oxidgehalt reduzierte Werte auf. Der Oxidgehalt ist insbesondere von der Spangröße abhängig. Je geringer die geometrischen Abmessungen der Späne sind, desto höher ist der Oxideintrag aufgrund der größeren Oberfläche. Neben dem Oxidanteil beeinflusst auch die Verarbeitungstemperatur die Festigkeit. Eine höhere Prozesstemperatur führt demnach zu reduzierten mechanischen Eigenschaften hinsichtlich der 0,2 %-Dehngrenze und der Zugfestigkeit [17], was auf stärkere entfestigende Vorgänge wie Erholung und Rekristallisation zurückgeführt wurde.

Güley untersuchte zusätzlich den Einfluss der verwendeten Späne und stellte fest, dass deren Härte keinen Einfluss auf die resultierende Festigkeit der Profile hat. Vielmehr ist die Geometrie der Späne für den Fügevorgang der Späne untereinander verantwortlich. Die unterschiedliche Festigkeit von Spänen kann ebenfalls auf die Geometrie und die unterschiedliche damit verbundene Einbringung von Verfestigung zurückgeführt werden [3].

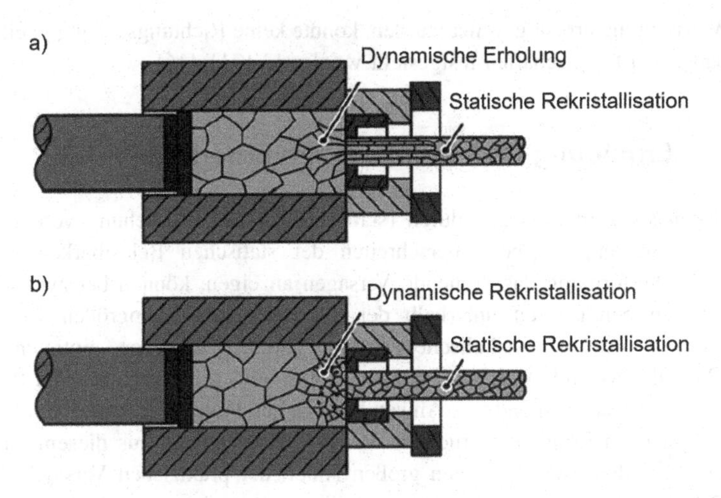

Abbildung 2.18 Rekristallisationsmechanismen für Werkstoffe mit hoher Stapelfehlerenergie (a) und niedriger Stapelfehlerenergie (b) übersetzt und adaptiert aus [170], vgl. [114]

Während des Strangpressprozesses kommt es aufgrund des hohen Wärmeeintrags zu einer kontinuierlichen Rekristallisation. Insbesondere die Stapelfehlerenergie beeinflusst das sich ausbildende Gefüge. Bei Metallen mit hoher Stapelfehlerenergie ist der Richtungseinfluss deutlich anhand der Ausrichtung der Körner sichtbar (Abbildung 2.18), da es, abhängig von den lokalen Bedingungen im Werkstoff zu Kristallerholung kommt. Aufgrund der ausgeprägten Längung dieser kann das Gefüge daher als Faserwerkstoff betrachtet werden [114]. Ist die Stapelfehlerenergie gering, gewinnt die Rekristallisation gegenüber der Erholung an Bedeutung, sodass die Bildung gleichmäßig geformter Körner überwiegt und keine signifikante Längung festzustellen ist [63,114].

Chino et al. [171] untersuchten die zyklischen Eigenschaften von aus wiederverwerteten AZ31-Spänen stranggepressten Profilen, die anschließend gewalzt wurden. Es konnte eine signifikante Richtungsabhängigkeit der mechanischen Eigenschaften (Anisotropie) festgestellt werden. Die Ermüdungseigenschaften in Walzrichtung waren vergleichbar mit konventionell stranggepresstem Werkstoff, während sie senkrecht zur Walzrichtung deutlich reduziert waren. Die Autoren führten diese Ergebnisse auf den Einfluss der im Spanwerkstoff vorhandenen Oxide zurück. Die längliche Ausrichtung dieser führt senkrecht zur Walzrichtung zu früherer Rissinitiierung. In Werkstoffen, die zusätzlich in 90°-Richtung zur Walzrichtung erneut gewalzt wurden, konnte keine Richtungsabhängigkeit der mechanischen Eigenschaften festgestellt werden [3,171]. [16]

2.5 Ermüdung und Lebensdauervorhersage

Im Gegensatz zum Versagen durch (statische) Überbeanspruchung von metallischen Bauteilen, die bei Überschreiten der statischen Belastbarkeit durch plastische Verformung das drohende Versagen anzeigen, können bei zyklischen Belastungen bereits weit unterhalb der quasistatischen Kenngrößen wie der Fließgrenze werkstoffphysikalische Prozesse und Mechanismen, eintreten, die zum Bauteilversagen führen. Im Unterschied zum Versagen unter statischer Belastung ist es jedoch während der Anwendung in der Praxis nur schwer möglich, einen drohenden Ermüdungsbruch im Vorfeld zu erkennen. Aus diesem Grund machen Ermüdungsschäden einen großen Anteil der praktischen Versagensfälle aus [2,172,173].

2.5.1 Kenngrößen zyklischer Beanspruchung

Dauerschwingversuche, auch als Ermüdungsversuche bezeichnet, werden unter zyklischer Belastung durchgeführt, was bedeutet, dass sich Spannungs- und Dehnungsverläufe zeitabhängig ändern und zyklisch wiederholen. Ein solcher exemplarischer zyklischer Verlauf ist in Abbildung 2.19 dargestellt. Wenn die einwirkende Beanspruchung die örtliche Fließgrenze überschreitet, kommt es lokal zu plastischem Fließen, was in einer Nichtlinearität zwischen Spannung und Dehnung resultiert [172].

Bei periodisch gleichförmiger Belastung wird die Mittelspannung σ_m als die durchschnittlich wirkende Spannung definiert. Die maximal wirkende Spannung ist die Oberspannung σ_o, während die minimal wirkende Spannung als Unterspannung σ_u bezeichnet wird. Bei sinusförmigen Belastungen kann die Mittelspannung daher auch als arithmetisches Mittel aus Ober- und Unterspannung beschrieben werden [172]. Das Spannungsverhältnis R ist der Quotient aus Unterspannung und Oberspannung.

$$R = \frac{\sigma_u}{\sigma_o} \qquad \text{(Gl. 2.2)}$$

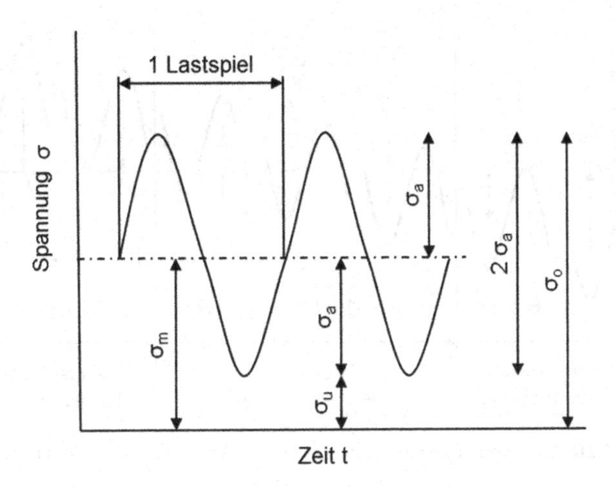

Abbildung 2.19 Kennwerte bei zyklischer Beanspruchung, vgl. [172][9]

Im Folgenden wird die Spannungsschwingbreite $\Delta\sigma$ als Differenz zwischen Oberspannung und Unterspannung definiert. Die häufiger verwendete Spannungsamplitude σ_a entspricht der Hälfte dieser Spannungsschwingbreite und ist folglich:

$$\sigma_a = \frac{1}{2} \cdot (\sigma_o - \sigma_u) \qquad \text{(Gl. 2.3)}$$

Bei schwingender Beanspruchung werden unterschiedliche Beanspruchungsbereiche differenziert, die in Abbildung 2.20 dargestellt sind.

Im speziellen Fall einer Mittelspannung von $\sigma_m = 0$, die mit einem Spannungsverhältnis von R = -1 einhergeht, wird von reiner Wechselbelastung gesprochen [16,172].

[9] *Reproduced with permission from Springer Nature.*

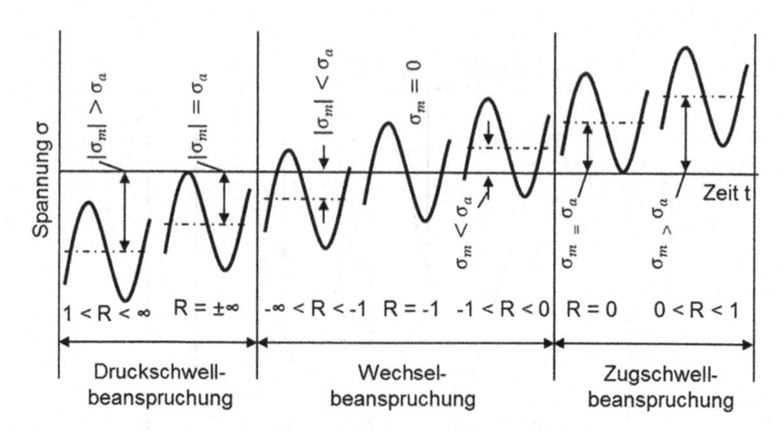

Abbildung 2.20 Beanspruchungsbereiche im Dauerschwingversuch, vgl. [172][10]

2.5.2 Schwingfestigkeitsversuche und Wöhler-Diagramm

Um die Lebensdauer von Bauteilen in Abhängigkeit von zyklischen Beanspruchungen zu beurteilen, hat sich das Wöhler-Diagramm als nützliches Werkzeug etabliert [174]. Für die Erstellung eines Wöhler-Diagramms werden Schwingversuche unter verschiedenen Lastniveaus durchgeführt und die jeweiligen Lastamplituden in Bezug auf die Bruchlastspielzahlen, also die Anzahl der Lastspiele, bei der es zum Bruch der Probe kommt, aufgetragen. Alternativ kann das Versagen auch durch das Auftreten eines bestimmten Risslängenwachstums oder eines festgelegten Steifigkeitsabfalls definiert werden [172]. Der Verlauf dieser Punkte kann bei doppelt-logarithmischer Darstellung im Wöhler-Diagramm mithilfe einer Geraden beschrieben werden, die als Wöhler-Linie bezeichnet wird [172]. [16]

Abhängig vom Werkstoff weisen Wöhler-Linien einen charakteristischen Verlauf auf, der sich in zwei Typen äußern kann [172]. In Abbildung 2.21 sind exemplarische Wöhler-Linien für Werkstoffe des Typs I (z. B. Stahl) sowie des Typs II (z. B. Aluminiumlegierung) schematisch dargestellt.

Die Wöhler-Linie lässt sich in verschiedene charakteristische Abschnitte unterteilen. Der Bereich der Kurzzeitfestigkeit (LCF, low cycle fatigue) erstreckt sich etwa bis zu 10^4 Lastspielen. In diesem Bereich sind plastische Dehnungen die Hauptursache für den Ermüdungsprozess [175–177]. Ab etwa 10^5 Lastspielen,

---

[10] *Reproduced with permission from Springer Nature.*

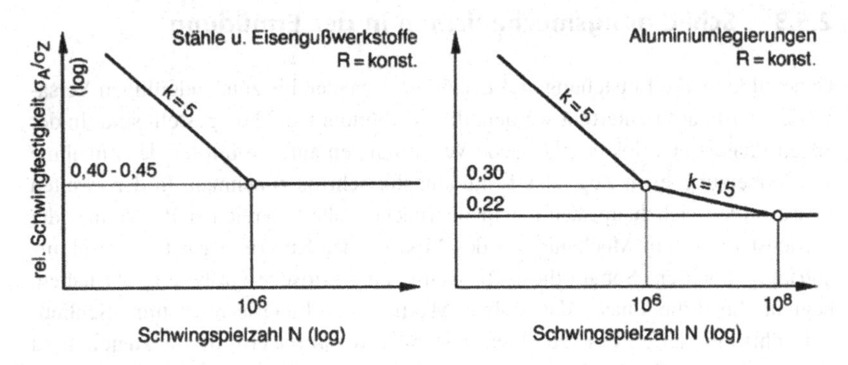

Abbildung 2.21 Schematische Darstellung der Wöhler-Linien von Stählen (Typ I) und Aluminiumlegierungen (Typ II) unter Angabe der Neigungskennzahl k, nach FKM-Richtlinie [172][11]

dem Langzeitfestigkeitsbereich (HCF, high cycle fatigue) überwiegen elastische Dehnungen [172]. Oberhalb von 10^7 Lastspielen liegt der VHCF-Bereich (very high cycle fatigue).

Die Existenz einer als „Dauerfestigkeit" bezeichneten Grenze, unterhalb der es nicht zu einem Versagen durch Ermüdung kommt, war lange Zeit eine als gerechtfertigt hingenommene Annahme. Diese wird als jene Belastung definiert, die theoretisch unbegrenzt oft ertragen werden kann, ohne dass es zu einem Bruch kommt. Mit neuen Prüfmethoden wurden jedoch Ausfälle im Bereich sehr großer Lastspielzahlen im VHCF-Bereich für Belastungen unterhalb der „Dauerfestigkeit" beobachtet. Dies legt nahe, dass eine solche „Grenze" nicht existiert [178–180].

Einige Legierungen mit kubisch-raumzentrierten (krz) und kubisch-flächenzentrierten (kfz) Gitterstrukturen zeigen im VHCF-Bereich zudem eine Verlagerung der Rissinitiierungsstelle von der Oberfläche ins Materialvolumen, wodurch der Schädigungsmechanismus in Abhängigkeit von der Ermüdungslebensdauer variiert [16,181].

---

[11] *Reproduced with permission from Springer Nature.*

2.5.3 Schädigungsmechanismen in der Ermüdung

Generell kann die Entstehung von Ermüdungsschäden bis zum endgültigen Versagen in vier Phasen unterteilt werden, die in Abbildung 2.22 dargestellt sind. In der ersten Phase treten lokale plastische Verformungen auf, die infolge der Zunahme von Versetzungen im Zuge des Ermüdungsfortschritts zunehmen. In der zweiten Phase bilden sich hauptsächlich in oberflächennahen Bereichen Risskeime, die zunächst nach dem Mechanismus des Mikro- oder Kurzrisswachstums strukturabhängig wachsen. Sobald diese Risskeime eine kritische Größe erreicht haben, beginnt die dritte Phase, das stabile Makro- oder Langrisswachstum. Schließlich führt die vierte Phase zu einem instabilen Rissfortschritt und letztendlich zu einem spontanen Bruch des Materials. [172]

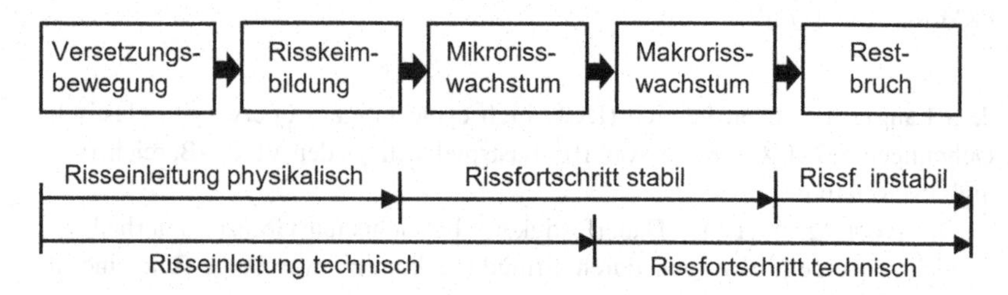

Abbildung 2.22 Stadien der Risseinleitung und des Rissfortschritts, vgl. [172][12]

In den nachstehenden Abschnitten wird die Phase der Versetzungsbewegung sowie der Rissinitiierung detaillierter beschrieben. Darüber hinaus wird ein Überblick über den aktuellen Forschungsstand im Bereich der Ermüdung von AlMgSi-Legierungen mit Defekten dargelegt. [16]

2.5.4 Versetzungsbewegung und Rissinitiierung

Das Modell von Neumann [182] beschreibt die Entstehung von Ermüdungsrissen als Folge von Versetzungsbewegungen und damit verbundenen lokalen plastischen Verformungen in einzelnen Kristalliten, wenn die Fließspannung von den lokal wirkenden Schubspannungen überschritten wird. Üblicherweise treten solche plastischen Verformungen in Richtung der am dichtesten besetzten Gitterebenen auf, da hier die Fließspannungen am niedrigsten sind [183].

---

[12] *Adapted/Reproduced with permission from Springer Nature.*

Darüber hinaus bilden sich diese Verformungen vorzugsweise an der Oberfläche, da im Gegensatz zu Verformungen im Inneren des Werkstoffs keine Mehrfachgleitung für die Rissbildung erforderlich ist. Die genannten lokalen plastischen Verformungen führen zur Bildung von Gleitbändern, wie in Abbildung 2.23 schematisch dargestellt. Während eines Belastungshalbzyklus kommt es zu Abgleitungen von Versetzungen, die eine Gleitverschiebung erzeugen. Da es in der betroffenen Gleitebene während der Verformung zu Verfestigung kommt, kann im anschließenden Entlastungshalbzyklus die erforderliche Fließspannung nicht mehr erreicht werden. Aus diesem Grund kommt es zur Aktivierung einer benachbarten Gleitebene, auf der Versetzungen gleiten. Dadurch entsteht ein einschichtiges Gleitband bestehend aus Oberflächenintrusionen, wobei in seltenen Fällen auch Oberflächenextrusionen auftreten können. In den folgenden Belastungs- und Entlastungszyklen wiederholt sich dieser Prozess, wodurch mehrschichtige Gleitbänder entstehen [172]. Aufgrund ihrer Kerbwirkung fungieren diese als Risskeime, an denen sich im weiteren Verlauf der Ermüdung Risse bilden und ausbreiten können [16,172].

In Gegenwart von Fehlstellen oder Defekten innerhalb des Werkstoffs können diese als Ausgangspunkte für Rissbildung dienen, was zu Anrissen im Werkstoffvolumen führt [184,185]. Dies tritt insbesondere bei niedrigen Spannungsamplituden, wie im VHCF-Bereich, auf, da Versetzungsbewegungen in oberflächennahen Bereichen bei ausreichend niedrigen Spannungsamplituden an Hindernissen zum Stillstand kommen [186]. Auch auf Basis von Vorverformungen können Änderungen im Ermüdungsverhalten beobachtet werden [187].

Wie in Abbildung 2.26 dargestellt, breitet sich der Ermüdungsriss nach der Risskeimbildung zunächst stabil aus, bis er auf ein Hindernis stößt. Typischerweise stellt eine Korngrenze ein solches Hindernis dar. Bei jedem Lastwechsel breitet sich der Riss um einen bestimmten Betrag und senkrecht zur größten Normalspannung σ aus. Sobald der Riss eine bestimmte Länge erreicht hat, wird er als Makroriss bezeichnet, wobei der Übergang vom Kurz- zum Langriss sowie die Gestalt der Rissfortschrittskurve werkstoffabhängig sind [16,188,189].

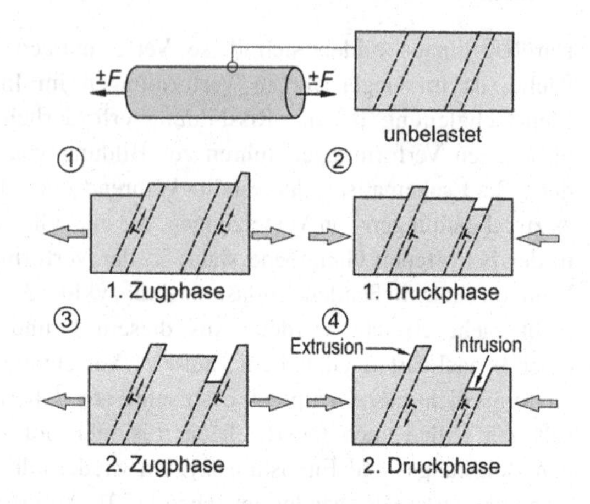

Abbildung 2.23 Mechanismus der Gleitbandbildung unter zyklischer Beanspruchung, vgl. [188][13]

Die Spannungskonzentration an der Rissspitze ist entscheidend für die Rissausbreitung. Während der zyklischen Belastung werden an der Rissspitze kontinuierlich neue Versetzungen erzeugt, die zur Verfestigung dieses Bereichs beitragen. Der Bereich vor der Rissspitze wird daher als plastische Zone bezeichnet und bestimmt den Rissfortschritt [190,191]. Aufgrund der Plastifizierung an der Rissspitze tritt eine sehr geringe Rissaufweitung und minimales Risswachstum in Richtung der maximalen Schubspannung τ_{max} auf (Abbildung 2.24). Während der zyklischen Probenentlastung wird die Spannung im Material reduziert und der entstandene Riss geschlossen. Durch die lokale plastische Verfestigung an der Rissspitze entstehen während der Entlastung starke Druckeigenspannungen, die eine entgegengesetzte plastische Verformung verursachen und ebenfalls die Rissspitze schließen, die nun jedoch weiter ins Materialinnere reicht [183,192,193].

[13] *Adapted/Reproduced with permission from Springer Nature.*

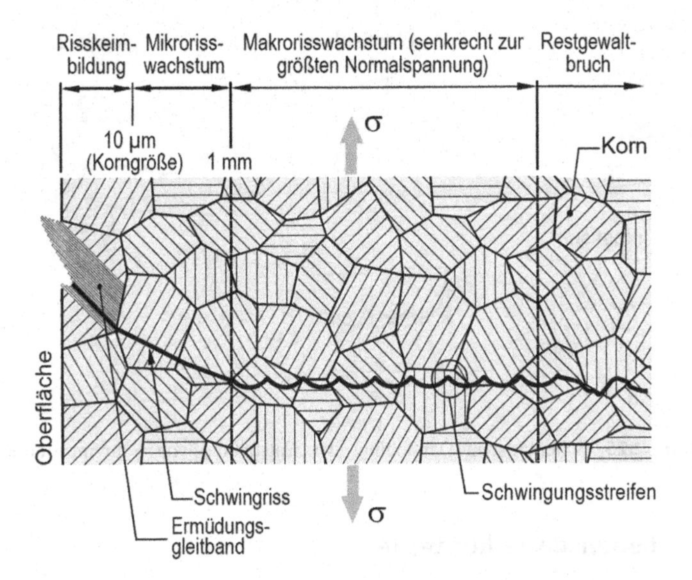

Abbildung 2.24 Schematische Darstellung des stabilen Risswachstums infolge zyklischer Beanspruchung mit abschließendem Restgewaltbruch [188][14]

Neben den hohen Spannungen, die zu lokaler Plastizität führen, beeinflussen auch mikrostrukturelle Eigenschaften das Risswachstum. Die Phasenverteilung, Korngröße, Größe von Einschlüssen sowie deren Orientierung und Verteilung sind ebenfalls ausschlaggebend für die Rissbildung. So können Risse auch an Korngrenzen, besonders Tripelpunkten von Korngrenzen und Oberflächenrauheitsspitzen, selbst bei mikroskopisch glatten Oberflächen, oder sonstigen mikrostrukturellen Inhomogenitäten initiieren [194].

[14] *Reproduced with permission from Springer Nature.*

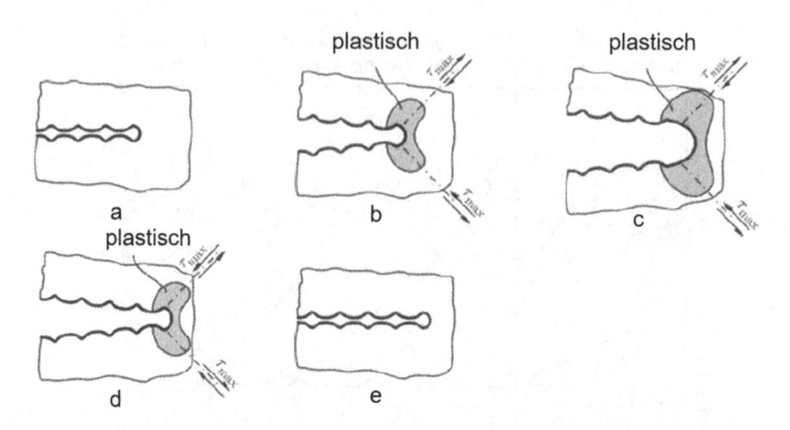

Abbildung 2.25 Schematische Darstellung der Entstehung von Schwingstreifen, vgl. [192][15]

2.5.5 Lebensdauerkonzepte

Um die Lebensdauer von Werkstoffen basierend auf ermittelten Kennwerten möglichst auf analytische Weise abzuschätzen, existiert eine Reihe von Lebensdauerkonzepten, von denen die linear-elastische Bruchmechanik und das Murakami-Konzept im Folgenden dargelegt werden.

2.5.5.1 Linear-elastische Bruchmechanik

Die linear-elastische Bruchmechanik (LEBM) charakterisiert das Verhalten von Rissen unter mechanischer Belastung, basierend auf Prinzipien der Kontinuumsmechanik [172,195]. Im Rahmen der Ermüdungsbewertung ist es entscheidend zu verstehen, unter welchen Bedingungen sich Risse ausdehnen, wann und wie die Ausbreitung eines sich entwickelnden Risses gestoppt werden kann und wann dieser instabil oder kritisch wird [2,195].

Obwohl die Mechanismen der Rissinitiierung und -ausbreitung mikroskopische Phänomene darstellen, berücksichtigt die LEBM keine Mikrostruktureffekte wie Anisotropie, Versetzungsbewegung oder Gleitbandbildung. An den Rissspitzen werden die Zonen als plastisch betrachtet, während in den restlichen Werkstoffbereichen ein elastisches Materialverhalten angenommen wird [172].

Gemäß Orowan und Irwin lässt sich das Spannungsfeld eines Risses durch einen Spannungsintensitätsfaktor K charakterisieren [196]. Die auftretenden

[15] *Adapted/Reproduced with permission from Springer Nature.*

Spannungen können aus drei grundlegenden Beanspruchungsarten (Modi) zusammengesetzt werden, die über die Verschiebungen der Rissufer gegeneinander definiert sind [172].

- Modus I ist eine Zugbeanspruchung senkrecht zur Rissebene
- Modus II ist eine Schubspannung in Rissausbreitungsrichtung
- Modus III ist eine Schubbeanspruchung längs der Rissfront

Einen Überblick über die verschiedenen Modi gibt Abbildung 2.25.

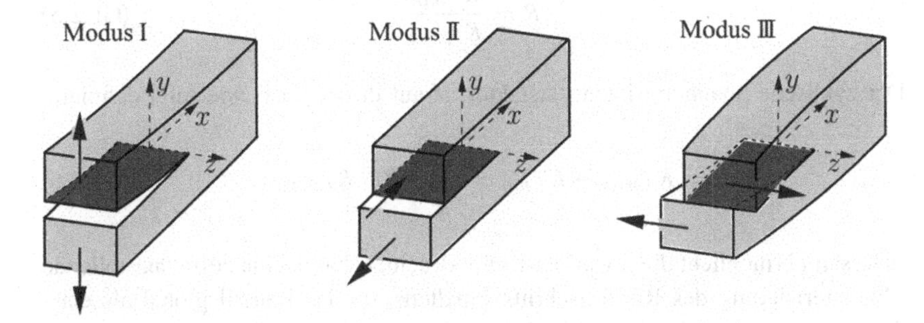

Abbildung 2.26 Grundbeanspruchungsarten der Rissfront [195][16]

Im Kontext dieser Arbeit liegt der Fokus auf dem Modus I, und damit auf dem Spannungsintensitätsfaktor K_I. Die weiteren Spannungsintensitätsfaktoren K_{II}und K_{III} werden an dieser Stelle nicht weiter erörtert. Die Berechnung von K_I erfolgt gemäß der folgenden Gleichung:

$$K_I = \sigma \cdot \sqrt{\pi \cdot a} \cdot Y\left(\frac{a}{W}\right) \qquad \text{(Gl. 2.4)}$$

In der Gleichung steht a für die Risslänge, Y für den Geometriefaktor, der den Vergleich verschiedener Bauteilgeometrien hinsichtlich des Spannungsintensitätsfaktors ermöglicht und W repräsentiert die Probenbreite [2]. [16]

[16] *Reproduced with permission from Springer Nature.*

2.5.6 Rissausbreitung unter zyklischer Belastung

Unter zyklischer Belastung können Risse in einem Bauteil wachsen, bis es schließlich zum Versagen des Bauteils durch Bruch kommt. Hierbei entsteht ein zeitlich veränderliches Spannungsfeld aufgrund der zyklischen Beanspruchung, das zu zeitlich variierenden Spannungsintensitätsfaktoren führt. Das Spannungsverhältnis R kann analog zu Gleichung 2.2 durch den Quotienten der Spannungsintensitätsfaktoren bei den jeweiligen Lastumkehrpunkten bestimmt werden [172]:

$$R = \frac{K_{I,min}}{K_{I,max}} \quad \text{(Gl. 2.5)}$$

Der zyklische Spannungsintensitätsfaktor ist auf dieser Basis wie folgt definiert:

$$\Delta K_I = K_{I,max} - K_{I,min} = (1 - R) \cdot K_{I,max} \quad \text{(Gl. 2.6)}$$

Insgesamt ermöglicht die linear-elastische Bruchmechanik eine zufriedenstellende Charakterisierung des Rissfortschrittsverhaltens, da das Bauteil global als elastisch belastet angesehen wird [2]. Bei zyklischer Beanspruchung wachsen Risse in jedem Zyklus um geringe Beträge. Die Rissfortschrittsrate wird schließlich über die Änderung der Risslänge a pro Lastzyklus N definiert [16,172]:

$$v = \frac{da}{dN} \quad \text{(Gl. 2.7)}$$

Der Rissfortschritt lässt sich in drei Teilbereiche unterteilen, die beispielhaft in Abbildung 2.27 in einem Rissfortschrittsdiagramm dargestellt sind. In diesem Diagramm wird die Rissfortschrittsrate gegen die Schwingbreite des Spannungsintensitätsfaktors aufgetragen, wobei beide Achsen logarithmisch skaliert sind.

In der folgenden Beschreibung wird der zyklische Spannungsintensitätsfaktor ΔK_I als ΔK abgekürzt. Nichtsdestotrotz sind die angegebenen Beziehungen auch für Belastungen nach Modus II und Modus III, wenn auch mit angepassten Parametern, gültig, solange der Riss eine ausreichende Rissöffnung aufweist.

Im Bereich I, der auch als Schwellenwertbereich bezeichnet wird, sind die ΔK-Werte niedrig und der Rissfortschritt verläuft vergleichsweise langsam. Wenn der Wert unterhalb des Schwellenwerts ΔK_{th} liegt, ist der Riss nicht

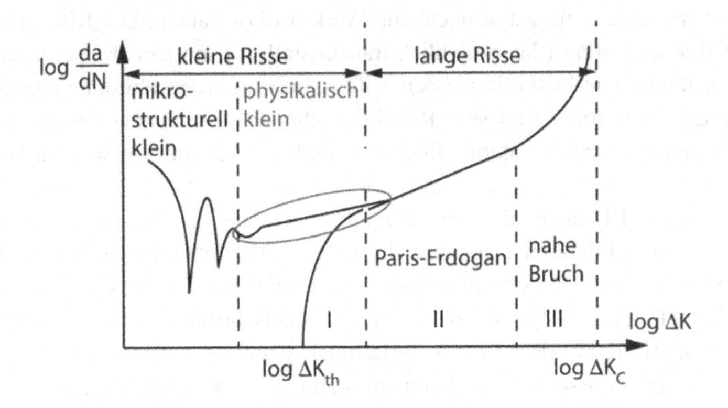

Abbildung 2.27 Rissfortschrittsrate von Langrissen infolge zyklischer Beanspruchung in Abhängigkeit des zyklischen Spannungsintensitätsfaktors, vgl. [197]

wachstumsfähig und kommt zum Stillstand. Der Schwellenwert wird in der Literatur unterschiedlich definiert. Zum Beispiel geht DIN EN 3873 von einem Schwellenwert bei einer Rissfortschrittsrate von 10^{-7} mm/Zyklus aus, während Stanzel-Tschegg [198] für diesen sogar in einzelnen Fällen noch geringere Werte bis 10^{-13} m/Zyklus ansetzt [185]. Verschiedene Autoren sehen den Grund für die Existenz eines solchen Schwellenwerts im Mechanismus des Rissschließens. Wenn der Riss auf ein Hindernis, wie etwa Korngrenzen, trifft, kommt es zu einem Ausbreitungsstopp, da die Energie zur Überwindung des Hindernisses unzureichend ist [172]. Die Kurvenform in diesem Bereich wird hauptsächlich von der Mikrostruktur und der Mittelspannung beeinflusst. Der Rissfortschritt folgt anfänglich den kristallografisch orientierten Gleitbändern [2], wodurch die Ausbreitung in einem Winkel von 45° zur Hauptspannungsrichtung erfolgt [186]. Im Gegensatz zu Kurzrissen können Langrisse in diesem Bereich kaum oder überhaupt nicht wachsen [16,172].

In Bereich II ändert sich der Beanspruchungsmechanismus. Durch den abnehmenden Einfluss der Oberflächenrestspannungen dominieren zunehmend Normalspannungen gegenüber Schubspannungen, sodass der Riss sich in der Ebene senkrecht zur Hauptnormalspannung ausbreitet [2]. Die Rissfortschrittskurve kann durch einen linearen Verlauf (bei doppellogarithmischer Darstellung) beschrieben werden, bekannt als Paris-Gleichung [172].

$$\frac{da}{dN} = C \cdot \Delta K^m \qquad \text{(Gl. 2.8)}$$

C und m sind in diesem Zusammenhang Werkstoffkonstanten. Der Rissverlauf in diesem Bereich verläuft hauptsächlich transkristallin, kann jedoch auch teilweise oder vollständig interkristallin werden, sofern die Korngrenzenbildung beeinflusst ist. Für diesen Bereich sind sog. Rastlinien charakteristisch, die bei der Untersuchung entsprechender fraktografischer Aufnahmen identifiziert werden können [2].

Im Bereich III, auch als Bruchbereich bezeichnet [172], nimmt die Rissfortschrittsrate schließlich exponentiell zu. Wenn der kritische Spannungsintensitätsfaktor K_C, auch Bruchzähigkeit genannt, erreicht wird, versagt das Bauteil schließlich [195,196,199]. Die Position der Rissfortschrittskurve hängt vom Spannungsverhältnis R ab, da es beim Entlastungszyklus, wie bereits erwähnt, zum Phänomen des Rissschließens kommen kann, das in Abhängigkeit von der Mittelspannung stärker oder schwächer ausgeprägt sein kann [16,172].

2.5.6.1 Murakami-Konzept

Das Murakami-Konzept, auch als $\sqrt{}$area-Konzept bezeichnet, thematisiert den Einfluss von nichtmetallischen Einschlüssen auf die Ermüdungsfestigkeit von hochfesten Stählen [184,200]. Dieser Ansatz basiert auf einer empirischen Methodik, bei der die maximalen Spannungsintensitätsfaktoren für definierte Risse entlang der Rissfront unter Verwendung der „body-force-Methode" berechnet wurden. Auf dieser Grundlage konnte eine Näherungsgleichung zur Bestimmung des maximalen Spannungsintensitätsfaktors $K_{I,max}$ für Anrisse beliebiger Form abgeleitet werden, wobei zwischen Anrissen aus dem Volumen und von der Oberfläche ausgehenden Anrissen differenziert wird [201]:

$$K_{I,max} = 0,65 \cdot \sigma_{max}\left(\pi \sqrt{area}\right)^{\frac{1}{2}} \qquad \text{(Gl. 2.9)}$$

für Anrisse aus der Oberfläche und

$$K_{I,max} = 0,50 \cdot \sigma_{max}\left(\pi \sqrt{area}\right)^{\frac{1}{2}} \qquad \text{(Gl. 2.10)}$$

für Anrisse aus dem Volumen.

In dieser Gleichung repräsentiert $\sqrt{}$area die Quadratwurzel der projizierten Rissfläche, die senkrecht zur wirkenden Spannung steht. Darüber hinaus wurden die Schwellenwerte ΔK_{th} in Abhängigkeit des Werkstoffs ermittelt. Unter

Berücksichtigung der Härte ergeben sich folgende Gleichungen:

$$\Delta K_{th} = 2,77 \cdot 10^{-3} \cdot (HV + 120)\left(\sqrt{area}\right)^{\frac{1}{3}} \tag{Gl. 2.11}$$

für Anrisse ausgehend von der Oberfläche und

$$\Delta K_{th} = 3,30 \cdot 10^{-3} \cdot (HV + 120)\left(\sqrt{area}\right)^{\frac{1}{3}} \tag{Gl. 2.12}$$

für Anrisse aus dem Volumen. Aus den genannten Gleichungen lässt sich die Wechselfestigkeit σ_W für die jeweilige Grenzlastspielzahl des betreffenden Werkstoffs wie folgt ermitteln:

$$\sigma_W = \frac{1,43 \cdot (HV + 120)}{\left(\sqrt{area}\right)^{\frac{1}{6}}} \tag{Gl. 2.13}$$

für Anrisse ausgehend von der Oberfläche und

$$\sigma_W = \frac{1,56 \cdot (HV + 120)}{\left(\sqrt{area}\right)^{\frac{1}{6}}} \tag{Gl. 2.14}$$

für Anrisse aus dem Volumen. Daraus ergibt sich die Annahme, dass Einschlüsse mit gleicher projizierter Fläche senkrecht zur Belastungsrichtung denselben Schwellenwert ΔK_{th} aufweisen. Die Anwendbarkeit dieses Ansatzes konnte von verschiedenen Autoren für hochfeste Stähle und martensitische Federstähle nachgewiesen werden [16,202,203].

Im Falle von Aluminiumlegierungen schlagen Noguchi et al. [204] eine Modifikation der Gleichung vor, wobei E_{Al} für den Elastizitätsmodul der Aluminiumlegierung und E_{St} für den Elastizitätsmodul des Stahls steht [16,204]. Die Modifikation ergibt

$$\sigma_W = \frac{1,43 \cdot \left(HV + 120 \cdot \frac{E_{Al}}{E_{St}}\right)}{\left(\sqrt{area}\right)^{\frac{1}{6}}} \tag{Gl. 2.15}$$

für Anrisse ausgehend von der Oberfläche und

$$\sigma_W = \frac{1,56 \cdot \left(HV + 120 \cdot \frac{E_{Al}}{E_{St}}\right)}{\left(\sqrt{area}\right)^{\frac{1}{6}}} \quad \text{(Gl. 2.16)}$$

für Anrisse aus dem Volumen.

2.6 Detektion von Materialermüdung

2.6.1 Resistometrie

Zur detaillierten Charakterisierung von Ermüdungsvorgängen ist es von großer Bedeutung, den Fortschritt der Materialermüdung während der experimentellen Untersuchungen kontinuierlich und präzise erfassen zu können. In diesem Kontext erweist sich die Anwendung von messtechnischen Verfahren zur Erfassung des elektrischen Widerstands als besonders vielversprechend. Der elektrische Widerstand ist als Quotient aus der erforderlichen Spannung und dem durch einen Werkstoff fließenden Strom definiert [205]. Dieser Parameter kann als eine Manifestation von Streueffekten der Ladungsträger innerhalb des Materials interpretiert werden.

Die Mikrostruktur und die Art des betrachteten Werkstoffs beeinflussen die Ausprägung dieser Streueffekte in unterschiedlichem Maße. Neben der Mikrostruktur spielen auch die geometrischen Veränderungen des Materials und die Versetzungsstruktur eine bedeutende Rolle als Einflussfaktoren auf den elektrischen Widerstand. Nach der Matthiessen'schen Regel [206,207] kann der elektrische Widerstand in diesem Zusammenhang in zwei Hauptkomponenten unterteilt werden: einen materialspezifischen Anteil und einen geometrischen Anteil.

Der materialspezifische elektrische Widerstand kann weiterhin in verschiedene Teile zerlegt werden: (1) einen Anteil, der auf Gitterdefekte ($\Delta\rho_{\mathrm{D}}$) zurückzuführen ist, (2) einen Anteil, der durch Temperaturänderungen ($\Delta\rho_{\mathrm{Ph}}$) verursacht wird, welche wiederum thermische Gitterschwankungen hervorrufen und somit zu einer erhöhten Streuung der Elektronen führen und (3) einen Anteil, der auf die innere Streuung der Ladungsträger ($\Delta\rho_{\mathrm{El}}$) zurückgeht. Diese Unterteilung des spezifischen elektrischen Widerstands ist in Gleichung 2.17 dargestellt und basiert auf der Matthiessen'schen Regel [206,207]. [16]

$$\Delta\rho = \Delta\rho_D + \Delta\rho_{El} + \Delta\rho_{Ph} \quad \text{(Gl. 2.17)}$$

Für eine effektive Anwendung der elektrischen Widerstandsmessung im Bereich der Werkstoffprüfung ist es unerlässlich, alle potenziellen Einflussgrößen auf den elektrischen Widerstand zu identifizieren, um differenzierte Schlussfolgerungen über Veränderungen in der Mikrostruktur und der Versetzungsstruktur des Werkstoffs zu ermöglichen. Daher ist es von großer Bedeutung, die in der Literatur bekannten Faktoren, die den elektrischen Widerstand beeinflussen, eingehend zu untersuchen und zu analysieren [16].

2.6.1.1 Einfluss der Temperatur

Die Temperatur ist ein entscheidender Faktor, der den elektrischen Widerstand eines Materials beeinflusst. Eine Abnahme der Temperatur führt generell zu einer Verringerung des elektrischen Widerstands. Dies kann darauf zurückgeführt werden, dass bei sinkender Temperatur die thermisch induzierten Gitterschwingungen abnehmen, die den Stromfluss im Material beeinträchtigen [208].

Die Matthiessen-Regel bietet eine Beschreibung des Zusammenhangs zwischen Temperatur und elektrischem Widerstand, wobei zwei materialspezifische Konstanten, α_M und β_M, berücksichtigt werden (Gleichung 2.18). Diese Regel, die allerdings nicht von Matthiessen selbst formuliert wurde, ermöglicht ein Verständnis der wechselseitigen Abhängigkeiten zwischen Temperatur und elektrischem Widerstand und trägt somit zu einer präziseren Analyse und Interpretation von experimentellen Daten bei, insbesondere bei der notwendigen Separierung beteiligter Mechanismen [16,205,207].

$$\rho(T) = \rho_{T=0°C}\,(1 + \alpha_M \cdot T + \beta_M \cdot T2) = \rho_{T=0°C} + \Delta\rho(T) \qquad \text{(Gl. 2.18)}$$

2.6.1.2 Einfluss der Frequenz

Bei der Anwendung von Wechselstrom in elektrischen Schaltungen kann der Widerstand aufgrund von Phasenverschiebungseffekten bei kapazitiven und induktiven Widerständen in Blindwiderstand, Wirkwiderstand und Scheinwiderstand unterteilt werden [209]. In der Werkstofftechnik können diese Effekte jedoch vernachlässigt werden. Dies liegt daran, dass die Proben in der Regel als einfache Leiter betrachtet werden können, bei denen kapazitive und induktive Widerstände gering sind und somit eine praktisch vernachlässigbare Phasenverschiebung des Wechselstromsignals verursachen. Daher kann der Wechselstromwiderstand in diesem Zusammenhang ähnlich dem Gleichstromwiderstand behandelt werden, weshalb auf die Berechnung von Blindwiderstand, Scheinwiderstand und Wirkwiderstand nicht weiter eingegangen wird [16,209].

Wechselströme induzieren im untersuchten Material Wirbelströme, wodurch eine Veränderung des spezifischen elektrischen Widerstands hervorgerufen wird. Gemäß der Lenz'schen Regel werden diesen Wirbelströmen Magnetfelder überlagert, die vom Vorzeichen entgegengesetzt sind und zur teilweisen Kompensation des ursprünglichen Magnetfelds führen. Dieses als Skin-Effekt bekannte Phänomen bewirkt, dass das Magnetfeld bei höheren Wechselstromfrequenzen zunehmend stärker an Oberflächenbereiche eines stromdurchflossenen metallischen Leiters gedrängt wird. Infolgedessen können bei hohen Wechselstromfrequenzen Materialveränderungen in oberflächennahen Bereichen festgestellt werden. Die Eindringtiefe des elektrischen Stroms hängt zusätzlich zur Frequenz (f) auch von der elektrischen Leitfähigkeit (κ) und der magnetischen Permeabilität (μ) ab und kann mit Gleichung 2.19 (μ_0 und μ_r aus [210] zu μ zusammengefasst) ermittelt werden [210].

$$\delta = \frac{1}{\sqrt{\pi \cdot \mu \cdot \kappa \cdot f}} \qquad \text{(Gl. 2.19)}$$

Die Eindringtiefe wird als der Abstand von der Oberfläche beschrieben, bei der das el. Feld auf etwa 1/e (ungefähr 1/3) des ursprünglichen Werts abgesunken ist [210].

Der Skin-Effekt hat nicht nur Einfluss auf die Eindringtiefe, sondern wirkt sich auch direkt auf den elektrischen Widerstand aus. Aufgrund der Verdrängung des elektrischen Felds in die oberflächennahen Randbereiche des Materials durch die Wirbelströme verringert sich der effektive stromdurchflossene Querschnitt. Dies führt zu einem Anstieg des elektrischen Widerstands. Laut Hering et al. [209] führt daher oberhalb einer Wechselstromfrequenz von 10^7 Hz nur noch die Außenhaut Strom.

Bei der Anwendung hoher Eindringfrequenzen in Verbindung mit hohen Stromstärken ist es wichtig, die Erwärmung der oberflächennahen Bereiche des Materials zu berücksichtigen, um Fehlinterpretationen des Wechselstromsignals zu vermeiden. Gemäß der Matthiessen-Regel führt die Erwärmung zu einem Anstieg des elektrischen Widerstands [205,211]. Daher ist es zur Vermeidung von Fehlinterpretationen von großer Wichtigkeit, die temperaturbedingten Effekte auf den Widerstand in die Analyse und Interpretation der Messergebnisse einzubeziehen. [16]

2.6.1.3 Einfluss der Probengeometrie

Während mechanischen Versuchen führen kontinuierliche Änderungen der Probengeometrie zu direkten Auswirkungen auf den elektrischen Widerstand. Selbst bei einer uniaxialen Belastung erfährt das Material aufgrund der Querkontraktion eine dreidimensionale Geometrieveränderung. Die Veränderung des el. Widerstands aufgrund von zyklischer Belastung kann sowohl auf die Querschnittsreduktion aufgrund der Querkontraktion bzw. aufgrund der Materialermüdung als auch auf die Längenveränderung aufgrund von zyklischem Kriechen zurückgeführt werden. Charrier et al. beziehen hierbei die Geometrieänderung auf den spezifischen Widerstand (Gleichungen 2.20 und 2.21), wobei rein elastische (Gleichung 2.20) und elastisch-plastische Dehnung (Gleichung 2.21) unterschieden werden [212]. [16]

$$\rho_1 = \rho_0 \cdot (1 + K_1 \cdot (1 - 2 \cdot \upsilon) \cdot \varepsilon_e) \quad \text{(Gl. 2.20)}$$

$$\rho_1 = \rho_0 \cdot [1 + C_1 \cdot (\varepsilon_{e+}\varepsilon_p) \cdot C_2 \cdot (2 \cdot \upsilon \cdot \varepsilon_e + \varepsilon_p)] \quad \text{(Gl. 2.21)}$$

In diesen Gleichungen repräsentieren K_1, C_1 und C_2 materialabhängige Konstanten, während υ die Querkontraktionszahl darstellt. Wenn geringe Dehnungen den Ermüdungsfortschritt dominieren, können Terme höherer Ordnung vernachlässigt werden. Daher ergibt sich die folgende Gleichung nach Charrier und Roux, mit der die auf Geometrieänderungen zurückzuführenden Widerstandsänderungen erfasst werden können. Der Zusammenhang zwischen der Änderung des elektrischen Widerstands und der plastischen Dehnung ist hierbei linear (Gleichung 2.22) [16,212].

$$V - V_0 = \frac{V_0}{(1 - D)} \cdot [\varepsilon_\mathrm{e} \cdot (1 + 2 \cdot \upsilon \cdot C_1 - 2 \cdot \upsilon \cdot C_2) + \varepsilon_\mathrm{p} \cdot (2C_1 - C_2) + D] \quad \text{(Gl. 2.22)}$$

Die Größe D stellt in diesem Kontext eine verformungsabhängige, zweidimensionale Schädigungskenngröße dar, die Werte zwischen 0 (keine Verformung) und 1 (Verformung bis zum Bruch) annimmt. V stellt das Potential dar. Die Widerstandsänderung und die plastische Dehnung sind linear miteinander verknüpft.

2.6.1.4 Einfluss von Schädigung

In frühen Stadien beruht die Ermüdungsschädigung auf einer Umstrukturierung der Versetzungsstruktur [183]. Die vorhandenen Versetzungen im Gefüge verursachen eine Verzerrung der Gitterstruktur, wodurch es zu einer stärkeren Streuung der Elektronen in diesen Bereichen kommt, was eine Änderung des elektrischen Widerstands bedeutet [213,214].

Um den spezifischen Widerstand einer Zellstruktur zu bestimmen, verwendeten Gaal et al. [215] die Boltzmann-Gleichung. Auf dieser Basis konnte gezeigt werden, dass im Fall nur geringfügig deformierter Metalle kein signifikanter Einfluss der Zellstruktur messbar ist. Eine Abnahme der Wechselstromänderung wurde bei zunehmendem Verformungszustand beobachtet. Daher kann angenommen werden, dass die Abweichung, die durch die Anisotropie der Versetzungsstreuung verursacht wird, im Vergleich zur Abweichung, die durch die Zellstruktur bedingt ist, einen größeren Anteil hat [215]. [16]

In Übereinstimmung mit den Erkenntnissen von Gaal et al. [215] stellen auch Kaveh und Wiser [216] und Kino et al. [214] fest, dass der spezifische Widerstand stark von der Versetzungs- bzw. Defektdichte abhängt. Dieser Einfluss kann sowohl auf die in diesem Zusammenhang beschriebenen Streuprozesse der Elektronen zurückgeführt werden, als auch auf den erhöhten spezifischen Widerstand der enthaltenen Defekte und Verunreinigungen selbst verglichen mit dem Grundwerkstoff. Es wird unterschieden zwischen kleinwinkligen und großwinkligen Streueffekten. In diesem Kontext machen die kleinwinkligen Streueffekte durch die vorhandenen Halteelektronen einen großen Anteil der elektrischen Widerstandsänderung bei hohen Versetzungsdichten aus. Die großwinkligen Streuprozesse demgegenüber, die aufgrund des zunehmenden Beitrags von Defekten und den hiermit verbundenen Streueffekten bei niedrigeren Versetzungsdichten auftreten, haben einen größeren Anteil [16,216–218]. Trattner et al. nutzen für die Ermittlung des von der Versetzungsdichte abhängenden spezifischen Widerstands Gleichung 2.23 [218].

$$\frac{\rho}{N_V} = \left(\frac{\rho}{N_V}\right)_{\infty} \left(1 + \frac{\alpha}{\left(1 + \frac{\alpha}{R_V \cdot \beta}\right)^2}\right) \qquad \text{(Gl. 2.23)}$$

Die Versetzungsdichte entspricht N_V, während ρ/N_V den spezifischen Widerstand des Zustands repräsentiert, bei dem Elektronenbeugungen ausschließlich an Versetzungen stattfinden. α sowie β sind materialabhängige Parameter, wohingegen R_V abgängig von der Versetzungsdichte ist [218].

Im Gegensatz zu den Annahmen von Kaveh und Wiser sowie Gaal et al. nehmen Trattner et al. [218] an, dass der elektrische Widerstand nicht von der Versetzungsdichte abhängt und damit ρ unabhängig von dieser ist. Sie argumentieren, dass auch die von Kaveh und Wiser bzw. Gaal et al. als kleinwinklig bezeichneten Streuungen zwischen Elektronen und Versetzungen tatsächlich großwinklige Streuungen sind. Ihrer Argumentation zufolge sind hauptsächlich Einschlüsse und Versetzungsdipole für die Elektronenstreuung verantwortlich, da Streueffekte zwischen Versetzungen und Elektronen aufgrund von lokalen Positionsänderungen einzelner Versetzungen gegenüber Versetzungsdipolen verhindert werden [16,218].

2.6.2 Thermometrie

Ein zusätzliches Verfahren zur Erfassung von Werkstoffreaktionen besteht in der Messung von Temperaturänderungen. Der vorherrschende Wärmetransportmechanismus in Metallen ist die Wärmeleitung, die durch sich ausbreitende Schwingungen der Atome und den Transport über die beweglichen Ladungsträger des Elektronengases erfolgt [219]. Dieser Mechanismus entspricht somit den analogen Effekten des elektrischen Stroms. Der von Franz und Wiedemann beschriebene Zusammenhang zwischen dem spezifischen Widerstand (ρ) und der Wärmeleitfähigkeit (λ), der durch Gleichung 2.24 dargestellt ist, wurde von Sommerfeldt et al. [220] präzisiert. Der Zusammenhang mit der Temperatur kann gemäß Gleichung 2.24 auch über einen Proportionalitätsfaktor L_Z dargestellt werden, der als Lorentz-Zahl bezeichnet wird [220].

$$\lambda \cdot \rho = \frac{\pi^2}{3}\left(\frac{k_B}{e}\right)^2 \cdot T = L_Z \cdot T \qquad \text{(Gl. 2.24)}$$

Die Wärmeleitfähigkeit setzt sich aus zwei voneinander unabhängigen Mechanismen zusammen: der Wärmeleitung durch Ladungsträger und der Wärmeleitung durch Schwingungen der Atomrümpfe, die elastisch gekoppelt sind. Daher weist die Wärmeleitfähigkeit zahlreiche Einflussfaktoren auf, insbesondere die Temperatur und die Defektdichte. Gemäß dem Wiedemann-Franz'schen Gesetz (Gleichung 2.24), das eine reziprok proportionale Verbindung zwischen spezifischem Widerstand und Wärmeleitfähigkeit herstellt [220], wirkt sich die Abhängigkeit des spezifischen Widerstands von der Defektdichte gemäß der Matthiessen'schen Regel auch auf die Temperaturveränderungen aus [205]. Dies führt dazu, dass die Wärmeabfuhr in Bereichen mit hoher Defektdichte eingeschränkt wird und somit eine lokale Temperaturerhöhung entsteht.

Abgesehen von der indirekten Beeinflussung der Temperatur durch die veränderliche Wärmeleitfähigkeit in Abhängigkeit von der Defektdichte wirkt sich die während der mechanischen Prüfung zugeführte Energie direkt auf die Temperatur aus. Im elastischen Bereich führt der thermoelastische Effekt bei Probenverlängerungen zu einer Temperaturabnahme, während bei Kompression eine Temperaturerhöhung eintritt, vorausgesetzt der Wärmeausdehnungskoeffizient ist positiv [16,221,222].

Bei elastisch-plastischen Verformung wird demgegenüber irreversible Verformungsarbeit in die Probe eingebracht, die sowohl zu einer Erhöhung der gespeicherten Energie durch Versetzungsneubildungen bei Kaltverformung führt als auch eine Temperaturerhöhung verursacht. Die Verteilung dieser Effekte hängt einerseits von der Anordnung der Versetzungen und andererseits von ihrer Anzahl ab. Wenn temperaturabhängig Kristallerholung oder Rekristallisation aktiviert werden, wird der Anteil der im Gitter eingebrachten Energie verringert, da neu gebildete Versetzungsstrukturen unmittelbar abgebaut werden und die gespeicherte Energie direkt in Form von Wärme freigesetzt wird [49,209].

In der Werkstoffprüfung kann die Messung von Temperaturänderungen in der Regel durch zwei Methoden durchgeführt werden. Zum einen können Thermoelemente, die auf dem Seebeck-Effekt [223,224] basieren und direkt auf die Probe aufgebracht werden, verwendet werden. Diese können jedoch lediglich einen örtlich beschränkten Bereich erfassen. Da jedoch in Ermüdungsversuchen die Probengeometrie üblicherweise so gestaltet ist, dass ein definierter Prüfquerschnitt eine gezielte lokale Beeinflussung der Rissinitiierung ermöglicht, kann diese Einschränkung relativiert werden [23].

Eine alternative Methode zur Erfassung von Temperaturänderungen ist die Infrarot-Thermografie. Im Unterschied zu Thermoelementen funktioniert dieses Verfahren berührungslos durch Bestimmung der Wellenlänge der elektromagnetischen Strahlung. Das Spektrum der Wärmestrahlung liegt hauptsächlich im Infrarotbereich zwischen etwa 0,1 und 1 mm [225]. Elektromagnetische Strahlung, die auf einen Festkörper trifft, wird durch die drei Mechanismen Transmission, Reflexion und Emission verteilt [209].

Der idealisierte Zustand eines schwarzen Körpers berücksichtigt eine theoretisch vollständige Absorption der einfallenden Strahlung. Gemäß dem Energieerhaltungssatz muss dieser Körper im Gleichgewichtszustand, also bei konstanter Temperatur, den gleichen Betrag an Energie in Form von emittierter Strahlung an die Umgebung abgeben. Diese Energiemenge kann durch das Stefan-Boltzmann-Gesetz (Gleichung 2.25, abgeändert aus [209]) abgeschätzt werden [16,209].

$$P_{rad} = \varepsilon_{rad} \cdot \sigma_{SB} \cdot A \cdot T^4 \quad \text{(Gl. 2.25)}$$

Das Wellenlängenspektrum der emittierten Strahlung hängt von der Temperatur des Körpers ab. Das Maximum dieses Wellenlängenspektrums kann mit Hilfe des Wien'schen Verschiebungsgesetzes (abgeändert und gerundet aus [225]) ermittelt werden (Gleichung 2.26):

$$\lambda_{max} = \frac{2.898K}{T}\mu m \quad \text{(Gl. 2.26)}$$

Der Emissionsgrad ε_{rad} ermöglicht die Anwendung des schwarzen Strahler-Konzepts auf reale Körper. Durch Messung des Maximums des Wellenlängenspektrums kann die Temperatur gemäß dem Wien'schen Verschiebungsgesetz bestimmt werden [209], was in Thermografie-Kameras implementiert ist.

Ein entscheidender Vorteil der Infrarot-Thermografie liegt in der örtlichen Auflösung der Oberflächentemperatur. Dies verleiht diesem Verfahren im Vergleich zu den integralen, über den gesamten Probenbereich erfassenden Methoden der Resistometrie und der Analyse der Hysteresekennwerte ein gewisses Alleinstellungsmerkmal. [16]

2.6.3 Elektronenrückstreubeugung

Die Elektronenrückstreubeugung (EBSD) ist eine Methode der Elektronenmikroskopie, die zur Untersuchung der kristallinen Struktur von Materialien eingesetzt wird. Die Mikrotextur eines Materials, die durch ihre Orientierungsverteilung entscheidend für mechanische und physikalische Eigenschaften ist, ist nur eines von vielen messbaren Merkmalen [53].

Die zu analysierende Probe wird in einen Probenhalter eingespannt und unter einem Winkel von 70° in Richtung des Detektors ausgerichtet. In einem Rasterelektronenmikroskop wird die Probenoberfläche mit Elektronen beschossen, die unter dem sog. Bragg-Winkel auf die Atome des Kristallgitters treffen und an diesen gebeugt und reflektiert werden. Die vom Kristall reflektierten Elektronen werden auf einen Detektorschirm projiziert, wodurch Kikuchi-Muster entstehen, aus denen die Kristallstruktur und -orientierung bestimmt werden können [53].

Der Elektronenstrahl scannt die Probenoberfläche und sammelt an einzelnen Datenpunkten Informationen über die Kristallorientierung und Phase. Die Datenpunkte können als Pixel dargestellt werden und erzeugen so eine Orientierungskarte [53]. Aus dieser Orientierungskarte können kristallbezogene Werte wie Korngröße, Gittertyp, Anteil rekristallisierter Körner und Fehlausrichtungen abgeleitet werden. Der mikrostrukturelle Zustand eines Polykristalls kann somit durch

Korrelation dieser EBSD-Daten mit physikalischen und chemischen Prozessen nahezu vollständig beschrieben werden [226].

Die erste vollautomatisierte EBSD-Messung wurde von Wright et al. und Adams et al. zur Musteranalyse von polykristallinem Aluminium durchgeführt [227]. Bisherige Untersuchungen von Mikrostrukturen unter Verwendung der EBSD-Technik verdeutlichen, dass die Betrachtung von Missorientierungen einen essenziellen Aspekt darstellt. Missorientierungen werden allgemein durch sog. Fehlorientierungswinkel dargestellt, die zwischen Korngrenzen oder Subkorngrenzen auftreten können. Mithilfe der Methode des Winkel-Achsen-Paares lässt sich ein Winkel definieren, um den ein Kristall mit Ausrichtung A gedreht werden muss, um die Ausrichtung B des benachbarten Kristalls zu erreichen [228]. Die Kristallorientierungen werden somit in Beziehung zueinander gesetzt. Korngrenzen, bei denen die benachbarten Körner einen Fehlorientierungswinkel von über 15° aufweisen, werden als Großwinkelkorngrenzen bezeichnet, während benachbarte Körner mit einem Fehlorientierungswinkel unter 10–15° als Kleinwinkelkorngrenzen und damit als Subkorngrenzen gelten [53]. Kleinwinkelkorngrenzen entstehen aus der Anordnung von Versetzungen und deren Struktur und Eigenschaften variieren mit dem Grad der Missorientierung [229,230]. Die Struktur und Eigenschaften von Großwinkelkorngrenzen hingegen sind nicht von der Missorientierung abhängig. Bei Großwinkelkorngrenzen ist die Missorientierung jedoch so groß, dass die Bewegung von Versetzungen behindert wird und diese sich hauptsächlich an ihnen ansammeln. Daraus ergibt sich, dass das Auftreten von Missorientierungen auf die Art der Anordnung von Versetzungen während einer plastischen Verformung hindeuten kann [231].

Der sog. KAM-Wert (Kernel Average Misorientation) ermittelt die lokale Missorientierung unter Berücksichtigung eines festgelegten Kerns und kann somit verwendet werden, um Bereiche mit hoher lokaler Missorientierung zu identifizieren. Die Fehlorientierung zwischen einem zentralen Korn und allen Punkten am Rand dieses Kerns wird gemessen. Der dem Zentrum zugeordnete lokale Missorientierungswert ist der Durchschnitt dieser Fehlorientierungen. Anstatt die Versetzungsdichte durch den Missorientierungswert und damit KWKG und GWKG abzuleiten, zogen Wang et al. den Taylor-Faktor in Betracht. Sie untersuchten 5 mm dicke Barren einer Aluminiumlegierung, die bei 500 °C homogenisiert und anschließend in drei Stufen kaltgewalzt wurden, wodurch die Dicke um 10 %, 40 % und 90 % reduziert wurde [232]. Nach der Oberflächenpräparation durch Elektropolieren schätzten sie während der EBSD-Analyse die Versetzungsdichte mittels Längenmessung der Versetzung über das Volumen. Mit zunehmender Materialverformung stieg die Versetzungsdichte. Durch den abschließenden Vergleich der Schätzwerte mit dem Orientierungsfaktor zeigte sich, dass der Taylor-Faktor die Dichte an Versetzungen vereinfacht darstellen kann. Das Taylor-Modell beschreibt die Verformung eines Polykristalls, basierend auf den Gleitsystemen des individuellen Kristalls. Der Taylor-Faktor beschreibt einen geometrischen Faktor, der die Neigung der Umordnung eines Kristalls aufzeigt, basierend auf der Orientierung des Kristalls relativ zum Referenzrahmen der Probe. Voraussetzung für die Annahme dieses Modells ist die gleichmäßige Dehnung innerhalb jedes einzelnen Kristalls. Das Modell kann somit herangezogen werden, um die Bildung von Texturen während der Verformung zu prognostizieren. Hohe Taylor-Faktoren deuten darauf hin, dass eine große plastische Arbeit für die Verformung erforderlich ist. Bereiche mit niedrigen Taylor-Faktoren verformen sich zuerst und weisen eine niedrige Versetzungsdichte auf. Unter Verformung ist bekannt, dass die Fehlorientierungswinkel steigen und der Anteil an Großwinkelkorngrenzen zunimmt [232]. [52]

2.7 Zusammenfassung und wissenschaftliche Fragestellungen

Auf Basis der Erkenntnisse im Stand der Technik kann nachvollzogen werden, wie der grundsätzliche Mechanismus gemäß der Modellvorstellung von Cooper und Allwood [79] für die SPD-basierte Wiederverwertungsroute abläuft. Allerdings wurde die Bewertung der von auf dem von Cooper und Allwood eingeführten Parameter zur Abschätzung des Prozesserfolgs bislang nur global betrachtet, d. h. von der Größe des Parameters direkt auf einen Prozesserfolg geschlossen. Eine lokale Betrachtung im Sinne einer Bewertung der Werkstoffeigenschaften wurde bisher nicht vorgenommen. Zwar wurden durchaus Ansätze zur lokalen Berechnung von Qualitätsparametern auf Basis der Modellvorstellung von Cooper und Allwood vorgeschlagen [107], eine Korrelation dieses Qualitätsparameters mit der Leistungsfähigkeit ist jedoch noch nicht erfolgt.

Für die FAST-basierte Wiederverwertungsroute ist bislang keine Modellvorstellung bekannt. Erste Studien zu diesem Thema greifen zwar allgemeine Zusammenhänge auf, können die zum Tragen kommenden Mechanismen jedoch nicht aufklären. Ergebnisse zur zyklischen Beanspruchbarkeit existieren für beide Wiederverwertungsrouten bislang nicht. So liegen Erkenntnisse zum Rissausbreitungsverhalten in Abhängigkeit der Qualität der Spangrenzen nicht vor.

Auf Basis des Stands der Technik lassen sich damit folgende Forschungsfragen ableiten:

- Wie beeinflussen lokale Prozessparameter die Leistungsfähigkeit von auf den Wiederverwertungsstrategien basierenden Halbzeugen?
- Welchen Einfluss haben Temperatur und Druck bei der FAST-basierten Wiederverwertungsroute?
- Wie verhält sich die zyklische Leistungsfähigkeit im Vergleich zu Referenzmaterial und können etablierte Konzepte der Lebensdauerberechnung auf spanbasiertes Material übertragen werden?
- Ist der Konsolidierungsprozess für die Späne ausreichend oder wird ein zusätzlicher Umformprozess benötigt?
- Wirkt bei der SPD-basierten Wiederverwertungsstrategie zusätzlich zur Aufbruchtheorie Diffusion?
- Kann die elektrische Widerstandsmessung zur lokalen Detektion von Fehlstellen genutzt werden?

Werkstoff und Prozessrouten 3

Im Rahmen dieser Arbeit wurde am Beispiel der Aluminium-Knetlegierung EN AW-6060 der Einfluss unterschiedlicher Prozessparameter in zwei vergleichend betrachteten Wiederverwertungsverfahren auf die Ausprägungen der zum Tragen kommenden Verbindungmechanismen sowie die resultierende Leistungsfähigkeit untersucht.

Die chemische Zusammensetzung der Legierung, die durch die Fa. Trimet bereitgestellt wurde, ist in Tabelle 3.1 angegeben und wurde durch Röntgenfluoreszenzanalyse (RFA) bestimmt [3]. Es wurden für beide Wiederverwertungsverfahren unterschiedliche Chargen verwendet, die sich jedoch in der Zusammensetzung nicht wesentlich unterscheiden. Die ermittelten Werte liegen innerhalb des in der Norm DIN EN 573–3 definierten Bereichs.

Tabelle 3.1 Chemische Zusammensetzung der untersuchten Legierung (Angaben in Ma.-%) [3]

	Si	Fe	Mn	Mg	Zn	Ti	Al
DIN EN-AW 6060	0,3–0,6	0,1–0,3	< 0,1	0,35–0,6	< 0,15	< 0,1	Rest
RFA EN-AW 6060	0,4	0,21	0,04	0,42	0,01	0,01	Rest

In dieser Arbeit wurden zwei verschiedene Wiederverwertungsstrategien, die auf Basis der in Kapitel 2 beschriebenen grundsätzlichen Mechanismen nach der

A. Koch, *Verbindungsmechanismen und Leistungsfähigkeit von stranggepressten und feldunterstützt gesinterten Halbzeugen aus wiederverwerteten Aluminiumspänen*, Werkstofftechnische Berichte | Reports of Materials Science and Engineering, https://doi.org/10.1007/978-3-658-44531-7_3

Aufbruchtheorie (SPD – severe plastic deformation) sowie der Diffusionstheorie (FAST – field assisted sintering) unterschieden werden können, vergleichend charakterisiert. Die betrachteten Verfahren basieren auf folgenden Prozessrouten:

- SPD-basierte Prozessroute

a. Spanerzeugung
b. Kompaktierung
c. Homogenisierung der Späne
d. Strangpressen

- FAST-basierte Prozessroute

e. Spanerzeugung
f. Kompaktierung
g. Sintern
h. Voll-Vorwärts-Fließpressen

Die generelle Prozessroute zur Verarbeitung von Aluminiumspänen ist in Abbildung 3.1 dargestellt und wird im Folgenden näher erläutert.

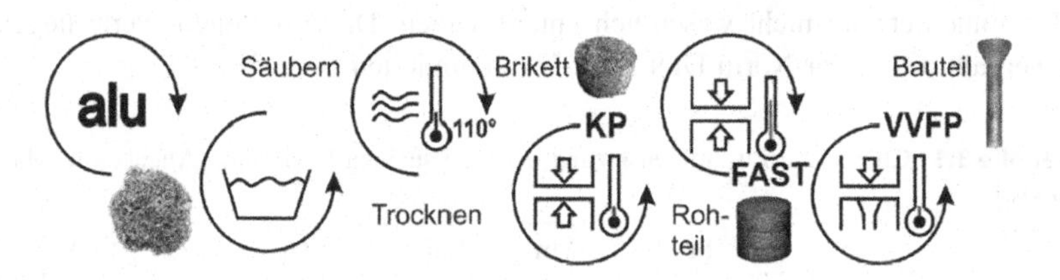

Abbildung 3.1 Prozessroute bei der direkten Wiederverwertung von Aluminiumspänen mittels feldunterstütztem Sintern [14]

3.1 SPD-basierte Prozessroute

Zunächst wurden die Späne mittels eines Drehprozesses aus gegossenen Blöcken hergestellt. Anschließend wurden die Späne mittels einer Hydraulikpresse bei Raumtemperatur vorkompaktiert, in einem Ofen homogenisiert und schließlich warmstranggepresst.

3.1.1 Spanherstellung

Zur Sicherstellung vergleichbarer Produkteigenschaften wurden die Späne mit dem Ziel konstanter geometrischer Abmessungen herstellt, weshalb die in Tabelle 3.2 angegebenen Parameter der Zerspanung konstant gehalten wurden. Zwar hat die Spanform, wie in Kapitel 2 beschrieben, einen geringen Einfluss auf die mechanischen Eigenschaften. Dennoch sollten die Späne für eine ideale Verbindung eine optimierte Geometrie und damit eine möglichst kurze und wenig spiralförmige Gestalt aufweisen, um eine maximale Kontaktfläche während des Strangpressprozesses sicherzustellen. Hierzu wurden die gegossenen Blöcke mittels eines Längsdrehprozesses trocken zerspant. Die Gusshaut wurde zuvor entfernt. Lange, spiralförmige Späne wurden manuell aussortiert. Die Abmessungen der Späne wurden zu einer Länge von 11,0 ± 1,7 mm, einer Breite von 7,6 ± 1,2 mm und einer Dicke von 1,1 ± 0,4 mm bestimmt [114].

Tabelle 3.2 Relevante Zerspanungsparameter zur Herstellung der Späne [114]

Zerspanungsparameter	Wert
Schnittgeschwindigkeit	400 m/min
Vorschub	0,4 mm
Schnitttiefe	2,25 mm

3.1.2 Kompaktierung

Obwohl bezüglich des Kompaktierens von spanbasierten Briketts die relative Dichte vor dem Strangpressen gemäß Misiolek et al. [123] keinen signifikanten Einflussfaktor für die resultierenden mechanischen Eigenschaften der Strangpresserzeugnisse darstellt [7], ist die Erzielung einer möglichst hohen relativen Dichte, neben der verbesserten Handhabung und der Reduzierung von eingeschlossener Luft, das Ziel des Kompaktierungsvorgangs, um den Materialdurchsatz zu erhöhen [7].

Die erzielbare relative Dichte bei der Vorkompaktierung ist abhängig von der eingesetzten Maschinenkraft und stellt somit einen Kompromiss aus Energieeinsatz, Maschinengröße und damit verbundenen Kosten sowie der relativen Dichte dar. Dabei ist die Maschinenkraft begrenzt, da es bei einer zu hohen Kompaktierungskraft zu Kaltverschweißungen zwischen den Spänen untereinander und zwischen den Spänen und der Werkzeugwand kommen kann.

Eine Möglichkeit, die relative Dichte ohne zusätzliche Erhöhung der Kompaktierungskraft zu steigern, ist die Anwendung einer mehrfachen Verdichtung. Voruntersuchungen von Haase [114] zeigen einen Anstieg der relativen Dichte von etwa 78 % bis auf ca. 86 % bei Verwendung von 8 Spanlagen. Jedoch konnten die mechanischen Eigenschaften der späteren Strangpresserzeugnisse in Bezug auf Zugfestigkeit und Bruchdehnung nicht weiter gesteigert werden, während die Delaminationsneigung ebenfalls unverändert blieb [114,123].

Trotz der gesteigerten relativen Dichte in Voruntersuchungen konnte kein Einfluss der Mehrfachkompaktierung auf die mechanischen Eigenschaften festgestellt werden. Daher wurde für die Untersuchungen in dieser Arbeit die Einfachkompaktierung gewählt. Die Parameter der Kompaktierung und die resultierenden Briketteigenschaften sind Tabelle 3.3 zu entnehmen.

Tabelle 3.3 Relevante Parameter des Kompaktierungsvorgangs [114]

Kompaktierungsparameter	Wert
Kompaktierungskraft	500 kN
Kompaktierungstemperatur	RT
Blockmasse	550 g
Blocklänge	92 mm
Blockdurchmesser	60 mm
Blockdichte	0,78·2,7 g/cm^3

Die Wahl einer relativen Dichte von 78 % für die Untersuchungen begründet sich darin, dass bei höheren Werten das Risiko von Kaltverschweißungen steigt, während bei niedrigeren Werten die mechanischen Eigenschaften der Strangpresserzeugnisse verringert wären. Abbildung 3.2 zeigt die Briketts nach dem Kompaktieren. Die Referenzbriketts wurde durch Zerspanung des Gussbolzens gefertigt, die dabei angefallenen Späne wurden für die spanbasierten Briketts verwendet. Zur Vergleichbarkeit wurden die weiteren Schritte der Homogenisierung und des Strangpressens analog für das Referenzmaterial durchgeführt.

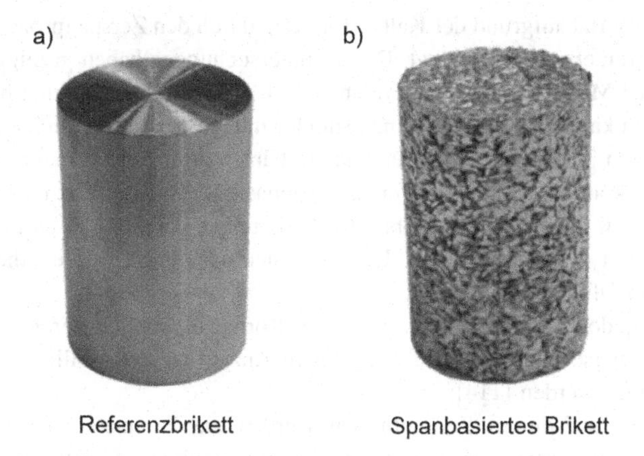

Abbildung 3.2 Übersicht der Briketts nach dem Kompaktieren: Referenzbrikett (a) und spanbasiertes Brikett (b) adaptiert aus Teilabbildung aus Darstellung in [107][1]

3.1.3 Homogenisierung

Um auf Basis der Versuchsergebnisse im Sinne einer Prozess-Struktur-Eigenschafts-Beziehung Rückschlüsse auf die Verbindungsmechanismen zwischen den Spänen ziehen zu können, ist eine Beeinflussung durch nicht direkt auf den Wiederverwertungsprozess zurückzuführende Mechanismen zu vermeiden. Entsprechend wurden die kompaktierten spanbasierten Briketts vor dem Strangpressen auf die gleiche Art wie die Referenz durch Wärmebehandlung homogenisiert, um Einflüsse durch die durch den Zerspanungsprozess und Kompaktierungsprozess bedingte Mikrostrukturänderung der Späne zu vermeiden. Da die gleichen Parameter wie bei der Referenz verwendet wurden, kann ein direkter Vergleich zwischen Referenz und spanbasiertem Material erfolgen.

Basierend auf Voruntersuchungen von Haase [114] wurden verschiedene Zeiträume verglichen, um den optimalen, kürzest möglichen Zeitraum zu finden, bei dem das Gefüge homogen ist. Die Briketts wurden dazu auf 550 °C erhitzt, um mögliche Einflüsse von aus dem Gussprozess stammenden Ausscheidungen auf die mechanischen Eigenschaften zu verhindern. Während die Referenz größere, aber runde Körner aufweist, sind diese im kompaktierten Zustand für

[1] Reprinted from Journal of Materials Processing Technology, Volume 274, F. Kolpak, A. Schulze, C. Dahnke, A.E. Tekkaya, Predicting weld-quality in direct hot extrusion of aluminium chips, 116294, Elsevier (2019), with permission from Elsevier.

das Spanmaterial aufgrund der Kaltverformung durch den Zerspanprozess und das Kompaktieren erkennbar gelängt. Die Voruntersuchungen haben gezeigt, dass die inhomogene Mikrostruktur der Referenz durch die Wärmebehandlung homogenisiert werden kann. Bereits nach einer Stunde sind die Körner deutlich eingeformt. Oberhalb von 3 Stunden treten keine signifikanten Änderungen mehr im Gefüge der Referenz auf, während dies für das spanbasierte Material erst nach 12 Stunden festgestellt werden kann, wobei die Änderungen der Mikrostruktur nur noch marginal sind [114]. Nach dem Homogenisierungsglühen wurden die Briketts langsam im Ofen abgekühlt.

Es ist jedoch festzustellen, dass die Korngröße der Referenz um etwa 66 % kleiner ist. Dies kann auf die größere Anzahl an Rekristallisationskeimen zurückgeführt werden [114].

Basierend auf diesen Erkenntnissen wurden die Parameter von Haase mit einer Homogenisierungszeit von 6 Stunden übernommen, da sich oberhalb dieses Zeitraums sowohl für die Referenz, als auch für das spanbasierte Material keine signifikanten Änderungen ergeben. Durch die Anwendung der gewählten Homogenisierungszeit können die Auswirkungen des Strangpressprozesses und der Späne bzw. Spangrenzen auf die mechanischen Eigenschaften der spanbasierten Proben verlässlich untersucht und verglichen werden. Dies ermöglicht es, fundierte Rückschlüsse auf die Verbindungsmechanismen zwischen den Spänen im Sinne einer Prozess-Struktur-Eigenschafts-Beziehung zu ziehen.

3.1.4 Strangpressen

Wie in Kapitel 2 erläutert sind die wesentlichen Einflussparameter auf die Verschweißqualität zwischen den Spänen auf Basis des aktuellen Stands der Forschung Temperatur, Dehnung und Druck. Um die Einflussgrößen des Strangpressvorgangs auf das Material in Bezug auf die Referenz präzise zu untersuchen und den Einfluss der Späne sowie der Spanverschweißung auf die Mikrostruktur und die mechanischen Eigenschaften zu erfassen, wurde die Referenz entsprechend mit denselben Parametern stranggepresst.

Ausgangspunkt für alle Proben waren die homogenisierten Briketts mit einem Durchmesser von 60 mm. Diese wurden auf eine Temperatur von 550 °C erwärmt und anschließend in einem auf 450 °C vorgeheizten Collin LPA250t Strangpresswerkzeug mit einer maximalen Kraft von 2,5 MN stranggepresst. Die Strangpressversuche wurden am Institut für Umformtechnik und Leichtbau (IUL) der TU Dortmund durchgeführt. Da der Einfluss der Strangpressgeschwindigkeit als gering betrachtet wurde, wurde dieser Parameter nicht variiert und konstant bei 1 mm/s gehalten. Abbildung 3.3 zeigt die verwendete Flach- und Kammermatrize zur zusätzlichen Variation des Werkstoffflusses.

Für die allgemeinen mikrostrukturellen Untersuchungen wurden Profile mit einem quadratischen Querschnitt von 20 × 20 mm stranggepresst. Aufgrund der quadratischen Geometrie konnten zur Untersuchung der lageabhängigen Eigenschaften ideal Flachproben durch Erodieren gefertigt werden.

Um den Einfluss des Umformgrads zu berücksichtigen, wurden weiterhin Rundprofile mit unterschiedlichen Durchmessern gepresst, wodurch das Pressverhältnis zwischen ca. 4,6 und 14,1 variiert wurde. Aus diesen Profilen wurden neben Untersuchungen im Computertomografen zur Charakterisierung der Defekteigenschaften Rundproben für vergleichende mechanische Untersuchungen entnommen.

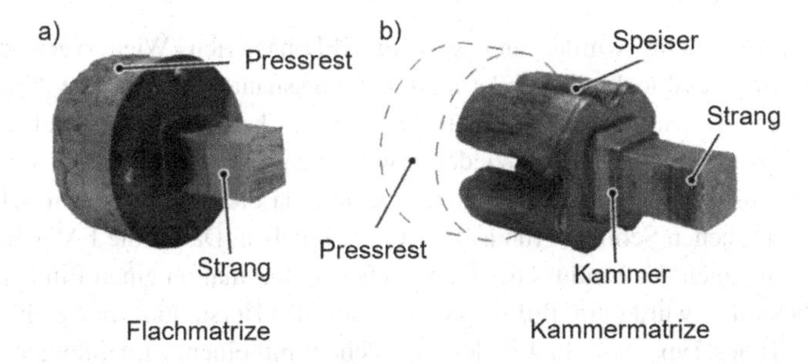

Abbildung 3.3 Übersicht der verwendeten Flachmatrize (a) und Kammermatrize (b) zur Variation des Werkstoffflusses bei der direkten Wiederverwertung von Aluminiumspänen mittels SPD, übersetzt und adaptiert aus Teilabbildung aus Darstellung in [107][2], vgl. [123][3]

Laut vorherrschenden Modellen in der Literatur ist das Pressverhältnis ein sehr wichtiger Einflussfaktor auf das Verschweißen zwischen den Spänen [79,87,107].

[2] Reprinted from Journal of Materials Processing Technology, Volume 274, F. Kolpak, A. Schulze, C. Dahnke, A.E. Tekkaya, Predicting weld-quality in direct hot extrusion of aluminium chips, 116294, Elsevier (2019), with permission from Elsevier.

[3] Reprinted from CIRP Annals, Volume 61, Issue 1, Misiolek, W.Z., Haase, M., Ben Khalifa, N., Tekkaya, A.E., Kleiner, M., High quality extrudates from aluminum chips by new billet compaction and deformation routes, CIRPElsevier B.V. All rights reserved (2012), with permission from Elsevier.

3.2 FAST-basierte Prozessroute

Die Prozessoute des FAST-basierten Wiederverwertungsprozesses besteht grundsätzlich aus ähnlichen Schritten bezogen auf die Prozessvorbereitung wie der SPD-basierte Wiederverwertungsprozess, sodass der maßgebliche Unterschied im zur Spankonsolidierung durchgeführten feldunterstützen Sinterprozess zu finden ist. Im Folgenden werden die einzelnen Prozessschritte näher betrachtet. Die Herstellung der Halbzeuge auf Basis der Prozessroute wurde am Institut für Umformtechnik und Umformmaschinen an der Leibniz-Universität Hannover realisiert.

3.2.1 Spanherstellung

Zur Spanherstellung wurde, analog zum SPD-basierten Wiederverwertungsprozess, ein Gussblock verwendet und die Gusshaut entfernt. Die Späne, s. Abbildung 3.4, wurden durch einen Fräsprozess hergestellt, um auf die im Vergleich zum SPD-basierten Wiederverwertungsprozess notwendige manuelle Aussortierung ungeeigneter Späne zu verzichten, da diese beim Fräsen aufgrund des unterbrochenen Schnitts grundsätzlich kurz brechen. Da für die FAST-basierte Prozessroute auch der Einfluss der Oberflächenkontamination einen Einflussparameter darstellte, wurde ein Teil der Späne nach der Herstellung mit Kühlschierstoff (KSS) des Typs Avantin 451 der Fa. Bechem mit einem Mineralölgehalt von 45 % kontaminiert. Zur Beurteilung des Einflusses der Oxidschichtdicke wurde ein weiterer Teil der Späne anodisiert, um die Oxidschichtdicke zu vergrößern.

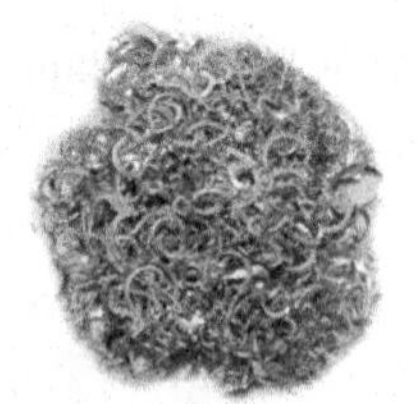

Spanparameter	Wert
Schüttdichte	0,3 g/cm^3
Länge	10,5 ± 2,3 mm
Breite	1,1 ± 0,2 mm
Dicke	0,3 ± 0,1 mm

Abbildung 3.4 Verwendete Frässpäne und durchschnittliche Größenverteilung in Anlehnung an [14]

3.2.2 Kompaktierung

In der Pulvermetallurgie, die die Grundlage für die FAST-basierte Prozessroute darstellt, wird die Kompaktierung standardmäßig zur Brikettherstellung (sog. Grünling) eingesetzt. Analog dazu wurde dieser Prozess als Basis für die Kompaktierung von Spänen im Rahmen der FAST-basierten Prozessroute angewandt. Im Gegensatz zu Pulver ist bei Spänen jedoch eine höhere Presskraft von bis zu 600 MPa erforderlich, um eine relative Dichte von 90 % zu erzielen, da die effektive Kontaktfläche bei gleichem Volumen deutlich verringert ist [14].

Entgegen der Literaturhinweise bezogen auf ein maximales Kompaktierungsverhältnis für die Pulvermetallurgie wurde das Verhältnis von Füllhöhe zu Presshöhe mit 5,3:1 überschritten. Dies ist jedoch vor dem Hintergrund zu relativieren, als dass Pulver eine Schüttdichte von 40 % aufweist, während Späne mit einer Schüttdichte von 11 % [14] deutlich darunter liegen. Der Durchmesser der zur Kompaktierung verwendeten Matrize, in die jeweils 90 g Späne eingefüllt wurden, betrug 35 mm. Die Briketts wurden mit einer Presskraft von ca. 200 MPa kompaktiert, was im Vergleich zur Kompaktierung von Pulver deutlich geringer ist, aber bereits zu einer relativen Dichte von ca. 82 % führt, was damit vergleichbar zu der SPD-basierten Wiederverwertungsroute ist. Die Kompaktierung fand auf einer Pulverpresse HPM 200 E2 der Fa. SMS Meer statt.

Auch hier ist, analog zur SPD-basierten Prozessroute, bei höheren Presskräften die Gefahr von Kaltverschweißungen mit dem Werkzeug nicht auszuschließen [14].

3.2.3 Sintern

Das Sintern wurde durchgeführt, um die Späne durch Diffusionsmechanismen miteinander zu verbinden. Dieser Prozess ist zeit-, temperatur- und druckabhängig [14]. Ein übergeordnetes Ziel besteht in der Aufdeckung der beteiligten Mechanismen und der Charakterisierung der Auswirkungen von Zeit, Temperatur und Druck auf die mechanischen Eigenschaften und deren Interaktion untereinander mit dem Ziel einer modellbasierten Korrelation der Prozessgrößen mit den mechanischen Eigenschaften, wobei der Fokus auf der Interaktion zwischen Sintertemperatur und -zeit liegt.

Für das Sintern wurde eine FAST-Anlage der Fa. Dr. Fritsch vom Typ DSP 507 verwendet, die in Abbildung 3.5 mit Angabe der Anlagencharakteristika dargestellt ist. Die obere Elektrode ist verfahrbar, während die untere feststehend ist und mit Thermoelementen zur Prozesskontrolle ausgestattet ist. Um Anhaftungen oder Verschweißungen des Materials an der Matrize während des Sinterns zu vermeiden, wurde die Werkzeuginnenwand mit Graphitspray SC-42 B der Fa. Dr. Fritsch bearbeitet. Ein druckfester elektrischer Isolator (K-Therm AS 600 M) wurde zur Isolation der leitfähigen Matrize während des Prozesses verwendet.

Sinterparameter	Wert
Max. Temperatur	2.400 °C
Max. Leistungsaufnahme	80 kW
Max. Stempelkraft	250 kN
Max. Öffnungsweite	180 mm
Elektrodenfläche	200 · 200 mm²
Vakuum	20 mbar

Abbildung 3.5 Drucksinterpresse mit zugehörigen Sinterparametern, vgl. [14]

Das Werkzeug (Stempel und Matrize), bestehend aus dem Warmarbeitsstahl 1.2367, wurde jeweils mit drei, später mit einem Brikett bestückt, wobei die Bestückung außerhalb der Presse erfolgte. Anschließend wurde das Werkzeug zusammengesetzt und zusammen mit den Briketts als Einheit zwischen den Elektroden der Anlage positioniert. Durch die Isolation fand der Stromfluss nur über die Ober- und Unterstempel statt, die die gleiche Querschnittsfläche aufwiesen, was zu einer homogenen Erwärmung des Materials führt. Der Prozess wurde im Vakuum durchgeführt und zwischen den Elektroden wurden Graphitplatten als Verschleißschutz sowie zum Schutz vor zu hohen Temperaturen und Kontaktdrücken eingelegt. Ein CAD-Modell des FAST-Werkzeugs mit schematischer Darstellung der eingelegten Briketts kann Abbildung 3.6 entnommen werden [14].

Bonhage identifizierte 400 °C (bei einem Druck von 40 MPa) als unteres Limit zur Erzielung eines überwiegend porenfreien Gefüges mit einer relativen Dichte von 98,5 %, da die Fließspannung bei eben dieser Temperatur bei etwa 40 MPa liegt [14], sodass davon auszugehen ist, dass das plastische Fließen des Materials zur Ausfüllung der Hohlräume zwischen den Spanen führt. Für das Sintern von Aluminiumlegierungen wird in diesem Zusammenhang zumeist auf Flüssigphasesintern zurückgegriffen [144]. Hierbei wird eine flüssige

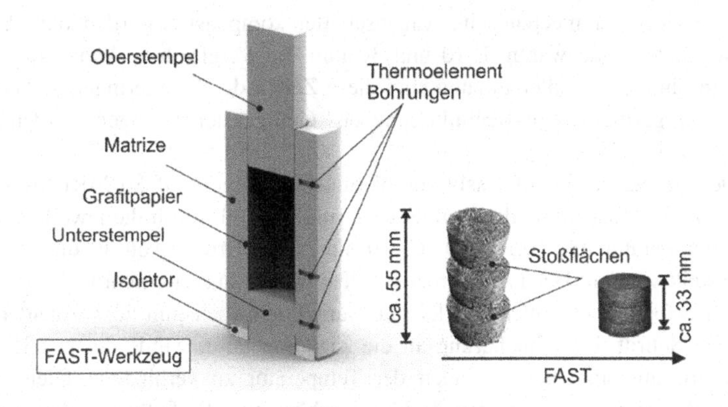

Abbildung 3.6 CAD-Modell des konstruierten FAST-Werkzeugs und Werkzeugbestückung mit drei Aluminiumbriketts [14]

Mg-haltige Phase genutzt, um das Sintern zu ermöglichen. Für die Untersuchungen wurden Temperaturen von 400 °C, 450 °C und 500 °C gewählt und damit gegenüber den Untersuchungen von Bonhage [14] z. T. erhöht, um die Bereiche des Diffusionsschweißens, FAST und konventionellen Sinterns abzudecken. Die Temperaturen wurden mit Hilfe von Thermoelementen, die an der Probenoberfläche angebraucht und über Bohrungen ins Innere des Werkzeugs geführt wurden, überwacht. Der Erstarrungsbereich beginnt bei 575 °C (Solidustemperatur) bis 650 °C (Liquidustemperatur). Die Mindesttemperatur liegt für das Diffusionsschweißen bei etwa 60 % und beim Sintern bei etwa 70 % der Schmelztemperatur, während die Höchsttemperaturen bei allen Verfahren von etwa 70–80 % der Schmelztemperatur nicht überschritten werden sollten. Trotz leicht unterschiedlicher Schmelztemperaturen anderer möglicher Al-Legierungen wurden diese Sintertemperaturen analog gewählt, um im Hinblick auf eine mögliche hybride Materialkombination aus mehreren Spansorten die Einflüsse auf Basis definierter Temperaturniveaus in einer modellbasierten Korrelation betrachten zu können.

Neben der Untersuchung des Einflusses der Sintertemperatur wurde im Rahmen der Versuche auch der Einfluss der Sinterzeit sowie mögliche Interaktionseffekte zwischen beiden Faktoren untersucht. In diesem Kontext soll die Prozessdauer aus energetischen Gründen möglichst kurz gehalten werden. Vor diesem Hintergrund wird insbesondere untersucht, inwieweit eine geringere Sinterzeit durch Erhöhung der Sintertemperatur bzw. des Sinterdrucks bezogen auf die zu erzielenden mechanischen Eigenschaften kompensiert werden kann. Untersuchte Sinterzeiten waren 5, 10 und 30 min. Im Vergleich zu konventionellem Sintern ohne Stromunterstützung sind diese Zeiten deutlich geringer, sodass von einer nur geringfügigen Beeinflussung des Gefüges ausgegangen werden kann [14].

Der Druck wurde auf Basis von Voruntersuchungen auf 80 MPa festgelegt, wobei zur Untersuchung des Einflusses geringerer Drücke für die jeweils mittlere Sintertemperatur und -zeit (450 °C, 10 min) auch Drücke von 40 und 20 MPa eingestellt wurden. Der FAST-Prozess selbst besteht aus vier Schritten. Das Aufheizen erfolgte mit voller Heizleistung, um Porenwachstum zu vermeiden. Im zweiten Schritt, bei Annäherung an die Zieltemperatur, wurde die Heizleistung reduziert, um ein Überschwingen der Temperatur zu verhindern. Gleichzeitig wurde der Sinterdruck auf den Zieldruck erhöht, um die Diffusionsvorgänge zu initiieren. Nach einer Haltephase mit konstantem Druck wurde schließlich unter reduziertem Druck abgekühlt. Eine Elektrodenwasserkühlung wurde eingesetzt, um die Abkühlrate zu erhöhen, sodass nach 200 s die Rekristallisationstemperatur unterschritten wurde [14].

Die Zugabe von sinteraktivierenden Legierungselementen wie Mg oder Schutzgasen war im Gegensatz zum konventionellen Sintern nicht notwendig [14]. Die Referenz wurde zur Vergleichbarkeit der Einflüsse des Sinterprozesses ebenfalls mit den identischen Parametern in der Sinterpresse bearbeitet. Hierfür wurde ein zu den kompaktierten Spänen geometrisch analoger Probenkörper gefertigt.

3.2.4 Voll-Vorwärts-Fließpressen

In den Untersuchungen wurde das Voll-Vorwärts-Fließpressen (VVFP) als zusätzlicher Schritt für die Herstellung von Halbzeugen aus den gesinterten Spänen in Betracht gezogen. Ziel der zusätzlichen Umformoperation ist einerseits die Umformbarkeit der mittels FAST konsolidierten Späne zu untersuchen und andererseits die Leistungsfähigkeit der ausschließlich konsolidierten Späne mit denen der zusätzlich fließgepressten Späne zu vergleichen. Insbesondere soll untersucht werden, ob ggf. verbleibende Delaminationen geschlossen oder die Spangrenzenqualität durch zusätzliche Relativbewegung zwischen den Spänen gesteigert werden kann. Um eine homogene Verformung im Schaftbereich zu gewährleisten, wurde ein geringes Verhältnis zwischen Schaftradius (0,5d) und der sich im Eingriff befindlichen Schulterlänge (L) gewählt [14]. So nimmt die Inhomogenität bei steigendem Verhältnis zu, bis schließlich Chevron-Risse auftreten.

Die Inhomogenität wird außerdem durch kleine Formänderungsverhältnisse und große Matrizenöffnungswinkel beeinflusst. In diesem Fall wurde ein Verhältnis von Schaftradius (8 mm) und Gleitlänge L (18,7 mm) von 0,43 gewählt. Ein CAD-Modell des verwendeten Werkzeugs ist in Abbildung 3.7 dargestellt.

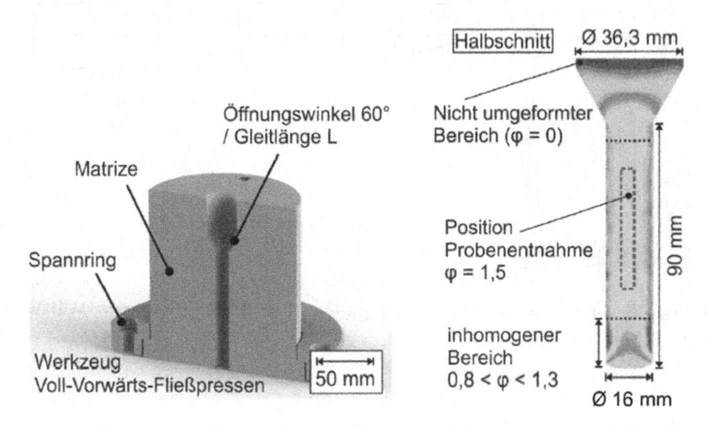

Abbildung 3.7 CAD-Modell der Voll-Vorwärts-Fließpress-Matrize und Stoffflusssimulation des Bauteils [14]

Für den Fließpressprozess wurde eine Matrize mit einem Schulteröffnungswinkel 2α von 60° genutzt. Der Vergleichsumformgrad betrug damit 1,64, und das Pressverhältnis erreichte einen Wert von 5,06 entsprechend einem Eingangsdurchmesser von 36 mm und einem Schaftdurchmesser von 16 mm. Damit liegt dieses deutlich unterhalb der im Rahmen der meisten in der SPD-basierten Wiederverwertungsroute genutzten Pressverhältnisse, um einen zu großen Anteil der aufbruchbasierten Spankonsolidierung zu verhindern.

Zur Durchführung des Fließpressprozesses wurde eine Spindelschlagpresse der Fa. Weingarten, Typ PSR 160, verwendet, die zusammen mit den technischen Daten in Abbildung 3.8 dargestellt ist. Die Halbzeuge wurden schließlich in einem Einzelhub unter Verwendung einer legierungsabhängigen Nettoenergie zwischen 4 und 6 kJ bei Raumtemperatur gefertigt [14]. Zur Verringerung der Reibung wurde eine Schmierung mit dem Schmierstoff Lubrodal 24 W vorgenommen. Die Referenzbriketts wurden auf analoge Weise fließgepresst.

Technische Daten	Wert
Nennpresskraft	2.500 kN
Prellschlagkraft	5.000 kN
Nettoenergie	4 – 6 kJ (legierungsabh.)
Hub	350 mm
Spindeldurchmesser	160 mm

Abbildung 3.8 Spindelschlagpresse Weingarten Typ PSR 160 zum Voll-Vorwärts-Fließpressen, vgl. [14]

Experimentelle Verfahren 4

Im Folgenden werden die angewandten Mess- und Prüfverfahren samt den genutzten Methoden beschrieben. Das Ziel der Untersuchungen besteht in der Aufdeckung der zugrunde liegenden Verbindungsmechanismen und der Charakterisierung lokaler Eigenschaften. Auf Basis des Stands der Technik ergeben sich zahlreiche Einflussgrößen auf die resultierende Spangrenzenqualität, die in werkstoff-, span- und prozessbezogene Einflussgrößen und Mechanismen eingeteilt werden können. Zur Beurteilung der Leistungsfähigkeit ist eine umfangreiche Separierung der zugrunde liegenden Mechanismen erforderlich, um auf Basis messtechnik- und simulationsunterstützter Versuche Erkenntnisse zur Prozess-Struktur-Eigenschafts-Beziehung zu generieren und letztlich die Leistungsfähigkeit zu beurteilen. Die beschriebenen und zu betrachtenden Mechanismen sind in Abbildung 4.1 zusammengefasst.

A. Koch, *Verbindungsmechanismen und Leistungsfähigkeit von stranggepressten und feldunterstützt gesinterten Halbzeugen aus wiederverwerteten Aluminiumspänen*, Werkstofftechnische Berichte | Reports of Materials Science and Engineering, https://doi.org/10.1007/978-3-658-44531-7_4

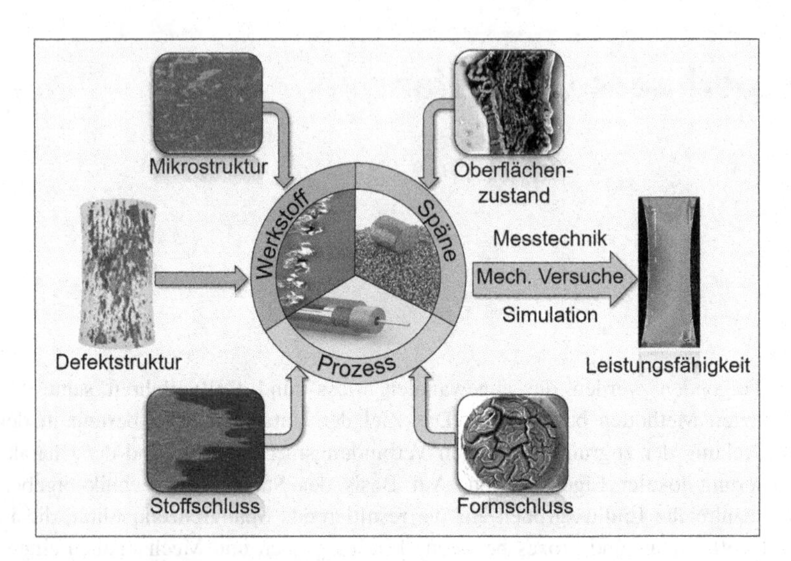

Abbildung 4.1 Einflussgrößen auf die Spangrenzenqualität und Vorgehensweise zur Ermittlung der Leistungsfähigkeit

4.1 Metallografische Analyseverfahren

Zur Beurteilung der Leistungsfähigkeit der wiederverwerteten Halbzeuge ist eine detaillierte Charakterisierung der zugrunde liegenden Verbindungsmechanismen zwischen den Spänen erforderlich, sodass ein besonderes Augenmerk auf den mikrostrukturellen Vorgängen liegt. Um Zusammenhänge zwischen der Mikrostruktur und den mechanischen Eigenschaften zu ermitteln, ist es wichtig, genaue Informationen über die Kristallorientierung, Kornstruktur und -größe zu erhalten, da diese, durch die Hall-Petch-Beziehung beschrieben, direkt mit der Festigkeit des Werkstoffs zusammenhängen. Um relevante Kennwerte bezüglich der Kornstruktur zu ermitteln, wurden die mittels Schleifen und Polieren vorbereiteten Proben durch eine elektrolytische Ätzung nach Barker präpariert. Die Ätzung erfolgte mit einem Gemisch aus 200 ml Wasser und 10 ml Fluorborwasserstoffsäure (35 %) bei einer Flussrate von 12 l/min und einer Gleichspannung von 20 V für eine Dauer von 90 s mit einem elektrolytischen Ätzgerät (LectroPol-5) der Fa. Struers. Dadurch entsteht auf der Probe eine Schicht, deren Lichtreflexion von der Kornorientierung abhängt und optisch durch Farbunterschiede erfasst werden kann, um Informationen über die Kornorientierung und Korngröße zu erhalten. Die anschließende lichtmikroskopische Gefügeanalyse erfolgte unter polarisiertem Licht mit einem Lichtmikroskop vom Typ AxioImager M1m der Fa. Zeiss. Einzelne Aufnahmen wurden mittels Software zu einem sog. Mosaik-Gesamtbild zusammengefügt. Die Korngröße wurde mittels des Linienschnittverfahrens bestimmt.

4.2 Mechanische Prüfverfahren

4.2.1 Probengeometrien

Zur Charakterisierung der mechanischen Eigenschaften spanbasierter Halbzeuge wurden Proben für unterschiedliche Untersuchungen mittels Drehen bzw. Erodieren gefertigt. Es wurden zur Beurteilung der verschiedenen Einflussgrößen unterschiedliche Probengeometrien verwendet, die im Folgenden beschrieben sind.

4.2.1.1 SPD-basierte Prozessroute

Durch die SPD-basierte Prozessroute wurden Halbzeuge in Form von Strangpresserzeugnissen verschiedener Durchmesser hergestellt. Zur Separation der mikrostrukturellen Verbindungsmechanismen und zur Charakterisierung der zahlreichen Einflüsse auf diese wurden mechanische Untersuchungen an unterschiedlichen Probengeometrien durchgeführt.

Einfluss des Pressverhältnisses

Zur Ermittlung des Einflusses des Pressverhältnisses auf die mechanischen Eigenschaften wurden Proben gemäß der in Abbildung 4.2 dargestellten Geometrie mittig aus den verschiedenen Profilen gefertigt. In den Schäften wurde jeweils ein Gewinde M3 zur Stromeinleitung eingebracht. Der Probendurchmesser betrug 7 mm und wurde bewusst so gewählt, dass ausschließlich Material aus dem Probeninneren und damit der Materialflusszone (MFZ) entnommen wurde, damit der Einfluss des Pressverhältnisses separiert von Einflüssen der in der Scherzone vorkommenden hohen Scherdeformationen vergleichend charakterisiert werden kann. Die Einflüsse der prozessbedingten Mikrostrukturveränderungen auf die mechanischen Eigenschaften wurden mit weiteren Versuchen analysiert.

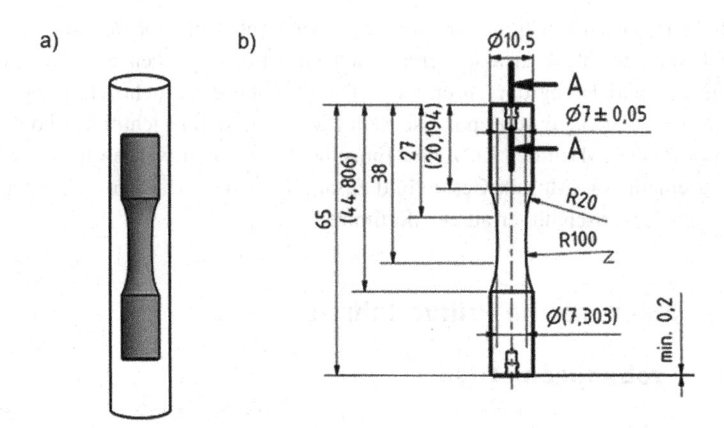

Abbildung 4.2 Entnahmeposition der Proben zur Charakterisierung des Einflusses des Pressverhältnisses aus den stranggepressten Profilen (a), Probengeometrie (b)

Einfluss der Probenlage

Um den Einfluss der prozessbedingt inhomogen zu erwartenden lokalen Mikrostruktur auf die mechanischen Eigenschaften zu charakterisieren, wurden Proben aus dem Flachprofil (Kapitel 3) nach der in Abbildung 4.3 dargestellten Geometrie durch Erodieren entnommen. Die Proben wurden jeweils durch schichtweise Probenfertigung mit einer Dicke von $t_P = 1$ mm gefertigt, sodass die mechanischen Eigenschaften über die gesamte Profilbreite ermittelt werden konnten. Die Lage der Proben im Profil sowie die zugehörige Probengeometrie sind Abbildung 4.3 zu entnehmen.

4.2.1.2 FAST-basierte Prozessroute

Einfluss der Diffusion

Zur Separation von Formschluss durch die geometrische Verschränkung der Späne untereinander und Stoffschluss durch die erfolgte Diffusion wurden Diffusionsproben aus Referenzmaterial gefertigt, indem je zwei Zylinder mit einer Höhe von $h_P = 15$ mm und einem Durchmesser von $d_P = 36$ mm analog zu den spanbasierten Briketts durch FAST gefügt wurden. Beide Fügeflächen wurden vor dem Fügen geschliffen, sodass Anteile von Formschluss an der resultierenden Festigkeit ausgeschlossen werden können und der gesamte Anteil demnach auf

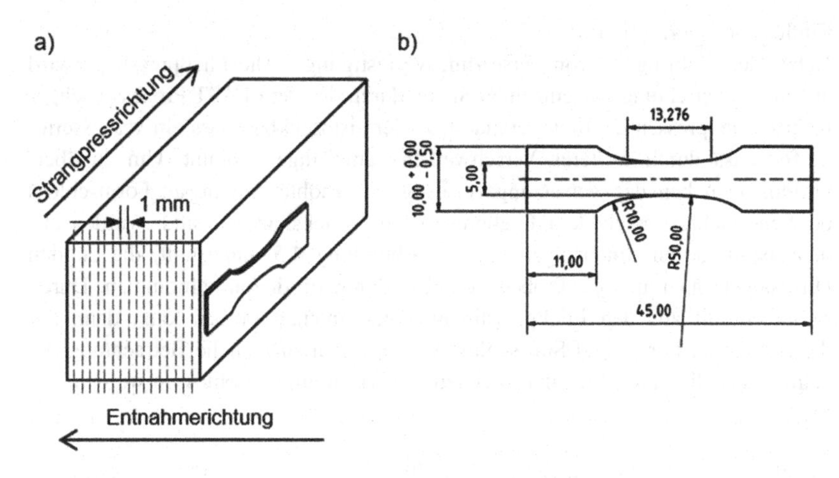

Abbildung 4.3 Entnahmeposition der Proben aus stranggepressten Profilen für die Charakterisierung des Einflusses des Probenlage (a), Probengeometrie (b)

einen Stoffschluss durch den Diffusionsprozess zurückzuführen ist. Die mechanischen Eigenschaften der Verbindung wurden durch Zug- und Ermüdungsversuche an aus den Diffusionsproben gefertigten Proben untersucht, deren Geometrie in Abbildung 4.4 dargestellt ist. Die Probendicke betrug $t_P = 2$ mm.

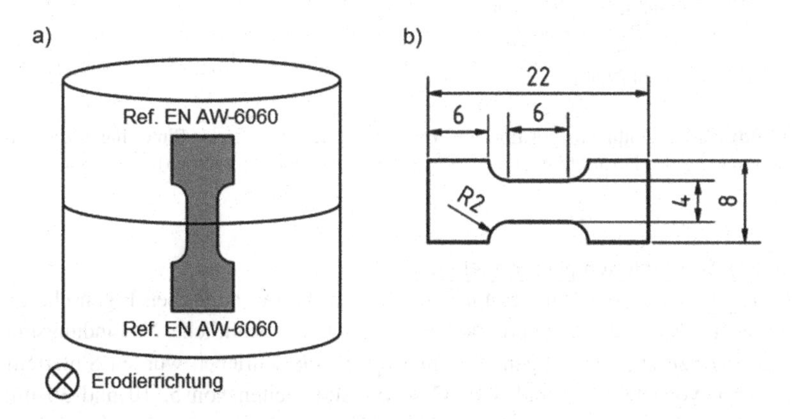

Abbildung 4.4 Entnahmeposition der Proben zur Charakterisierung des Stoffschlussanteils der feldunterstützt gesinterten Halbzeuge (a), verwendete Probengeometrie (b)

Einfluss von Formschluss

Neben der Einbringung von Versetzungsverfestigung in die Fließpresslinge wird auch die Ausrichtung der einzelnen Späne durch das dem FAST-Prozess nachgelagerte Fließpressen deutlich verändert. Zudem ist denkbar, dass ein verbesserter Stoffschluss durch weiteres Verschweißen zum Tragen kommt. Um zu überprüfen, ob neben der Versetzungsverfestigung erhöhte Anteile an Formschluss oder Stoffschluss nach dem Fließpressen zu berücksichtigen sind, wurden aus den spanbasierten Sinterlingen, wie in Abbildung 4.5 dargestellt, die zu den Diffusionsproben analoge Probengeometrie durch Erodieren entnommen. Durch Vergleich mit aus den Fließpresslingen entnommenen Proben kann dann auf die Anteile an Form- und Stoffschluss sowie, durch zusätzliche Betrachtung der Härte, zusätzlich eingebrachter Versetzungsverfestigung geschlossen werden.

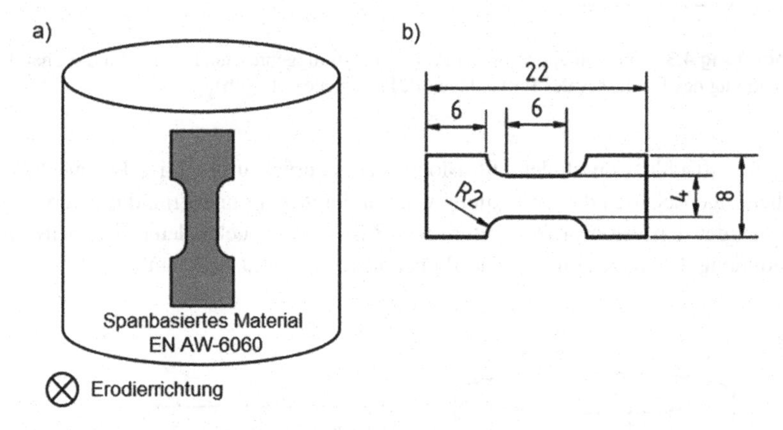

Abbildung 4.5 Entnahmeposition der Proben aus den spanbasierten Sinterlingen zur Charakterisierung des Formschlussanteils (a), verwendete Probengeometrie (b)

Einfluss von Sintertemperatur und -zeit

Der Einfluss von Sintertemperatur und -zeit auf die mechanischen Eigenschaften wurde auf Basis der Fließpresslinge bestimmt, um sämtliche Verbindungsmechanismen zu berücksichtigen. Wie in Kapitel 3 beschrieben wurden Sintertemperaturen von 400, 450 und 500 °C sowie Sinterzeiten von 5, 10 und 30 min betrachtet. Die mittels Fließpressen gefertigten Halbzeuge weisen im Schaftbereich einen Durchmesser von $d_P = 16$ mm auf. Es ergibt sich damit ein

Pressverhältnis von R_P = 5,06, was vergleichbar mit dem kleinsten Pressverhältnis der SPD-basierten Prozessroute ist. Zum Vergleich beider Prozessrouten wurde die analoge Probengeometrie genutzt, die, wie in Abbildung 4.6 gezeigt, mittig aus dem Schaft entnommen wurde.

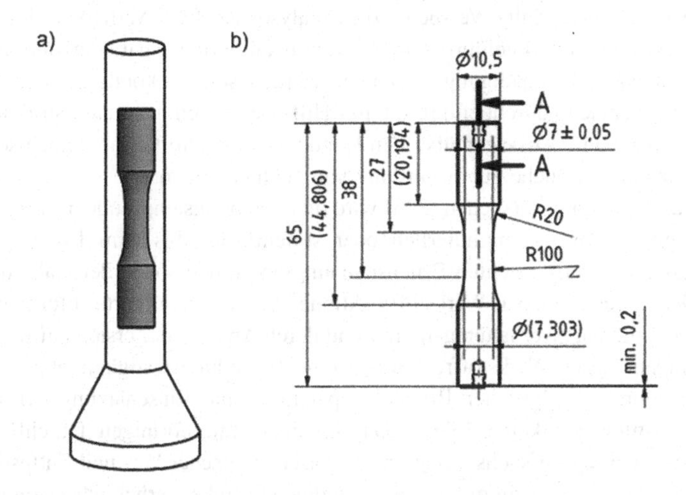

Abbildung 4.6 Entnahmeposition der Proben aus den Fließpresslingen für die Charakterisierung des Einflusses von Sintertemperatur und -zeit (a), Probengeometrie (b)

4.2.2 Zugversuche

Zur Charakterisierung des quasistatischen Verformungsverhaltens wurden Zugversuche an einem servohydraulischen Prüfsystem 8872 der Fa. Instron mit einer Nennkraft von ± 25 kN durchgeführt. Zur Erfassung der Dehnung wurde ein taktiler Dehnungsmessaufnehmer der Fa. Instron mit einer Ausgangsmesslänge von 12,5 mm und einer maximalen Verlängerung von ± 50 % verwendet. Die Prüfgeschwindigkeiten der totaldehnungsgeregelten Versuche wurden gemäß DIN ISO 6892 gewählt, sodass im elastischen Bereich eine Prüfgeschwindigkeit von $\dot{\varepsilon}$ = 0,00025 s^1 und im elastisch-plastischen Bereich eine Prüfgeschwindigkeit von $\dot{\varepsilon}$ = 0,0067 s^1 verwendet wurde.

4.2.3 Ermüdungsversuche

Zur Charakterisierung des Ermüdungsverhaltens wurden Untersuchungen an einem servohydraulischen Schwingprüfsystem 8872 der Fa. Instron mit einer Nennkraft von ± 10 kN spannungskontrolliert bei Raumtemperatur durchgeführt, wobei ausgewählte Versuche zur Analyse des LCF-Verhaltens totaldehnungskontrolliert durchgeführt wurden. Zur detaillierten Charakterisierung des Verformungs- und Schädigungsverhaltens wurden sowohl kontinuierliche Laststeigerungsversuche durchgeführt, die mit Hilfe zusätzlich genutzter, struktursensitiver Messtechnik Aussagen über den Ermüdungsfortschritt ermöglichen sollten, sowie Einstufenversuche zur Ermittlung von Wöhler-Linien.

In Laststeigerungsversuchen [233] wird die Spannungsamplitude σ_a ausgehend von einem Startwert kontinuierlich oder stufenförmig bis zum Bruch gesteigert. Auf Basis der erreichten Bruchspannungsamplitude sowie der während des Versuchs aufgenommenen Werkstoffreaktionen können detaillierte Informationen über das Ermüdungsverhalten generiert und durch Analyse der ersten auftretenden Änderungen dieser Werkstoffreaktionen eine Ermüdungsfestigkeit abgeschätzt, als auch durch Analyse der Bruchoberspannung eine Einschätzung der zyklischen Leistungsfähigkeit erfolgen. Da bei einer stufenförmigen Durchführung des Laststeigerungsversuchs ausgeprägte Phasen zyklischer Ver- und Entfestigung auftraten, die eine Bestimmung der Ermüdungsfestigkeit erheblich erschweren, wurde für die Versuche eine kontinuierliche Steigerung der Spannungsamplitude von 20 MPa/10^4 Lastspiele, ausgehend von einer Spannungsamplitude $\sigma_{a,Start} = 20$ MPa gewählt. Das Prinzip des Laststeigerungsversuchs ist in Abbildung 4.7a dargestellt.

Zur Ermittlung der Spannungs-Dehnungs-Hysteresekurven wurde ein taktiles Extensometer der Fa. Instron mit einer Messlänge von $l_0 = 10$ mm und einem Messbereich von ± 10 % verwandt. Zusätzlich wurden Thermoelemente vom Typ K zur Messung der Probenerwärmung während des Versuchs an die Probe angebracht. Diese wurden zur Messung der Probenerwärmung in der Mitte des Prüfbereichs, sowie zur Ermittlung der Referenztemperatur jeweils am oberen und unteren Absatz der Proben angebracht. Die Probenerwärmung ergibt sich dann aus der Differenz des an der Probe befindlichen Thermoelements und dem Mittelwert der Referenzthermoelemente. Zur Ermittlung der Änderung des elektrischen Widerstands während der Versuche wurde ein Nanovoltmeter 622X der Fa. Keithley verwendet, das in Abschnitt 4.5 näher beschrieben wird. Hierbei wurden die Kontakte der Stromeinleitung mittels eines Gewindes in die Probenschäfte eingeschraubt. Die Kontakte des Spannungsabgriffs wurden mittels Punktschweißen an die Probe angebracht. Der Versuchsaufbau ist in Abbildung 4.7b dargestellt.

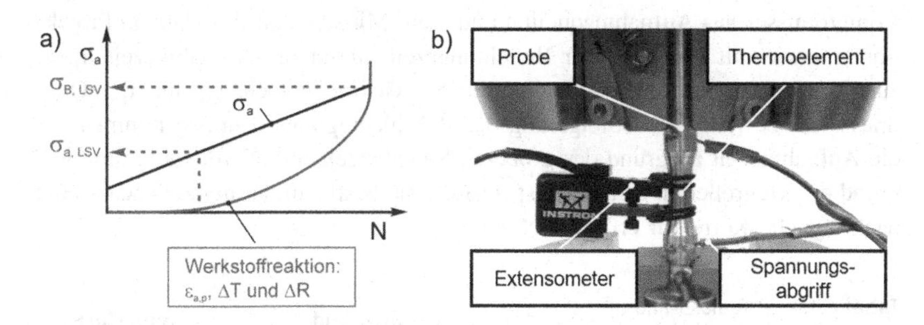

Abbildung 4.7 Prinzip des Laststeigerungsversuchs, vgl. [234] (a), Versuchsaufbau für Ermüdungsversuche mit verwendeter Messtechnik zur Aufnahme von Werkstoffreaktionen (b)

4.3 Röntgen-Computertomografie

Um die interne Struktur und Entwicklung von Defekten in Referenz und spanbasierten Proben unter zyklischer Belastung zu analysieren und zu vergleichen, wurden µ-CT-Untersuchungen mit einem Röntgen-Computertomografen vom Typ XT H 160 der Fa. Nikon durchgeführt. Vor der Prüfung mittels CT wurden alle Proben im Prüfbereich untersucht, um die Korrelation der Defektcharakteristik und -verteilung mit der Verformungs- und Schädigungsevolution zu bestimmen. Die CT-Scans wurden mithilfe der Software „VGStudio Max 2.2" ausgewertet. Um sicherzustellen, dass die Ergebnisse der Defektanalyse vergleichbar sind, wurden alle Proben mit denselben Parameter-Einstellungen gescannt. Vor den eigentlichen Versuchen wurden Parameter-Optimierungen an einer Referenzprobe durchgeführt, um eine optimale Grauwertverteilung und damit eine bestmögliche Qualität der Volumenrekonstruktionen zu gewährleisten. Für die Sinterlinge wurden aufgrund des größeren Durchmessers höhere Strahlintensitäten und -ströme verwendet, die als optimal für die erwartete Abbildungsqualität ermittelt wurden und auch für die folgenden Messungen verwendet wurden. Die Parameter sind in Tabelle 4.1 zusammengefasst. Zur Bestimmung optimaler Parameter der computertomografischen Defektanalysen wurden Analysen mit verschiedenen Parametern verglichen. Als Einflussgrößen wurden hierbei die Anzahl der Projektionen, die Belichtungszeit, sowie die Strahlintensität variiert. Das Ziel der Optimierung bestand in der Ermittlung eines sinnvollen

Kompromisses aus Aufnahmequalität und -zeit. Mit steigender Anzahl an Projektionen sowie mit Zunahme der Belichtungszeit nimmt die Aufnahmezeit linear zu. Dagegen nimmt die Bildqualität in der Theorie jedoch nur mit der Quadratwurzel zu [235]. Mit Steigerung der Beschleunigungsspannung nimmt zwar die Aufnahmezeit aufgrund des größeren Signalpegels ab, allerdings nimmt aufgrund des vergrößerten Strahlungsspektrums die Strahlaufhärtung zu, sodass eine nachträgliche Korrektur erforderlich ist.

Tabelle 4.1 Parameter und Einstellungen der CT-Untersuchungen für Messungen im Prüfbereich von Zug- und Ermüdungsproben sowie an Sinterlingen

	Zug- und Ermüdungsproben	**Sinterlinge**
Belichtungszeit	250 ms	250 ms
Anzahl Frames	8	8
Strahlintensität	135 kV	150 kV
Strahlstrom	98 μA	200 μA
Strahlleistung	13,2 W	30,0 W
Auflösung	13,5 μm	40 μm

Der verwendete Computertomograf ist in Abbildung 4.8a dargestellt. Abbildung 4.8b illustriert exemplarisch die Projektion einer Probe aus spanbasiertem Werkstoff. Zur Berechnung der Volumenkonstruktionen wurden jeweils 1583 Projektionen zusammengesetzt.

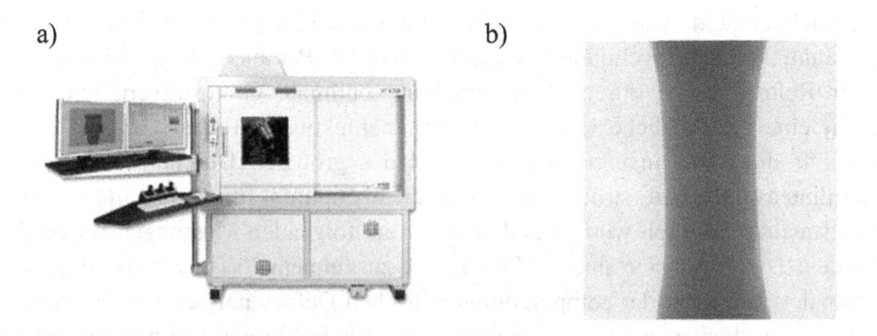

Abbildung 4.8 a) Computertomograf vom Typ XT H 160 (Fa. Nikon), b) Projektion einer durchstrahlten Spanprobe [16]

Die Durchführung von Defektanalysen zur Ermittlung einer Korrelation mit der Beanspruchbarkeit wurde durch CT-Untersuchungen ergänzt, um die Schädigungsentwicklung von stranggepressten Spanproben in Intervallen zu überwachen. Ziel war es, Ansätze zur Entwicklung eines Schädigungsmodells speziell für Profile aus stranggepressten Spänen zu ermöglichen. Zu diesem Zweck wurde eine Spanprobe jeweils zyklisch mit einer festgelegten Anzahl von Lastspielen belastet und anschließend mittels CT analysiert. Diese Vorgehensweise diente der Erfassung von Veränderungen in der inneren Defektstruktur sowie der Identifikation bevorzugter Orte und Pfade für die Initiation von Rissen. Der Ermüdungsversuch wurde jeweils abgebrochen und die Probe anschließend mittels CT analysiert, wenn signifikante Veränderungen in den Werkstoffreaktionsgrößen auftraten. Die Stufen der intermittierenden Versuchsdurchführung sind in Tabelle 4.2 angegeben. [16]

Tabelle 4.2 Gewählte Stufen des intermittierenden Ermüdungsversuchs zur Analyse der Schädigungsentwicklung [16]

Stufe	Anzahl der Lastspiele N
1	0
2	5.000
3	11.000
4	17.000
5	19.500
6	19.600
7	$N_B = 19.637$

4.4 Fraktografie

Um insbesondere das Verhalten der untersuchten Proben in Bezug auf Verformung und die Ausbreitung von Rissen zu charakterisieren und in Zusammenhang mit anderen Untersuchungsergebnissen zu setzen, erfolgte die Untersuchung der Bruchflächen der geprüften Proben unter Verwendung eines Rasterelektronenmikroskops (REM) des Typs MIRA 3 XMU (Fa. Tescan). Dieses ermöglicht die hochauflösende Abbildung der Probenoberfläche durch Abtasten der Probe mit einem gebündelten Elektronenstrahl und die Analyse der Wechselwirkungseffekte zwischen diesem Elektronenstrahl und der Probe, die von verschiedenen Detektoren erfasst werden. Um eine umfassende Analyse der Bruchflächen durchzuführen, wurde sowohl der elementsensitive Rückstreuelektronendetektor als auch der Sekundärelektronendetektor, der für topografische Ansichten geeignet ist, genutzt. Vor der Untersuchung erfolgte eine Reinigung der Bruchflächen der Proben, die während der Ermüdungsversuche gebrochen sind, für drei Minuten lang in einem Ultraschallbad mit Ethanol. Die Untersuchungen zielten unter anderem darauf ab, belastungsabhängige Veränderungen in Bezug auf die Form, Art und Größe von Rissen zu identifizieren und Unterschiede im Ermüdungsverhalten der Spanproben im Vergleich zur Referenzprobe festzustellen. Insbesondere bei den spanbasierten Proben sollte weiterführendes Wissen über den bevorzugten Verlauf von Rissen und die Rolle der verschweißten Späne sowie deren Wechselwirkung gewonnen werden. [16]

4.5 Initiale Widerstandsmessungen[1]

Ein maßgebliches Ziel dieser Arbeit besteht in der Charakterisierung spanbasierter Halbzeuge hinsichtlich der Defektverteilung und der lokalen Eigenschaften mittels elektrischer Widerstandsmessungen. Weiterhin sollen durch Anwendung der elektrischen Widerstandsmessung die im Fügeprozess der Späne wirksamen Mechanismen anhand von Änderungen des elektrischen Flusses separiert werden.

Aufgrund der bezogen auf die zu messenden Materialveränderungen als sehr klein zu erwartenden Widerstandsänderungen sind sehr präzise Messungen erforderlich, sodass Störgrößen zu vermeiden sind. Aus diesem Grund wurde die 4-Leiter-Messmethode angewandt, bei der sowohl der Kontaktwiderstand als auch die in den Zuleitungen herrschenden Widerstände nicht in die Messung mit eingehen. Hierbei wird ein konstanter elektrischer Strom I_M mittels einer Konstantstromquelle über zwei Leitungen (L_1 und L_2) in den zu messenden Werkstoff eingeleitet. Der sich einstellende Spannungsabfall, der über das Ohm'sche Gesetz direkt mit dem elektrischen Widerstand verknüpft ist, wird über zwei separate Leitungen (L_3 und L_4) gemessen [237].

$$R = \frac{(U(t))}{(I(t))} = \rho \cdot \frac{l}{A} \quad \text{(Gl. 4.1)}$$

Neben eingeleitetem Strom und gemessenem Spannungsabfall kann auch eine Abhängigkeit der Länge und der Querschnittsfläche festgestellt werden, sodass ein spezifischer elektrischer Widerstand ρ zur Berücksichtigung der Leitergeometrie definiert ist.

Das Messprinzip der 4-Leiter-Messmethode ist in Abbildung 4.9 dargestellt.

Auf Basis des ersten Kirchhoff'schen Gesetzes, nach dem sich die Summe der zufließenden Stromstärken aus der Summe der abfließenden Stromstärken ergibt,

[1] Inhalte dieses Kapitels basieren zum Teil auf der studentischen Arbeit [236].

kann die Spannung auf Basis von Gleichung 4.2 berechnet werden (angepasst aus [238,239]).

$$U_x = I_0 \cdot R_x = (I_{konst} - I_U) \cdot R_x \tag{Gl. 4.2}$$

Es ergibt sich auf der Grundlage des Messprinzips, dass sich der Strom auf den zu ermittelnden Widerstand sowie den Stromkreislauf des Spannungsmessgeräts aufteilt. Weiterhin kann durch das zweite Kirchhoff'sche Gesetz, nach dem die Summe aller Spannungen in einem geschlossenen Schaltkreis (Masche) Null ist [239], also die Summe der Quellspannungen identisch zu der Summe der Spannungsabfälle ist, der in Gleichung 4.3 angegebene Zusammenhang hergeleitet werden [238].

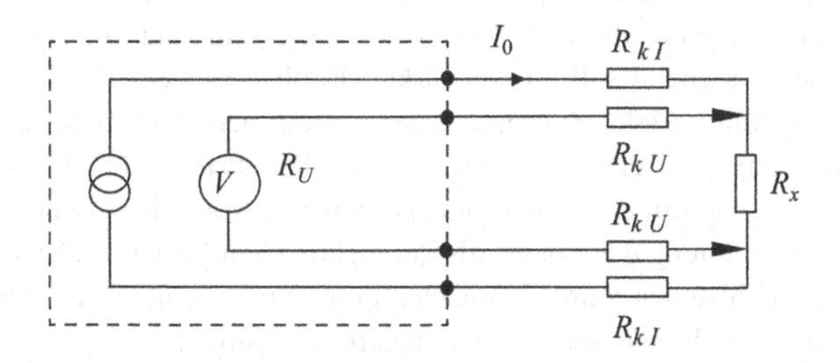

Abbildung 4.9 Prinzip der 4-Leiter-Messtechnik zur Vermeidung der Aufnahme von Leitungswiderständen [240][2]

$$U_x = I_0 \cdot (R_{kU} + R_{kU} + R_U) \tag{Gl. 4.3}$$

Durch Gleichsetzen beider Gleichungen ergibt sich schließlich für die Stromstärke des Spannungsmessgeräts der in Gleichung 4.4 angegebene Zusammenhang (angepasst aus [241]).

$$I_U = I_{konst} \cdot \frac{R_x}{R_{kU} + R_{kU} + R_U + R_x} \tag{Gl. 4.4}$$

[2] *Reproduced with permission from Springer Nature.*

Aufgrund des um Größenordnungen höheren Widerstands des Spannungsmessgeräts gegenüber dem zu messenden Widerstand kann die entsprechende Stromstärke I_U vernachlässigt werden [242], sodass der elektrische Widerstand der zu messenden Probe auf Basis des Ohm'schen Gesetzes (Gleichung 4.5) bestimmt werden kann [241].

$$R_x = \frac{U_x}{I_{konst}} \qquad \text{(Gl. 4.5)}$$

Gegenüber der Nutzung von Wechselstrom werden die Stromlinien nicht gemäß des Skin-Effekts an die Oberfläche gedrängt [243]. Hierdurch werden oberflächennahe Werkstoffveränderungen, wie sie infolge von Materialermüdung auftreten, nicht fokussiert betrachtet. Allerdings dienen die Untersuchungen zum elektrischen Widerstand der initialen Charakterisierung zur Detektion von Fehlstellen und zur Bestimmung des Zustands bzgl. der Auslagerung und Versetzungsverfestigung. Dementsprechend soll ein verstärkter Einfluss der Oberfläche verhindert werden, damit eine gezielte Zuordnung der gemessenen Widerstandsänderungen positionsunabhängig zu einer entsprechenden mikrostrukturellen Ursache erfolgen kann, sodass sich in der Arbeit auf die Nutzung von Gleichstrom fokussiert wurde. Zur Bestimmung des Potenzials der elektrischen Widerstandsmessung zur Detektion von Fehlstellen wurden zunächst Proben mit rechteckigem Querschnitt verwendet, die mittels Flachmatrize stranggepresst wurden.

Um die Durchführung systematischer und reproduzierbarer Messungen zu ermöglichen, wurde eine Messapparatur konzipiert und mittels 3D-Druck gefertigt, (Abbildung 4.10). Die Vorrichtung umfasst zwei Kontaktplatten, die die Messung von Spannungsabfällen durch Realisierung des elektrischen Kontakts über Schrauben ermöglichen. Darüber hinaus beinhaltet die Konstruktion eine Führungsschiene, die als Halterung für die Kontaktvorrichtungen dient, sowie zwei Fixierungen, in denen die Proben platziert und die Führungsschiene montiert wird. Die Führungsschiene verfügt über Einkerbungen im Abstand von jeweils 20 mm, in die die Kontaktvorrichtungen einrasten. Mithilfe von jeweils zwei Kontaktvorrichtungen ist es möglich, den elektrischen Widerstand entweder parallel oder senkrecht zur Stromzuführung zu messen. Die Halterungen sind so gestaltet, dass die Probekörper und die Führungsschiene exakt eingelegt bzw. aufgesetzt und flexibel verschoben werden können, sodass ein konstanter Messabstand und eine gleichbleibende Kontaktierung sichergestellt sind. Zur Realisierung einer weiteren Messmöglichkeit in Breitenrichtung wurde eine zweite Messapparatur entwickelt, die eine Widerstandsmessung auch außerhalb der Mittelachse (in Bezug auf die Breite) ermöglicht.

Wie dargelegt, ist die 4-Leiter-Messmethode grundsätzlich geeignet, um Defekte zu identifizieren. Die Messungen wurden mit einem Nanovoltmeter 2182 A der Fa. Keithley durchgeführt. Für die Stromeinleitung wurde eine externe Stromquelle Modell 622X der Fa. Keithley genutzt. Die erfassten Messwerte wurden mithilfe einer auf der Programmiersprache LUA basierenden Software erfasst und verarbeitet. Für jede Messung wurden insgesamt 250 Messpunkte erfasst, die zur Auswertung gemittelt wurden.

Zur Etablierung eines reproduzierbaren Messaufbaus wurde zunächst die Stromeinleitung optimiert. Zunächst erfolgte die Stromeinleitung über die Stirnseiten mittels M3-Gewinde mit einer Tiefe von 15 mm. Der Widerstand wurde über Kabelschuhe abgegriffen, die auf der Probe befestigt wurden. Der Abstand der Messkontakte betrug 20 mm, die in der Mitte der Probe parallel zur Richtung der Stromeinleitung angesetzt wurden. Mit dieser Messung wurden jedoch unterschiedliche Messwerte im Bereich ohne Einfluss des Gewindes und im Bereich der Stromeinleitung ermittelt.

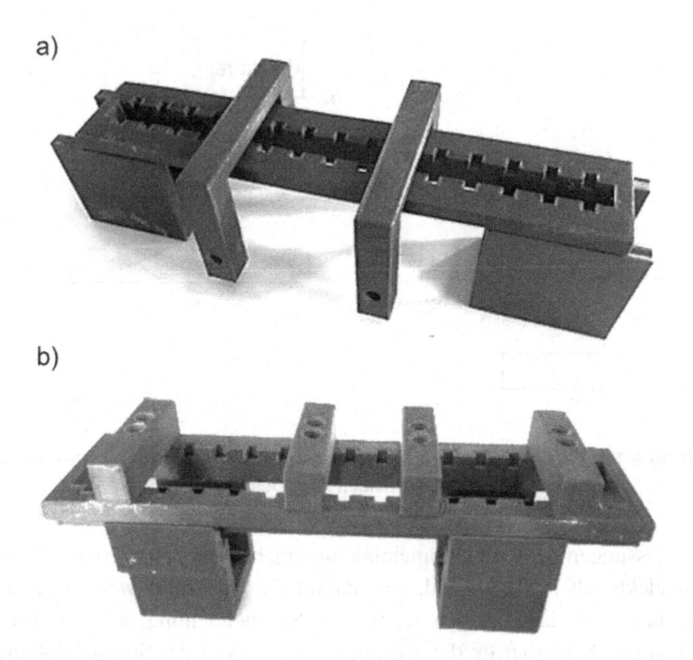

Abbildung 4.10 Vorrichtung zur Messung des elektrischen Widerstands eines mittels Flachmatrize gepressten Profils: Seitliche Messung (a), variable Messung über die Breite (b), vgl. [236]

Mit Hilfe der entwickelten Vorrichtung kann der Widerstand an den Rändern und in der Mitte abgegriffen werden. Um aussagekräftige Ergebnisse zu gewährleisten wurde der Einfluss der Stromeinleitung relativ zur Defektposition untersucht mit dem Ziel, eine möglichst große Widerstandsänderung zu erzielen. Der Einfluss der Messposition in Abhängigkeit der Defektlage kann Abbildung 4.11 entnommen werden. Die Piktogramme in Abbildung 4.12 zeigen das Messprinzip, wobei die Pfeile den Spannungsabgriff darstellen.

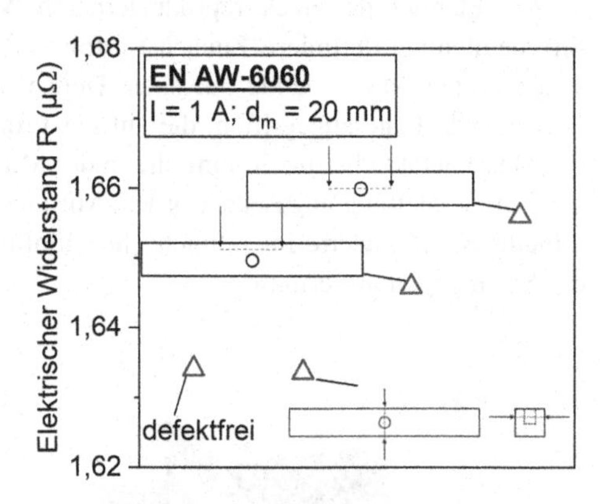

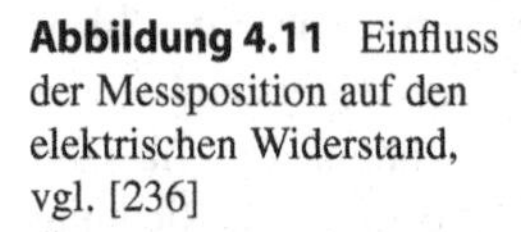
Abbildung 4.11 Einfluss der Messposition auf den elektrischen Widerstand, vgl. [236]

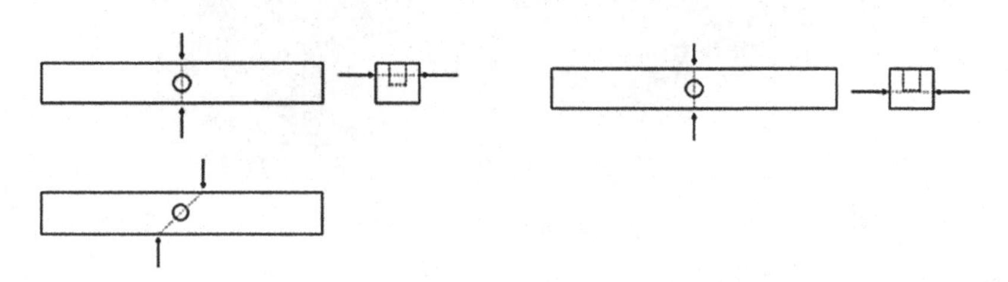

Abbildung 4.12 Piktogramme zum Messabgriff quer und diagonal zur Stromeinleitung/Probenlänge in verschiedenen Höhenabständen zum Defekt, vgl. [236]

Die Messungen quer zur Stromeinleitung ergeben nur sehr geringe Messwerte für den elektrischen Widerstand, was darauf zurückgeführt werden kann, dass das Potenzial von der Position relativ zur Stromeinleitung abhängt. Da beide Positionen des Messabgriffs den gleichen Abstand von der Stromeinleitung aufweisen, kann entsprechend keine Potenzialdifferenz und damit kein signifikanter elektrischer Widerstand gemessen werden.

Zur Untersuchung des Einflusses der Stromstärke und der weiteren Prüfparameter auf den elektrischen Widerstand wurden sowohl für defektbehaftete als auch für defektfreie Bereiche einer Probe Messungen bei unterschiedlichen Stromstärken durchgeführt. Dabei wurde die Stromstärke von I = 1 A in Intervallen von 0,5 A bis auf I = 3 A erhöht. Um festzustellen, ob die Erhöhung der Stromstärke auch Auswirkungen auf die Temperatur der Probe hat, wurde diese gleichzeitig erfasst. Bei einer Stromstärke von I = 3 A wurden bei der Messung der Diffusionsproben (Abbildung 4.4) Temperaturerhöhungen von bis zu 8 K festgestellt. Im Vergleich zu einer Stromstärke von 1 A war die Standardabweichung mit etwa 1,2 % zu 1,3 % des Messwerts nicht signifikant verbessert, sodass für die Untersuchungen eine Stromstärke von 1 A genutzt wurde. Auf Basis weiterer durchgeführter Optimierungen wurden die in Tabelle 4.3 angegebenen Messparameter gewählt.

Tabelle 4.3 Verwendete Messparameter der Widerstandsmessungen

Stromstärke	1 A
Compliance	0,5 V
Range	0,1 V
NPLC	1
Verzögerung	0,01 s
Zyklen	1
Anzahl Messwerte	250

Die Messungen mit dem Nanovoltmeter wurden nach dem Prinzip der Umpolung durchgeführt, was bedeutet, dass die Polarität des Stroms während der Messung umgekehrt wird und als Messwert der betragsmäßige Mittelwert der beiden mit gegensätzlicher Polarität aufgenommenen Messwerte ausgegeben wird. Auf diese Weise können Einflüsse von Thermospannungen vermieden werden. Der Wert NPLC (number of power line cycles) gibt die Anzahl der positiv bzw. negativ gepolten Messungen pro Zyklus an, die Anzahl der Zyklen steht entsprechend für die Anzahl an gemittelten Zyklen pro ausgegebenem Messwert. Die Verzögerung gibt an, zu welchem Zeitpunkt nach der jeweiligen Umpolung eine Messwertaufnahme erfolgt. Es stellte sich heraus, dass eine Verzögerung von 0,01 s ausreichend ist, um Einflüsse des Umpolungsvorgangs auf die Messwerte zu verhindern. Um eine Messung auf Basis gemittelter Werte zu vermeiden, wurde für NPLC und Zyklen jeweils ein Wert von 1 gewählt. Um eine hohe Genauigkeit sicherzustellen, wurden pro Messung 250 Messwerte aufgezeichnet.

Compliance und Range sind Grenzwerte für eine Abregelung der Stromstärke und haben damit keinen Einfluss auf die Messergebnisse.

Um den Einfluss der Auslagerung auf den elektrischen Widerstand zu untersuchen, wurden zwei Proben aus Referenzmaterial in einem Wärmebehandlungsofen innerhalb von 60 min auf eine Temperatur von T = 550 °C erhitzt und anschließend für 210 min bei dieser Temperatur gehalten. Dies führt zu einer Lösung der eine Festigkeitssteigerung bewirkenden Phasen im Werkstoff. Anschließend erfolgte ein Abschrecken der Proben mit Wasser bei Raumtemperatur. Die zweite Probe wurde zur Bestimmung der Härteänderung genutzt. Hierzu wurde unmittelbar nach dem Abschrecken in regelmäßigen Abständen eine Härteprüfung nach Vickers mit einer Prüfkraft von 98,07 N (HV10) mittels eines Wolpert DiaTestor Härteprüfgeräts durchgeführt, um die auslagerungsbedingte Härteänderung zu ermitteln. Es wurde für jeden Messzeitpunkt der Härtewert aus jeweils fünf Härtemessungen gemittelt.

Zur Charakterisierung des Einflusses der Defekteigenschaften bezüglich Größe, Form und Lage wurden künstliche Defekte in Form von Bohrungen mit Durchmessern von 3 mm und 4,5 mm und jeweils 10 mm tief in die Probe eingebracht. Zur Ermittlung des Einflusses des Oberflächenabstands wurden mehrere Bohrungen mit einem Durchmesser von 3 mm eingebracht und die Tiefe der Bohrungen mit 1 mm, 3 mm, 5 mm, 10 mm und 15 mm variiert.

Zur anwendungsnahen Defektdetektion wurde eine Messung an delaminationsbehafteten Flachprofilen durchgeführt. Auf Basis der Ergebnisse zum Einfluss der Stromeinleitung wurden die Probenenden mit einer Länge von jeweils 60 mm an beiden Seiten ausgespart, es wurden alle vier Seiten parallel zur Stromeinleitung mit 15 Messbereichen im Abstand von jeweils 5 mm vermessen. Zur Korrelation des elektrischen Widerstands mit dem Randabstand und dem lokalen Defektvolumen wurden die Messbereiche zusätzlich mittels Computertomografie analysiert.

Neben den grundlegenden Untersuchungen an den Flachprofilen wurden Widerstandsmessungen an aus den Profilen und Sinterlingen entnommenen Proben durchgeführt. Aufgrund der Abmessungen konnte die entwickelte Vorrichtung nicht eingesetzt werden. Stattdessen wurden die Messungen an einer Vorrichtung DPP 210 der Fa. Formfactor durchgeführt, bei der die Kontakte zur Stromeinleitung bzw. zum Spannungsabgriff aus dünnen Nadeln bestehen und präzise auf der Probe platziert werden können. Die Messvorrichtung ist in Abbildung 4.13 gezeigt. [236]

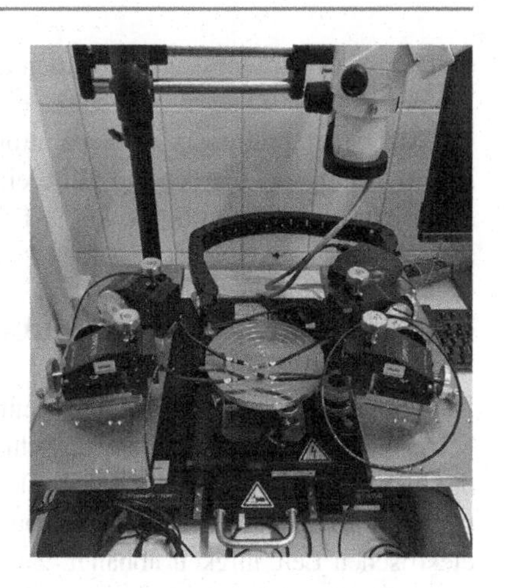

Abbildung 4.13 Vorrichtung DPP 210 der Fa. Formfactor zur präzisen Befestigung der Kontakter der Widerstandsmessungen

4.6 Härtemessungen

Zur Separierung von Mechanismen, die das Grundmaterial beeinflussen, von denen, die sich auf die Qualität der Spangrenzen auswirken, wurden Härtemessungen an Referenz- sowie spanbasierten Proben durchgeführt. Härte ist nach DIN 50150 definiert als der „Widerstand, den ein Körper dem Eindringen eines anderen (härteren) Körpers entgegensetzt".

Die Messungen des spanbasierten Materials wurden innerhalb der Späne vorgenommen, um nicht durch die Spangrenzen beeinflusst zu werden. Bei der in dieser Arbeit eingesetzten Härteprüfung nach Vickers wird der Härtewert auf Basis der Ausmessung der Eindruckfläche bestimmt. Die Berechnung der Vickers-Härte, bei der Prüfkraft und Eindruckfläche ins Verhältnis gesetzt werden, erfolgt gemäß Gleichung 4.6.

$$HV = \frac{0,102 \cdot 2 \cdot F \cdot sin\frac{136^\circ}{2}}{d_e^2} \approx 0,1891\frac{F}{d_e^2} \qquad \text{(Gl. 4.6)}$$

Der einzuhaltende Mindestabstand zum Rand entspricht dem Dreifachen der mittleren Diagonalenlänge, zudem muss das Sechsfache der mittleren Diagonalenlänge als Mindestabstand zwischen zwei Härteeindrücken eingehalten werden. Bei allen Messungen wurde die Einhaltung der Anforderung einer mindestens 10-fachen Dicke des Prüfkörpers gegenüber der Indentationstiefe sowie eine Haltezeit der Prüfkraft von 15 s sichergestellt.

Die Makrohärtemessungen wurden an einem DiaTestor Härteprüfgerät der Fa. Wolpert durchgeführt. Hierbei wurde eine Prüfkraft von 98,07 N (HV10) gewählt. Die Mikrohärteprüfungen zur Separation von werkstoff- und grenzflächenbezogenen Mechanismen wurden mit Hilfe eines HMV-G Mikrohärteprüfgeräts der Fa. Shimadzu bei einer Prüfkraft von 981 mN (HV0,1) durchgeführt. [16]

4.7 Elektronenrückstreubeugung

Die grundlegenden Untersuchungen mittels Elektronenrückstreubeugung (EBSD) haben gezeigt, dass Defekte wie Schleifriefen auf der Oberfläche von Proben die elektrische Leitfähigkeit negativ beeinträchtigen und die Qualität der resultierenden EBSD-Aufnahmen im Besonderen von der Oberflächenqualität und der elektrischen Leitfähigkeit abhängt. Zur Sicherstellung einer optimierten Oberflächenqualität wurden die zu untersuchenden Proben daher elektrolytisch poliert. Bei dieser anodischen Abscheidungsmethode wurde eine Lösung aus 100 cm^3 Salzsäure, 100 cm^3 Wasser und 10 cm^3 Salpetersäure als Elektrolyt verwendet, der mit einer Durchflussrate von 12 l/min mittels eines LectroPol-5-Geräts der Fa. Struers auf die Proben geleitet wurde. Eine Gleichspannung von 20 V wurde für 20 s aufrechterhalten. Unmittelbar nach dem Polierprozess wurde die Probe gründlich mit Ethanol gespült, um nachträgliche Ätzprozesse durch verbliebene Säure auf der polierten Oberfläche zu verhindern.

Die EBSD-Analysen wurden im Rasterelektronenmikroskop MIRA 3 der Fa. Tescan mit einem Super-Velocity EBSD-Detektor der Fa. EDAX durchgeführt. Die Proben wurden hierzu in einem Winkel von 70° in einer Vorrichtung eingespannt und ein Arbeitsabstand von 17 mm eingestellt. Bei einer Strahlintensität (BI) von 15 und einer Beschleunigungsspannung von 15 kV wurden die Proben rasternd abgetastet und die durch Elektronenbeschuss auf dem Phosphorschirm entstehenden Beugungsmuster (Pattern) aufgenommen. Mittels der Software OIM 8 der Fa. EDAX wurden diese ausgewertet, um Informationen über die Kornorientierung, Phasenverteilung, Korngröße und -form, Korngrenzenstrukturen und lokale Verformungen auf kristallografischer Ebene zu generieren.

Zur Ermittlung optimaler Parameter für die EBSD-Messungen wurden verschiedene Schrittweiten sowie Belichtungszeiten verglichen. Abbildung 4.14 zeigt exemplarisch den Vergleich einer Schrittweite von 5, 2 und 1 μm bei einem Sichtfeld von 1.000 μm.

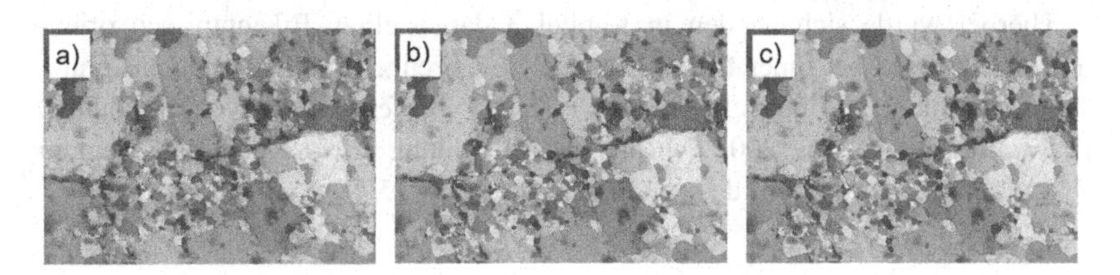

Abbildung 4.14 Vergleich von EBSD-Aufnahmen einer Spangrenze bei einer Schrittweite von 5 μm (a), 2 μm (b) und 1 μm (c) (Sichtfeld 1.000 μm)

Auf Basis der EBSD-Analysen wurden weiterführende Analysen durchgeführt. Es zeigt sich, dass insbesondere die Schrittweite von 5 μm um 12 % größere Körner und eine um 23 % kleinere Fehlorientierung ergibt. Um genaue Ergebnisse sicherzustellen wurde für sämtliche Aufnahmen ein Verhältnis zwischen Sichtfeld (in μm) und Schrittweite von 1.000 gewählt.

Eine Verringerung der Belichtungszeit hat demgegenüber eine Reduktion des CI-Werts zur Folge, da das Signal-zu-Rausch-Verhältnis zunimmt. Um einen zielführenden Kompromiss zwischen Messdauer und Qualität zu erhalten, wurde die Belichtungszeit so angepasst, dass ein durchschnittlicher CI-Wert von min. 0,85 und eine minimale Erfassungsrate mit einem CI > 0,1 von 95 % erreicht wird. Auf diese Weise wurde eine Belichtungszeit von 5 ms ermittelt, die folglich für die Untersuchungen verwendet wurde.

4.8 Wärmebehandlung

Die Separation mikrostruktur- und defektbasierter Mechanismen wird dadurch erschwert, dass mit der Variation von Prozessparametern sowohl Mikro- als auch Defektstrukturänderungen einhergehen. Verwendete Methoden und Modelle, die den Einfluss der Mikro- bzw. Defektstruktur abschätzen, basieren zumeist auf der Annahme einer homogenen Mikrostruktur. Zur Separation der Mechanismen wurden ausgewählte Zustände im Anschluss an den Wiederverwertungsprozess wärmebehandelt, um die Mikrostruktur der Zustände zu homogenisieren und somit den Einfluss von Mikrostrukturunterschieden auf die mechanischen Eigenschaften zu eliminieren. Sämtliche Unterschiede in den Eigenschaften können damit auf den Einfluss von Defekten zurückgeführt werden.

Hierbei wurde sich an den in Kapitel 3 dargestellten Erkenntnissen orientiert, nach denen bei einer für 5 h bei 550 °C durchgeführten Homogenisierung keine signifikanten Unterschiede in der Korngröße festgestellt werden können. Die Aufheizrate betrug 200 °C/h und die Abkühlung erfolgte an Luft in einem Wärmebehandlungssystem der Fa. Nabertherm (NA 15/65).

5 Ergebnisse und Diskussion

Zur Charakterisierung der bei der Wiederverwertung von spanbasiertem Material zugrunde liegenden Verbindungsmechanismen sowie zur Aufklärung der Prozess-Struktur-Eigenschafts-Beziehung wird zunächst die Mikrostruktur der Halbzeuge aus den betrachteten Wiederverwertungsverfahren untersucht. Zur Separierung der mikrostrukturellen Mechanismen wird hierbei zwischen der Charakterisierung der Korn-, Span- und Defektstruktur unterschieden. Im Anschluss an die mikrostrukturelle Charakterisierung erfolgen die Untersuchungen zur Analyse der mechanischen Eigenschaften. Hierbei werden sowohl quasistatische, als auch zyklische Eigenschaften einbezogen, um durch Vergleiche mit dem Referenzmaterial auf die Leistungsfähigkeit des wiederverwerteten Materials zu schließen und zugrunde liegende Schädigungsmechanismen aufzudecken. Hierbei wird den einzelnen Mechanismen jeweils ihr wirksamer Anteil an der Leistungsfähigkeit zugeordnet, um darauf basierend eine Kennzahl für den Spangrenzenbeitrag zu entwickeln. Schließlich wird die elektrische Widerstandsmessung genutzt, um auf Basis der vorherig generierten Ergebnisse eine zerstörungsfreie Einschätzung der Leistungsfähigkeit zu ermöglichen.

A. Koch, *Verbindungsmechanismen und Leistungsfähigkeit von stranggepressten und feldunterstützt gesinterten Halbzeugen aus wiederverwerteten Aluminiumspänen*, Werkstofftechnische Berichte | Reports of Materials Science and Engineering, https://doi.org/10.1007/978-3-658-44531-7_5

5.1 Mikrostruktur

5.1.1 SPD-basierte Prozessroute[1]

5.1.1.1 Kornstruktur

Die Mikrostruktur der mit unterschiedlichem Pressverhältnis hergestellten Proben im Querschliff unter polarisiertem Licht (Abbildung 5.1) zeigt verschiedene Zonen, die sich anhand der Kornstruktur unterscheiden lassen. Die differenzierbaren Zonen bilden sich bei jedem Pressverhältnis, unterscheiden sich jedoch in Form, Position und Dimension. Alle Proben (Durchmesser d16 - d28) zeigen eine ähnliche Anordnung des stark inhomogenen Gefüges über den Querschnitt verteilt. Die optischen Grenzen der einzelnen Kornstrukturen verschieben sich mit abnehmenden Durchmessern innerhalb der Proben weiter nach außen. Das Korngefüge lässt sich durch den Materialfluss während des Strangpressvorgangs erklären. In den oberflächennahen Zonen werden die Körner durch die Reibung am Rezipienten einer hohen Scherbelastung ausgesetzt und dadurch gedehnt. Darüber hinaus bilden sich in den Ecken vor der Matrize im Strangpresswerkzeug Totmetallzonen. Aufgrund der auftretenden Reibungseffekte und Kräfte bestimmt somit der charakteristische Materialfluss in der Matrize die Ausbildung des Gefüges im Profil [17].

Die inneren Probenbereiche, die der MFZ (Materialflusszone, Zone A) [63] entstammen, bestehen aus einem homogenen Gefüge aus sehr kleinen Körnern (Korngröße: $30{,}4 \pm 3{,}5$ µm) mit meist identischer Orientierung. Eine Ausnahme stellt die Probe d24 dar, da hier zusätzlich größere Körner unterschiedlicher Orientierung auftreten. Die regellos verteilten Spangrenzen sind in allen Durchmessern der Probe deutlich erkennbar. Je weiter die Späne vom Zentrum der Probe entfernt sind, desto stärker werden diese aufgrund der zunehmenden Dehnung gestreckt.

Auf die feinkörnige MFZ (Zone A) folgt eine Zone, in der sich zahlreiche Körner innerhalb eines Spans befinden, aber nicht über die Spangrenzen wachsen. In ähnlicher Weise treten in dieser Zone Bereiche auf, in denen sich eine große Anzahl sehr kleiner Körner ($27{,}4 \pm 1{,}5$ µm) innerhalb eines Spans befindet. In einigen wenigen Fällen sind Körner vorhanden, die sich über Spangrenzen hinweg erstrecken. Im Randbereich sind deutlich größere Körner ($302{,}4 \pm 28{,}4$ µm) zu verzeichnen, die eine ähnliche Form wie die Körner in Zone A aufweisen. In den meisten Fällen werden nur einzelne Körner von Spangrenzen umschlossen.

[1] Inhalte dieses Kapitels basieren zum Teil auf der Vorveröffentlichung [124] und den studentischen Arbeiten [52,244,245].

Die Dehnung der Späne nimmt zum Rand hin zu, während gleichzeitig mehrere Körner von einer Spangrenze umschlossen sind. Die Dehnung nimmt mit abnehmendem Pressverhältnis leicht ab, sodass diese im Vergleich der einzelnen Zustände unterschiedlich ist.

Die Erklärung für das Auftreten dieser Zone lässt sich durch die SIZ (scherintensive Zone) bei Strangpressprozessen finden, die sich weiter in eine grobkörnige Zone B und eine feinkörnige Zone C unterteilen lässt, wobei in der Probe d24 der Übergang zwischen den Zonen nicht eindeutig ist. Das Material aus Zone B folgt auf die MFZ, während selbiges aus Zone C in der Nähe der DMZ (dead metal zone) entsteht. Die Späne in der grobkörnigen Zone B sind sichtbar gelängt und beinhalten nur einzelne Körner. Das feinkörnige Gefüge in Zone C ist vorwiegend durch eine Subkornstruktur innerhalb der gelängten Körner gekennzeichnet, die sich durch das Phänomen der sog. geometrisch dynamischen Rekristallisation erklären lässt, die Folge einer stark ausgeprägten Verformung des Materials während des Strangpressvorgangs ist [17]. Diese Form der Rekristallisation wird durch eine hohe Dehnung hervorgerufen und beschreibt das Abschnüren von gestreckten, schmalen Körnern, die eine Mindestdicke unterschreiten und neue gleichachsige Körner bilden [55,61]. Voraussetzung für einen Rekristallisationsprozess ist neben dem Überschreiten der Rekristallisationstemperatur eine ausreichende Energie der Versetzungen. Ausgehend von Bereichen mit erhöhter Versetzungsdichte, deren Anzahl sich mit zunehmendem Verformungsgrad erhöht, rekristallisiert das Gefüge. Diese Bereiche wirken somit als Keimzellen, entlang derer sich die Rekristallisationsfronten ausbreiten und neue Korngrenzen bilden [40]. Aufgrund der hohen Dehnung in Zone C ist die Voraussetzung für eine geometrisch dynamische Rekristallisation erfüllt.

Die Spanorientierung in Zone D erweist sich aufgrund der Dehnung als stark gelängt, sodass eine praktisch lamellare Struktur entsteht. Zur Probenoberfläche hin ordnen sich die Späne mehr und mehr konzentrisch an, sodass von einer gebildeten Textur ausgegangen werden kann. Aufgrund der defektbehafteten Randstruktur der Proben d24 und d28 ist die Randzone nur bei den Proben mit einem kleinen Durchmesser (d16 und d20) vollständig intakt. Das Material in dieser Zone D stammt z. T. aus der DMZ. Gelegentlich wachsen die Körner über die Spangrenzen hinaus, wobei die Sichtbarkeit der Spangrenzen eingeschränkt ist, da sie in dieser Zone zusätzlich einen sehr geringen Abstand haben. Die Grenzschicht zeigt sehr große Körner (1.137,4 $\pm$ 789,5 μm) ohne erkennbare Längung, sodass von einer erfolgten Rekristallisation ausgegangen werden kann. Mit abnehmendem Probendurchmesser ist eine zunehmende Homogenität der Randstruktur zu beobachten. Die Rekristallisation erfolgt hier durch den Temperatureintrag, der

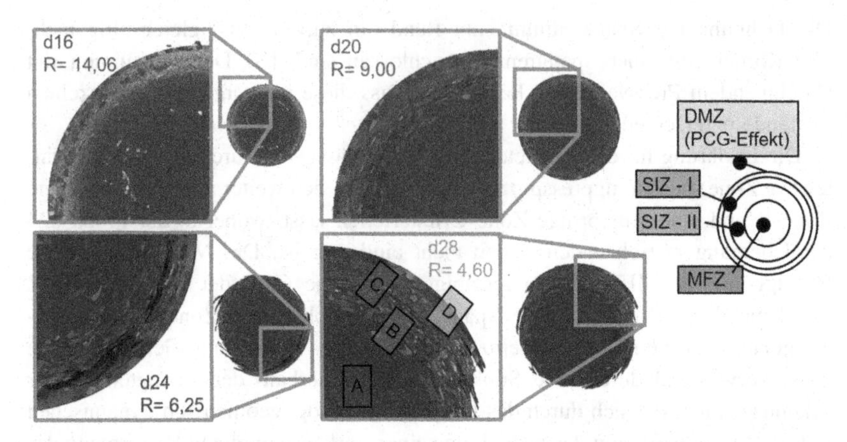

Abbildung 5.1 Kornstruktur und resultierende Bereiche des mittels SPD-basierter Prozessroute wiederverwerteten Spanmaterials in Abhängigkeit des Pressverhältnisses, vgl. [52]

durch die Reibung an der Matrize verursacht wird. Aufgrund der hohen Verformung in dieser Zone wird die Rekristallisationstemperatur weiter gesenkt. In der Literatur wird dieser Bereich als PCG-Zone (peripheral coarse grain) bezeichnet [114,246].

Der aus der Reibung an der Matrizenwand resultierende Temperaturanstieg bewirkt die für den PCG-Effekt typische Kornmorphologie an der Oberfläche der Profile. Die erhöhten Temperaturen führen offenbar zu einer adäquaten Verschweißung der Späne und damit zur Auflösung der sichtbaren Spangrenzen. Sowohl die Einrundung der Körner als auch die Auflösung der Spangrenzen weisen auf ein rekristallisiertes Gefüge hin [92]. Nicht nur die durch die Verformung erhöhte Versetzungsdichte, sondern auch die durch die Reibungsbedingungen verursachte Temperaturerhöhung führt zu einer lokalen Überschreitung der Rekristallisationstemperatur und damit zu einer Kornneubildung. Die Ausdehnung dieses rekristallisierten Bereichs hängt u. a. von der Menge an Dispersionsbildern ab, von denen die untersuchte EN AW-6060 Legierung nur einen sehr geringen Anteil beinhaltet, weshalb die Ausdehnung der rekristallisierten Zone verglichen mit anderen Werkstoffen gering ist [92].

Zur Aufdeckung relevanter Verformungs- und Schädigungsmechanismen wurden verschiedene Bereiche der mittels Kammermatrize hergestellten Profile mit Hilfe von EBSD-Analysen untersucht. Um Informationen über die sich auf die

Mikrostruktur auswirkenden Verformungsmechanismen im Sinne einer nachgelagerten Korrelation mit den mechanischen Eigenschaften und im Sinne einer Kennwertgenerierung für die Modellierung zu ermitteln, wurden die auf Basis der Lichtmikroskopie als relevant identifizierten Bereiche mittels EBSD untersucht. Hierbei wurden sowohl beim spanbasierten Material als auch bei der Referenz Bereiche im Kammerinneren sowie im Randbereich untersucht. Die Untersuchungen wurden im Vergleich zwischen Kammer- und Flachmatrize (s. Kapitel 3) durchgeführt, da durch die Kombination vier einzelner Strangpressstränge innerhalb der Kammermatrize ein anderer Werkstofffluss zu erwarten ist, der maßgebliche Auswirkungen auf die Profileigenschaften hat.

Zunächst wurde die Korngröße in den unterschiedlichen Probenbereichen bestimmt (Abbildung 5.2). Die Betrachtung der beiden Bereiche innerhalb des Flachprofils zeigt eine ähnliche Korngrößenverteilung zwischen Span- und Referenzmaterial, wobei auf Grundlage der lichtmikroskopischen Aufnahmen von unterschiedlichen Verteilungen auszugehen wäre. Dennoch unterscheiden sich Probeninneres und -rand bezüglich der Korngröße. Innerhalb der Kammerprofile sind zwei lokale Maxima der Korngröße zu identifizieren. Sowohl die kleinen Körner im Kern des Flachprofils als auch die im Kammerprofil vorkommenden Körner weisen eine Größe von 20–40 μm auf. Der Randbereich des spanbasierten, mittels Flachmatrize gefertigten Profils besteht aus kleinen Körnern mit einer Größe von ca. 20 μm und größeren Körnern zwischen 250 μm und 500 μm Größe. Das gussbasierte Referenzmaterial am Profilrand umfasst größtenteils kleine Körner mit einer Korngröße von ca. 50 μm und große Körner mit einer Korngröße zwischen 225 μm und 600 μm. Auf Basis der Ergebnisse wird deutlich, dass die Profile durch Verwendung der Kammermatrize eine homogenere, dem Referenzmaterial ähnelnde Kornstruktur aufweisen.

Der Charakter der Korngrenzen wurde mit Hilfe des Fehlorientierungswinkels beschrieben. Als Kleinwinkelkorngrenzen (KWKG) wurden Korngrenzen mit einem Fehlorientierungswinkel zwischen 2 bis $< 15°$ definiert, Großwinkelkorngrenzen (GWKG) wurden $\geq 15°$ als solche definiert. Die kleinen Körner im Inneren aller Profile sind durch GWKG begrenzt und nochmals durch KWKG in Subkörner separiert. Für die Kammermatrize bilden sich vermehrt außen KWKG, also am Rand eines Korns, die sich damit an den GWKG aufstauen. Im Profilinneren können nur wenige Subkörner festgestellt werden. Die Körner im Randbereich sind, wie bereits festgestellt, deutlich größer, was einen Unterschied zur Referenz darstellt, die viele kleinere Körner aufweist.

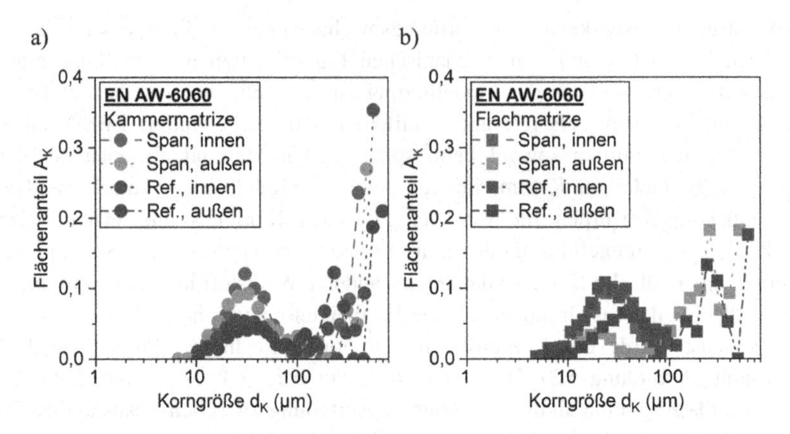

Abbildung 5.2 Histogramme der Korngröße des mittels SPD-basierter Prozessroute wiederverwerteten Materials im Vergleich zur Referenz abhängig von der Matrizenart: Kammermatrize (a), Flachmatrize (b), vgl. [52]

Neben der Bestimmung der Korngröße wurden mittels EBSD-Analyse Aussagen über die Orientierung der Körner und somit über eine potenziell vorhandene Vorzugsorientierung (Textur) getroffen. In Abbildung 5.3 sind die Kornorientierungsverteilungen bezüglich der ND (normal direction)-Richtung [001] als Strangpressrichtung farblich dargestellt. Ergänzt werden diese Abbildungen durch inverse Polfiguren, welche die Häufigkeit aller Kristallausrichtungen bzgl. einer probenfesten Raumausrichtung angeben. Sowohl im spanbasierten Werkstoff als auch in der Referenz richtet sich das Strangpresserzeugnis vorzugsweise in [001] Richtung aus.

Die Körner werden somit parallel in Strangpressrichtung orientiert. Da die Mehrzahl der Körner parallel zur ND-Richtung angeordnet ist, kann von einer Fasertextur gesprochen werden.

Der Vergleich des Profilinneren aus der Kammermatrize hinsichtlich der Kristallausrichtung zeigt hingegen eine überwiegende Orientierung in [111]-Richtung. Hierbei ist eine Abhängigkeit der Orientierung von der Korngröße auszumachen, da die kleineren Körner durch die Kammermatrize in [111]-Richtung ausgerichtet sind, während die großen Körner eine Ausrichtung in Strangpressrichtung [001] aufweisen. Die Ausrichtung kann mit der durch Anwendung der Kammermatrize verbundenen Umlenkung des Werkstoffflusses erklärt werden. Durch die Vereinigung der vier einzelnen Stränge in der Kammermatrize kommt es an den

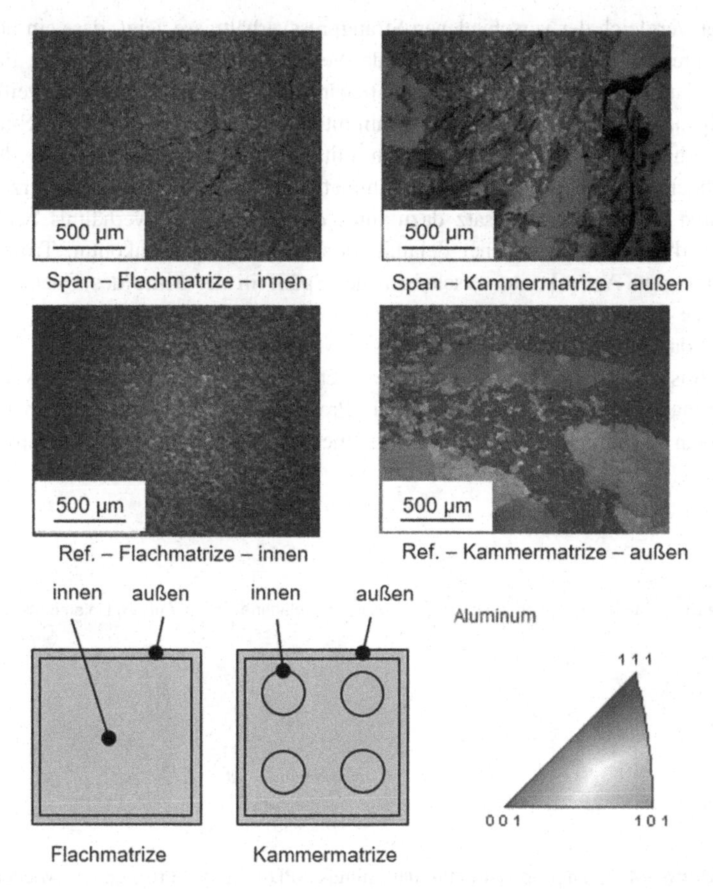

Abbildung 5.3 Kornorientierungen des mittels SPD-basierter Prozessroute wiederverwerteten Materials im Vergleich zur Referenz in Abhängigkeit der Matrize und der Probenposition, vgl. [52]

Fügezonen zu einer dem Werkstofffluss entgegengesetzten Relativbewegung, die aufgrund der hierzu benötigten Energie nur die kleinen Körner erfassen kann. [52]

5.1.1.2 Spanstruktur

Die Spanstruktur wurde auf Basis ungeätzter Querschliffe evaluiert (Abbildung 5.4). Ausgeprägte Delaminationen, die in Form von Rissen sichtbar sind, weisen auf lokale Bereiche mit unzureichender Verschweißung der Späne hin.

Der Vergleich der verschiedenen Strangpressverhältnisse zeigt, dass ein hohes Strangpressverhältnis eine ausreichende Verschweißung der Späne und damit eine delaminationsfreie Mikrostruktur bewirkt. Die Qualität der Verschweißung der Späne in der Mitte der Profile nimmt hierbei mit zunehmendem Strangpressverhältnis ab, sodass bei Proben mit hohem Pressverhältnis und damit verbunden kleinem Durchmesser Delaminationen im Profilinneren zu verzeichnen sind (d16). Im Gegensatz dazu führt das geringe Pressverhältnis bei den Proben d24 und d28 zu einer delaminationsbehafteten Außenkontur. Trotz der delaminierten Außenkontur erscheinen die Späne in der Mitte des Querschliffs teilweise frei von Delaminationen.

Für das Profil mit einem Durchmesser von 20 mm (d20), also einem Pressverhältnis zwischen den vorherig betrachteten Varianten sind deutlich weniger Delaminationen festzustellen, sodass die Prozessparameterkombination über den gesamten Durchmesser zur Ausbildung einer delaminationsarmen Mikrostruktur führt.

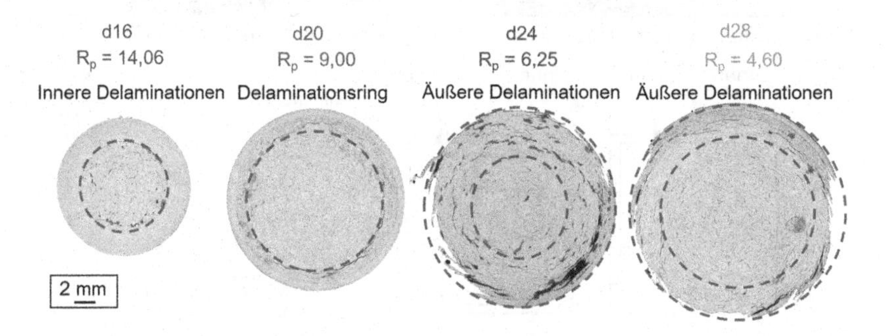

Abbildung 5.4 Spangrenzenstruktur des mittels SPD-basierter Prozessroute wiederverwerteten Materials in Abhängigkeit des Pressverhältnisses

Um den Einfluss des Strangpressverhältnisses auf das Gefüge im Detail zu analysieren, ist die Kenntnis der Verteilung der Spangrenzen von großer Bedeutung. Da Spangrenzen als Mikrodefekte verstanden werden können, ist es zielführend, die Anzahl und Verteilung der Spangrenzen in den verschiedenen Proben zu bewerten und zu vergleichen. Auf diese Weise lassen sich Unterschiede in den mechanischen Eigenschaften einerseits auf mikrostrukturelle Ursachen und andererseits auf mikrodefektbedingte Ursachen aufgrund der Spangrenzen zurückführen, die als Initialschädigung verstanden werden können.

In Abbildung 5.5 ist die Spangrenzendichte, also die Anzahl der Spangrenzen pro Millimeter, für jede Probe über den Abstand von der Probenmitte aufgetragen. Für jede Probe wurden 6 Linien im Abstand von 60° durch den Mittelpunkt der Probe definiert, entlang derer die Spangrenzendichte ausgewertet und gemittelt wurde. Die erkennbare Verteilung ist anhand der Mikrostrukturbilder qualitativ nachvollziehbar. Es ist zu beobachten, dass sich aus der Spanverteilung die Breiten der in Abschnitt 5.1.1.1 beschriebenen Zonen bestimmen lassen, was exemplarisch für Zustand d24 markiert ist. Weiterhin kann der Abstand der Spangrenzen als charakteristischer Indikator für die lokale Dehnung verstanden werden. So deuten kleine Abstände zwischen den Spangrenzen auf hohe lokale Dehnungen hin, während große Abstände weniger starke Verformungen nahelegen. Eine starke Zunahme der Spangrenzendichte ist genau nach dem Übergang von Zone B zu Zone C zu erkennen. Diese Beobachtung deckt sich mit den Ergebnissen der optischen Auswertung (Abbildung 5.1). Der Übergang zu Zone A ist durch eine Abnahme der Spangrenzendichte gekennzeichnet. Darüber hinaus ist zu erkennen, dass die Späne zur Mitte der Probe hin eine deutlich geringere Längung aufweisen. Dies macht sich durch eine geringfügige, stetige Abnahme der Spangrenzendichte zur Mitte hin bemerkbar. Somit lassen sich die Übergänge der Zonen anhand von charakteristischen Auffälligkeiten in der Spangrenzendichte identifizieren.

Mit Hilfe dieser Erkenntnisse kann eine Korrelation der Zonengrenzen mit dem Pressverhältnis realisiert werden. Herausfordernd ist in diesem Zusammenhang die Ablösung der Späne, die die Analyse erschwert. Aus diesem Grund müssen Verteilungen, die nur auf einzelnen analysierten Linien basieren, verwendet werden. Darüber hinaus können die absoluten Werte nur als qualitative Bewertung betrachtet werden, um zwischen den verschiedenen Zonen zu unterscheiden, ohne dass die Verwendung von Barker-geätzten Querschliffen erforderlich wird. Die Analysen zeigen eine Verschiebung der Zonengrenzen bei Zunahme des Pressverhältnisses. Dies wird im Vergleich der Spangrenzenverteilungen der Proben d16 und d28 in Abbildung 5.5 deutlich. Dabei ist zu beachten, dass aufgrund der Ablösung einzelner Späne oder Ungenauigkeiten bei der Messung nicht die volle Größe des Durchmessers der Proben erfasst wird. Bei der Analyse der Verteilung ist festzustellen, dass das erste lokale Maximum der Spangrenzendichte bei der Probe d16 später erreicht wird als bei den größeren Proben. Dies führt aufgrund der kleineren Querschnittsfläche der Probe d16 zu einem größeren Bereich, in dem Spangrenzen kaum oder gar nicht detektiert werden können, sodass von einer Verschiebung der Zone C auszugehen ist. Ebenso wird der entgegengesetzte Verlauf der Verteilungen deutlich.

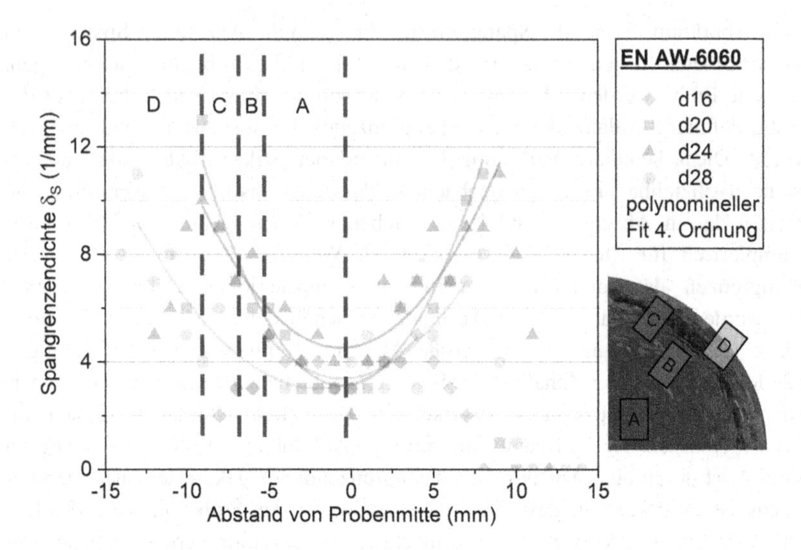

Abbildung 5.5 Spangrenzendichte des mittels SPD-basierter Prozessroute wiederverwerteten Materials in Abhängigkeit der Probenposition

Das höhere Maximum der Probe d28 deutet auf eine ausgeprägte Zone B hin. In der Probe d16 sind die Maxima mit ca. 5 Spangrenzen pro mm so gering, dass der fließende Übergang von Zone B zu Zone C bestätigt werden kann und die Zone B in diesem Profil nur schwach ausgeprägt bzw. nicht nachgewiesen ist. Diese Ergebnisse korrelieren sehr gut mit der an Barker-geätzten Querschliffen ermittelten Kornstruktur, wofür das Fehlen der Zone B bestätigt werden konnte (Abbildung 5.1).

Bei Betrachtung der Ergebnisse für die Querschliffe der Proben d20 und d24 im direkten Vergleich lässt sich selbst bei einem geringen Unterschied im Pressverhältnis eine Verschiebung in der Spangrenzenverteilung feststellen. Das erste lokale Maximum in der Probe d24 wird bei 2–3 mm Randabstand erreicht. Dies deutet auf eine Verschiebung der Zone C hin. Darüber hinaus ist in den äußersten Bereichen der Probe d24 ein stufenweiser Anstieg der Spangrenzendichte zu erkennen, der im Gegensatz zur Probe d20 keine klare Grenze zwischen den Zonen B und C definiert, was auch anhand der Kornstruktur beobachtet werden konnte. Dies deutet zusätzlich auf schwach detektierte Spangrenzen im Randbereich hin, was die Existenz von Spangrenzen in Frage stellt und somit auf eine adäquate Verschweißung der Späne schließen lässt.

Basierend auf der Modellvorstellung nach Cooper und Allwood [79] lässt sich der Prozess der Verbindung zwischen den Grenzflächen in drei Teilschritte untergliedern, die in Abbildung 5.7b dargestellt sind. Zunächst kommt es auf Basis von lokaler Dehnung zu einer Bildung von Rissen in der spröden Oxidschicht, sodass mit zunehmender Dehnung Mikrokavitäten gebildet werden, die durch das Grundmaterial gefüllt werden können, sofern der Mikroextrusionsdruck hierfür ausreicht. Es ist davon auszugehen, dass es analog der Kornstruktur zu deutlichen Unterschieden in Bezug auf die Spangrenzenausbildung kommt, da die Prozessgrößen aufgrund der hohen Umformgrade lokal stark unterschiedlich sind. In Abbildung 5.6 sind rasterelektronenmikroskopische Aufnahmen der Grenzflächen des Zustands d28 in den verschiedenen Zonen dargestellt. Es zeigen sich deutliche Unterschiede in der Ausbildung der Spangrenzflächen zwischen den unterschiedlichen Zonen. In der inneren Zone A ist eine Anhäufung zahlreicher Oxidpartikel zu erkennen. Mikrokavitäten sind demgegenüber nur zu einem geringen Anteil erkennbar. Entsprechend der Modellvorstellung von Cooper und Allwood ist damit davon auszugehen, dass zwar ein hoher Mikroextrusionsdruck vorliegt, sodass entstehende Mikrokavitäten durch plastische Verformung geschlossen werden können, allerdings ist die Dehnung in diesen Bereichen vergleichsweise gering, sodass der Abstand der Partikel ebenfalls gering ist. Nichtsdestotrotz kann der Verbund optisch als gegeben angesehen werden, wenngleich die Güte der Verbindung durch mechanische Untersuchungen noch zu evaluieren ist.

In Bereichen der Scherzone, Abbildung 5.1 entsprechend den Zonen B und C, kann eine Vielzahl von Mikrokavitäten festgestellt werden. Zwischen diesen Mikrokavitäten finden sich kleinere Oxidpartikel wieder, die teilweise in der Grenzfläche, teilweise aber auch innerhalb der Mikrokavitäten lokalisiert sind. Es lässt sich auf Basis des Modells nach Cooper und Allwood schlussfolgern, dass der Mikroextrusionsdruck nicht ausreicht, um die nach dem Aufbruch der Oxidschicht entstehenden Mikrokavitäten durch plastische Verformung zu füllen.

In den äußeren Bereichen, dem Übergang von Zone C zu Zone D, ist keine Materialverbindung gegeben. An beiden Grenzflächen sind Oxidpartikel in geringem Abstand erkennbar, die nur an wenigen Punkten zwischen beiden Fügepartnern verbunden sind. Der geringe Oxidpartikelabstand verbunden mit der ausgebliebenen Verbindung zwischen Oxidpartikeln lässt darauf schließen, dass es während des Strangpressprozesses erst gar nicht zu einer initialen Fügung der Grenzflächen gekommen ist und selbst durch die hohe Dehnung verglichen mit den anderen Zonen größere Kavitäten nicht gefüllt werden können.

Zur Bestimmung der Elementverteilung in den Spangrenzen wurden darüber hinaus EDX-Messungen an einzelnen Oxidpartikeln in den jeweiligen Zonen durchgeführt, die in Abbildung 5.7a dargestellt sind.

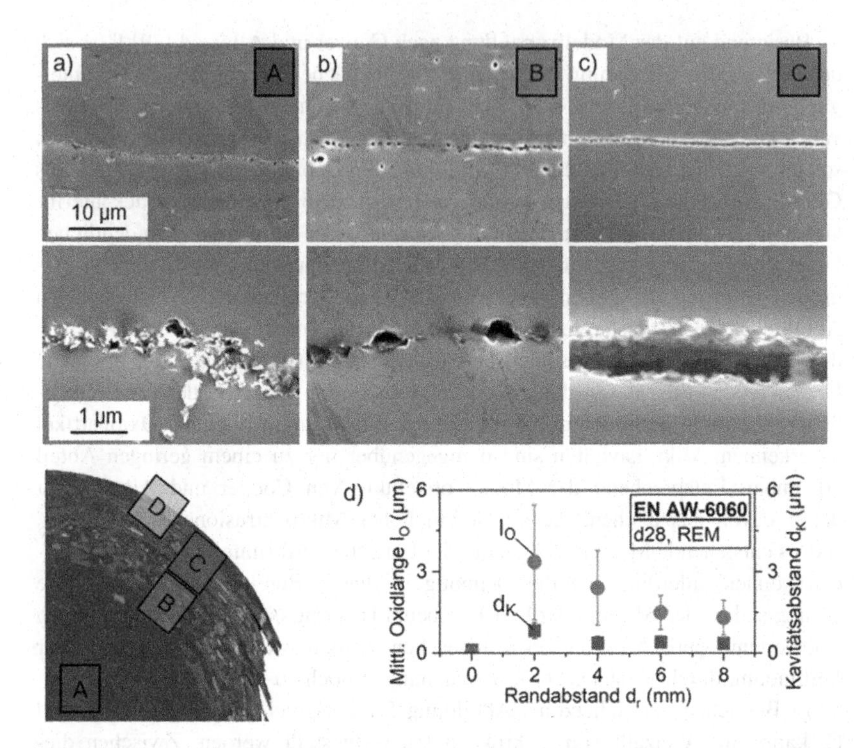

Abbildung 5.6 Ausbildung der Spangrenzen des mittels SPD-basierter Prozessroute wiederverwerteten Materials (d28) in Zone A (a), B (b), C (c) und Korrelation der Oxidlänge mit dem Randabstand (d)

Die Ergebnisse zeigen eine positionsabhängige elementare Zusammensetzung der Spangrenzen. Während in Zone A und C vorwiegend Magnesium enthalten ist, besteht die Spangrenze in Zone B zusätzlich zu einem signifikanten Anteil aus Silizium. In Zone D sind keine Siliziumanteile in den Oxidpartikeln zu verzeichnen.

Die Ergebnisse erklären die Ausprägung eines Rings an Delaminationen im Übergangsbereich zwischen Zone B und C. In diesen Bereichen sind sowohl der hydrostatische Druck, als auch die Dehnung nicht hoch genug, um die jeweils andere Größe zu kompensieren.

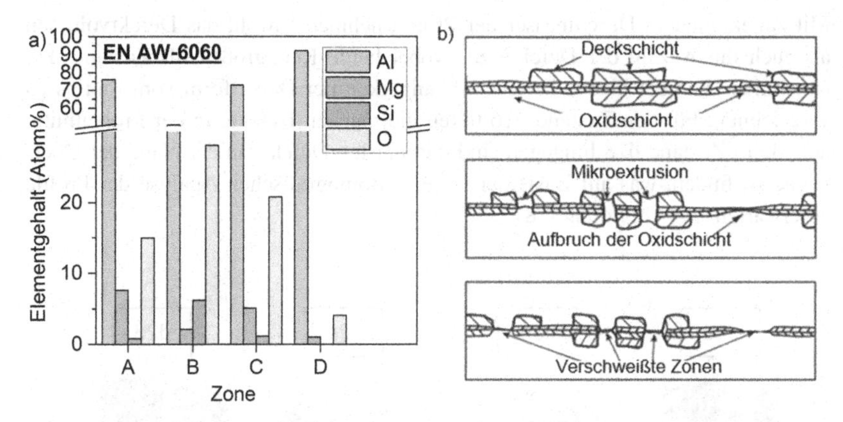

Abbildung 5.7 Elementverteilungen des mittels SPD-basierter Prozessroute wiederverwerteten Materials auf Basis einer EDX-Analyse in den Oxidpartikeln der verschiedenen Zonen (a), Modellvorstellung nach Cooper und Allwood zum Oxidaufbruch (b), [79], übersetzt und adaptiert aus [107][2], vgl. [88]

5.1.1.3 Defektstruktur

Die aus den Computertomografieanalysen ermittelten Volumenrekonstruktionen (Abbildung 5.8) zeigen deutliche Unterschiede in der Defektverteilung der verschiedenen Profile auf. Grundsätzlich können die Beobachtungen der lichtmikroskopischen Analysen bestätigt werden. So zeigen die Profile mit geringem Durchmesser Delaminationen im Profilinneren, während Profile mit größerem Durchmesser oberflächennahe Delaminationen aufweisen, die bereits optisch erkennbar sind. Mit Hilfe der computertomografischen Analysen ist zudem festzustellen, dass die äußeren Delaminationen mit größerem Profildurchmesser deutlich stärker ausgeprägt sind und eine axial verlaufende große Ausdehnung aufweisen, die zu einem das Profil gänzlich durchsetzenden Tunneldefekt für das Profil d28 führt. Die axiale Ausdehnung der Defekte im Randbereich ist für die Proben mit geringem Durchmesser dagegen deutlich weniger ausgeprägt.

Da die Proben für die mechanischen Versuche (d = 7 mm) aus den Profilen gefertigt wurden, sind die Defektverteilungen innerhalb dieser für die Charakterisierung der Einflüsse von Delaminationen von Bedeutung. Die Volumenrekonstruktionen der entsprechenden Proben sind in Tabelle 5.1 dargestellt.

[2] Reprinted from Journal of Materials Processing Technology, Volume 274, F. Kolpak, A. Schulze, C. Dahnke, A.E. Tekkaya, Predicting weld-quality in direct hot extrusion of aluminium chips, 116294, Elsevier (2019), with permission from Elsevier.

Mit zunehmendem Durchmesser der Profile nehmen sowohl das Defektvolumen als auch die Anzahl der Defekte zu, wobei beide Kenngrößen für Zustand d28 abnehmen. Darüber hinaus ist eine Abhängigkeit der Defektform vom Radius zu verzeichnen. Für den Zustand d16 treten die meisten Defekte in der Probenmitte auf. Beim Zustand d28 hingegen sind die meisten Defekte in der Nähe der Oberfläche zu finden, was auf Basis der computertomografischen Analyse der Profile zu erwarten ist (Abbildung 5.8).

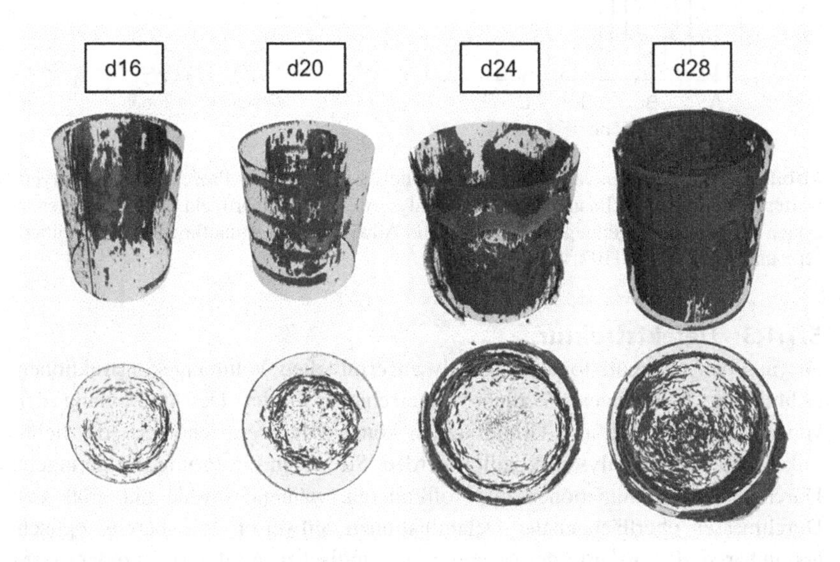

Abbildung 5.8 Defektcharakteristik des mittels SPD-basierter Prozessroute wiederverwerteten Materials in Abhängigkeit des Pressverhältnisses, ausgewertet mittels Computertomografie; oben: 3D-Volumenrekonstruktion, unten: Draufsicht

Beide Ergebnisse korrelieren gut mit der Charakterisierung der Mikrostruktur auf der Grundlage lichtmikroskopischer Aufnahmen (Abbildung 5.1). Bei den Proben d20 und d24 schließlich ist die Defektverteilung hinsichtlich der Lage der Defekte recht homogen. Darüber hinaus hängt die Form der Defekte selbst auch von der Position ab. So sind die oberflächennahen Defekte deutlich gelängt, was auf die höhere Dehnung beim Strangpressen in den oberflächennahen Bereichen zurückzuführen ist.

Tabelle 5.1 Volumenrekonstruktionen der Proben (d = 7 mm) aus mittels SPD-Verfahren wiederverwertetem Material, vgl. [248]

Probe	**1**	**2**	**3**	
Zustand d16			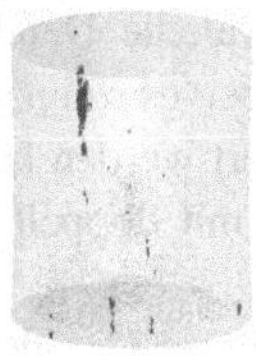	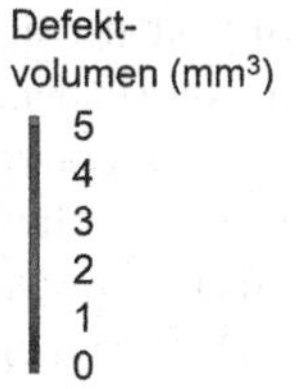 Defekt-volumen (mm^3) 5 4 3 2 1 0
Defektvolumenanteil (%)	0,026	0,175	0,033	
Zustand d20	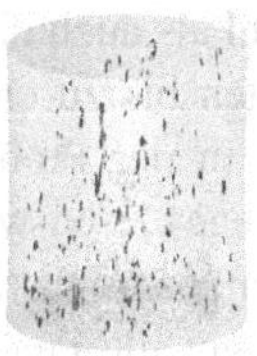	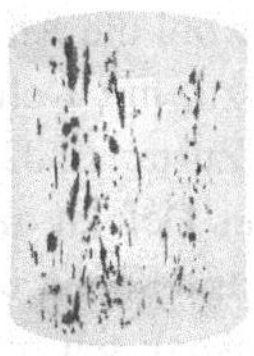	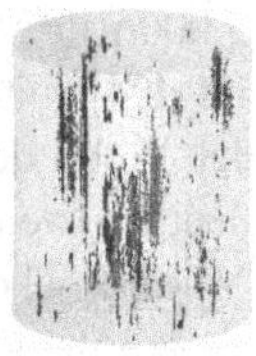	
Defektvolumenanteil (%)	0,018	0,034	0,051	
Zustand d24	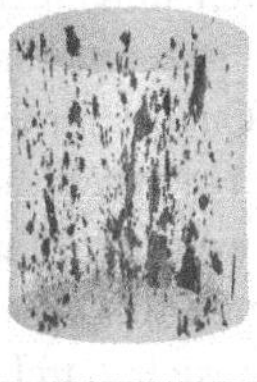			
Defektvolumenanteil (%)	0,228	0,051	0,049	

Dieser Eindruck wird durch Abbildung 5.9a bestätigt. In der Abbildung ist der in dieser Arbeit definierte Längungsfaktor in Abhängigkeit vom Oberflächenabstand für jeden Defekt am Beispiel der Probe d20 aufgetragen. Der Längungsfaktor ist definiert als die projizierte Länge des Defekts in Strangpressrichtung im Verhältnis zum Durchschnitt der projizierten Längen in den beiden anderen Raumrichtungen. Aus dem Diagramm ist ersichtlich, dass die Defekte in den oberflächennahen Bereichen während des Strangpressens stärker gedehnt werden als in den zentralen Bereichen. Um die Eindrücke aus den Volumenrekonstruktionen detaillierter beurteilen zu können, sind in Abbildung 5.9b Histogramme der Defektverteilungen aufgetragen. Bei jeder Probe ist die Anzahl der Defekte über der projizierten Defektfläche aufgetragen. In der Literatur [247] wird oft der äquivalente Defektdurchmesser anstelle der projizierten Defektfläche verwendet, aber es zeigt sich, dass die Verteilung der Defekte durch eine Gerade repräsentiert werden kann, wenn sie über der projizierten Defektfläche in einer Darstellung mit doppelt-logarithmischer Achseneinteilung für alle Proben aufgetragen wird.

Die Steigung dieser Geraden ist für alle Proben identisch. Lediglich die Lage der Geraden unterscheidet sich zwischen den Proben. Die Histogramme bestätigen den Eindruck aus den CT-Rekonstruktionen, nämlich dass die wenigsten Defekte in Zustand d16 enthalten sind. Der größte Defekt hat hier eine projizierte Fläche von etwa 15.000 μm^2. Sowohl die Anzahl als auch die Größe nehmen bei den Proben d20 und d24 weiter zu, mit Defekten bis zu einer Größe von etwa 220.000 μm^2 in der Probe des Zustands d24. In der Probe des Zustands d28 können hingegen deutlich weniger Defekte nachgewiesen werden, was mit dem Eindruck aus den Volumenrekonstruktionen übereinstimmt (Abbildung 5.8).

Insgesamt korrelieren die CT-Analysen sehr gut mit den Mikrostrukturanalysen. Weiterhin kann festgestellt werden, dass bei einem hohen Strangpressverhältnis entsprechend hohe Schweißnahtqualitäten zu erwarten sind, wobei eine vollständige Defektfreiheit auch bei dem größten untersuchten Strangpressverhältnis nicht erreicht werden kann. Es wird auch gezeigt, dass trotz der auf Basis der Gefügebilder als ausreichend empfundenen Qualität erhebliche Defektgrößen und -zahlen auftreten, so dass der Prozess auch bei einem hohen Pressverhältnis von etwa 14 nicht zu einer vollständigen Verschweißung führt. Die Delamination von Spänen an der Oberfläche der Proben d20 und d24 sowie die durchgehende Delamination im Inneren der Probe d16 lassen sich durch die Parameterkombination von Druck und Dehnung erklären. Während, wie auch in Kapitel 2 beschrieben, eine gewisse Dehnung für das Aufbrechen der Oxidschichten unabdingbar ist, wird gleichzeitig ein ausreichender Druck für das Verschweißen der Späne benötigt. Kolpak et al. [107] untersuchten die Entwicklung der Dehnung sowie des hydrostatischen Drucks im Verlauf des Strangpressprozesses. Nach Kolpak et al. muss die Scherspannung einen kritischen Wert überschreiten. Die Scherspannung ist abhängig von der Dicke der Oxidschicht und der Temperatur des Grundmaterials. Ist dieses Kriterium erfüllt, ist der hydrostatische Druck über eine bestimmte Strecke maßgeblich für den Prozesserfolg. Nach Kolpak et al. verläuft diese Strecke vom Punkt des Aufbrechens der Oxidschichten bis

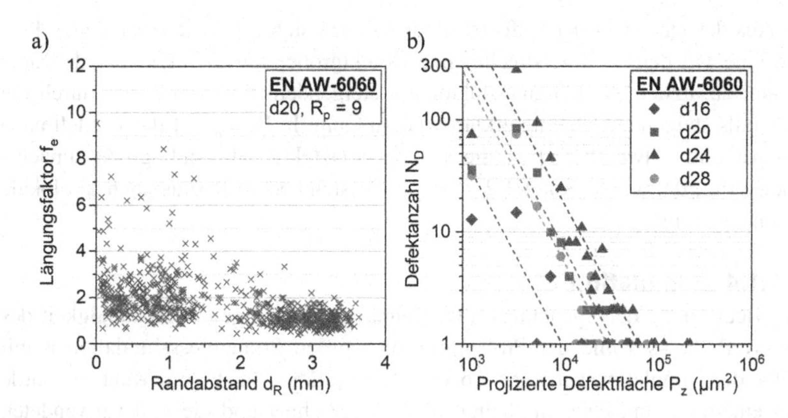

Abbildung 5.9 Übersicht über in der Probe mit Durchmesser d = 20 mm des mittels SPD-basierter Prozessroute wiederverwerteten Materials vorkommende Defekte (a), Defekthistogramme der projizierten Defektfläche abhängig vom Pressverhältnis (b)

zum Austritt aus der Matrize. Der Startpunkt ist also durch das Aufbruchkriterium definiert, der Endpunkt durch den Abfall des hydrostatischen Drucks am Werkzeugausgang. FEM-Simulationen zeigen einen gegenläufigen Verlauf dieser Parameter, sodass zwischen den Grenzen der jeweiligen Erfüllung beider Kriterien das Prozessfenster liegt [107].

Bezogen auf die kritische Scherspannung scheint das Kriterium erfüllt und die Oxidschichten beginnen zu brechen, wie es auch anhand der rasterelektronenmikroskopischen Untersuchungen nachvollzogen werden kann (Abbildung 5.4 und Abbildung 5.6). Außerdem nimmt die Schubspannung in Richtung des Werkzeugaustritts zu. In der Gegenrichtung nimmt jedoch die hydrostatische Spannung in der gleichen Richtung ab. In radialer Richtung des Profils nimmt die Scherspannung nach außen hin zu, während der Druck nach außen hin abnimmt [107]. Diese gegenläufigen Beziehungen erfordern eine optimale Kombination von Parametern für das Verschweißen der Späne. Ist die auftretende Dehnung zu groß, ist die Relativbewegung zwischen zwei Spänen zu groß, als dass der niedrige Druck eine ausreichende Verschweißung während des Strangpressvorgangs gewährleisten könnte, weshalb Delaminationen auftreten.

Aus der Übersicht der Defektstruktur ergeben sich für die verschiedenen Profile eine mit dem Radius zunehmende Defektgröße, sowie Defektanzahl. Dabei nimmt zusätzlich der Längungsfaktor mit steigendem Radius zu, was durch die ebenfalls steigende Dehnung erklärt werden kann. In Bezug auf das Modell nach Cooper und Allwood [79] ist die steigende Defektanzahl und -größe zunächst unerwartet, da, wie in Kapitel 2 gezeigt, mit steigendem Radius auch die lokale Dehnung steigt.

5.1.1.4 Simulation

Zur Beurteilung der Spannungs- und Dehnungsverteilungen in Abhängigkeit des Pressverhältnisses und der Probenposition wurden Strangpresssimulationen mit Hilfe der Simulationssoftware Abaqus durchgeführt. In diesem Kontext wurde mit einem dynamischen impliziten Modell gerechnet und die real verwendeten Strangpresstemperaturen, -geschwindigkeiten und geometrischen Abmessungen verwendet. Für die entsprechenden Werkstoffeigenschaften wurde auf Literaturkennwerte zurückgegriffen [114]. Auf Basis der Simulationen werden im Folgenden die Ergebnisse bzgl. der relevanten betrachteten Größen beispielhaft für Zustand d28 zusammengefasst. Abbildung 5.10 zeigt die logarithmische Dehnung sowie die Hauptscherdehnung, während in Abbildung 5.11 Normalspannung und hydrostatische Spannung dargestellt sind. Es wird deutlich, dass ausgehend von der toten Zone ein Bereich erhöhter Dehnung beim Übergang von der Matrize in den Strang vorliegt. Zusätzlich wird erkannt, dass es sich bei dieser Dehnung vornehmlich um Scherdehnung handelt, sodass entsprechend der Modellvorstellung nach Cooper und Allwood [79] davon auszugehen ist, dass in diesem Bereich der Aufbruch der Oxidschicht durch Scherdeformation erfolgt. Weiterhin wird ersichtlich, dass die Dehnung im Profil nach dem Matrizendurchgang nach innen hin deutlich abnimmt, was die Annahme einer nicht ausreichenden Dehnung in der Profilmitte bestätigt und somit die im Profilinneren auftretenden Delaminationen erklären kann.

Das zweite Kriterium für einen erfolgreichen Aufbruch der Oxidschichten nach Cooper und Allwood [79] betrifft die hydrostatische Spannung, die ausreichend groß sein muss, um die im ersten Schritt entstehenden Mikrokavitäten zu füllen. Es ist erkennbar, dass sich hydrostatische Spannung und Normalspannung entgegengesetzt verhalten. Während die hydrostatische Spannung vor allem im Rezipienten hohe Werte annimmt und in Richtung des Profilaustritts stetig abnimmt, ist dies für die Normalspannung in umgekehrter Weise der Fall. Die höchste hydrostatische Spannung wirkt aufgrund des durch den Rezipienten am Austritt gehinderten Materialflusses in der toten Zone. In den für

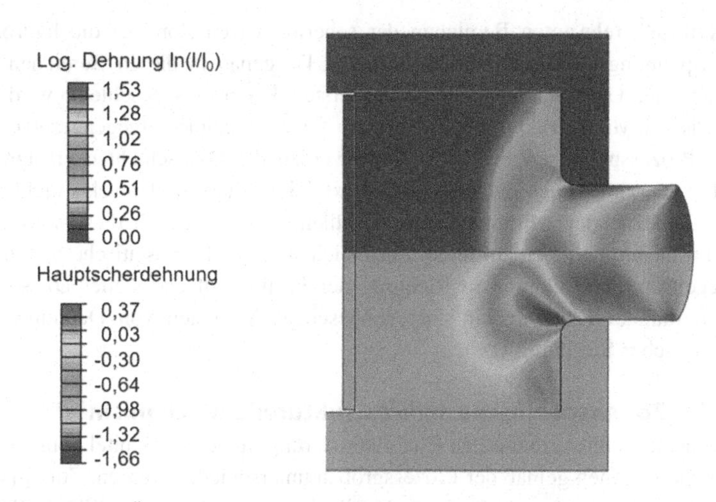

Abbildung 5.10 Übersicht der logarithmischen Dehnung sowie der Hauptscherdehnung während des Strangpressens für Zustand d28 des mittels SPD-basierter Prozessroute wiederverwerteten Materials

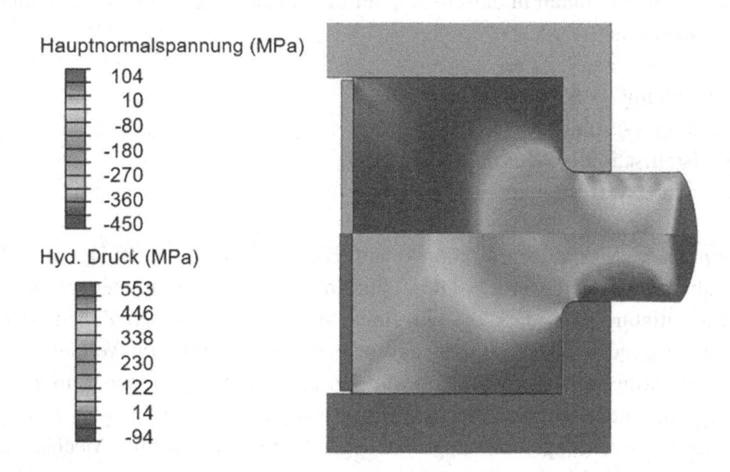

Abbildung 5.11 Übersicht der Normalspannung sowie des hydrostatischen Drucks während des Strangpressens für Zustand d28 des mittels SPD-basierter Prozessroute wiederverwerteten Materials

den Aufbruch relevanten Bereichen der scherintensiven Zone ist die hydrostatische Spannung hingegen deutlich geringer. Da genau in diesen Bereichen der Aufbruch der Oxidschichten gemäß des ersten Kriteriums geschieht, wird die auf Basis der Mikrostrukturaufnahmen getroffene Annahme entgegengesetzt wirkender Prozessparameter bestätigt. Zwar werden die Oxidschichten erfolgreich aufgebrochen, allerdings reicht der Mikroextrusionsdruck stellenweise nicht aus, um die entstehenden Mikrokavitäten zu füllen, sodass auch in diesem Bereich vermehrt Delaminationen auftreten. Zusätzlich sinkt die hydrostatische Spannung im Gegensatz zur Dehnung in Richtung der Profiloberfläche weiter ab, sodass auch in radialer Richtung ein entgegengesetztes Verhalten von Dehnung und hydrostatischer Spannung vorliegt.

5.1.1.5 Zonenspezifische mikrostrukturelle Mechanismen

Auf Basis der mikrostrukturellen Charakterisierung in diesem Kapitel können vier verschiedene Zonen gemäß der Prozessgrößen unterschieden werden. Zur Quantifizierung der Einflüsse verschiedener Mechanismen wurden der EBSD-Analysen Kennzahlen ausgewertet, die mit den auftretenden Mechanismen korreliert werden können. Folgende Mechanismen und diese betreffende Messgrößen zur Quantifizierung konnten in diesem Kapitel identifiziert und den unterschiedlichen Zonen zugeordnet werden:

- Kornfeinung → Korngröße
- Erholung → Anteil KWKG
- Rekristallisation → Kornfehlorientierung
- Versetzungsverfestigung → Versetzungsdichte

Die einzelnen Mechanismen können auf Basis der mittels EBSD ermittelten Kennzahlen analysiert werden. Diese sind in Tabelle 5.2 zusammengefasst. Zur Berücksichtigung, wie stark die einzelnen Mechanismen in den Zonen wirken, wird im Folgenden die Änderung der entsprechenden Größe im Verhältnis zum jeweiligen Mittelwert der Größe in allen Zonen als Maß für den Einfluss des jeweilig zugrundeliegenden Mechanismus verwendet. Hat ein Faktor z. B. die Maßzahl 2, so verdoppelt der zugrundeliegende mikrostrukturelle Mechanismus den entsprechenden Kennwert verglichen zum Mittelwert. Die Auswertung dieser Mechanismen ist in Abbildung 5.12 dargestellt. Es wird deutlich erkennbar, dass durch den Strangpressprozess vor allem der Mechanismus der Kornfeinung wirkt, bevorzugt in Zone C, wo es zu geometrisch dynamischer Rekristallisation gekommen ist. Damit verbunden ist, trotz signifikanter Erholung, aber auch eine hohe Versetzungsdichte, da es in diesem Bereich zu starker Scherverformung kommt.

Zwar ist diese auch in Zone D sehr hoch, jedoch kommt es hier aufgrund der hohen Temperatur zu starker Rekristallisation, sodass die Verfestigung abgebaut wird.

Tabelle 5.2 Mittels EBSD bestimmte Kennzahlen zur Separierung auftretender Mechanismen am Beispiel der Probe d28

	Zone A	Zone B	Zone C	Zone D
Korngröße (μm)	36,1	297,1	24,2	389,1
Anteil KWKG	0,56	0,54	0,68	0,39
Kornfehlorientierung (grd)	1,76	0,74	1,80	0,83
Versetzungsdichte ($10^{12}/m^2$)	8,98	6,02	12,51	3,54

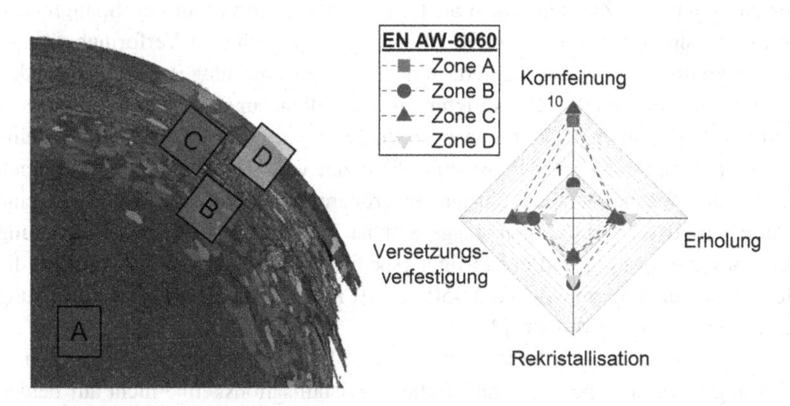

Abbildung 5.12 Wirksamkeit der mikrostrukturellen Mechanismen des mittels SPD-basierter Prozessroute wiederverwerteten Materials in den verschiedenen Zonen auf Basis von EBSD-Auswertungen, logarithmische Skalierung

5.1.2 FAST-basierte Prozessroute

5.1.2.1 Kornstruktur

Die Charakterisierung der Kornstruktur erfolgt analog den mittels SPD-basierter Prozessroute gefertigten Profilen anhand von lichtmikroskopischen Aufnahmen von Barker-geätzten Querschliffen. Dazu werden zunächst die Sinterlinge betrachtet, um den Einfluss von Sintertemperatur und -zeit auf die Kornstruktur sowie die Ausbildung von Spangrenzen zu analysieren. Hierzu werden die Zustände 400 °C, 5 min (Sintertemperatur, Sinterzeit), 450 °C, 10 min und 500 °C, 30 min betrachtet.

Hinsichtlich der in Abbildung 5.13 dargestellten Mikrostruktur lassen sich deutliche Unterschiede zwischen den untersuchten Zuständen feststellen. Zum einen ist die Sichtbarkeit der Spangrenzen für die geringste Sintertemperatur von 400 °C am höchsten (Abbildung 5.13a), gefolgt von den bei 450 °C für 10 min (Abbildung 5.13b) und bei 500 °C für 30 min gesinterten Zuständen, was auf die stärkere Diffusion mit zunehmender Temperatur und Zeit zurückzuführen ist. Die Kornstruktur unterscheidet sich insbesondere entlang der Spangrenzen. Während im Zustand 400 °C, 5 min vor allem kleinere Körner in der Mitte der Späne und größere Körner an den Spangrenzen zu finden sind, die auch eine Verformung zeigen, sind für den Zustand 450 °C, 10 min noch kleinere Körner auszumachen. Zwar kommen auch hier größere Körner an den Spangrenzen vor, diese sind aber weniger in Richtung der ursprünglichen Verformungsstruktur innerhalb der Späne orientiert, sondern haben eine entgegengesetzt zu den Spangrenzen orientierte Kornstruktur, die vor allem an den Tripelspangrenzen, also den Verbindungspunkten zwischen drei Spänen, zu beobachten ist. Für eine Sintertemperatur von 500 °C und eine Sinterzeit von 30 min treten im Vergleich zu den anderen betrachteten Zuständen größere Körner auf, die allerdings eine deutlich rundere Form zeigen. Insgesamt ist hier nur eine leichte Orientierung der Kornstruktur aufgrund der fertigungsbedingten Verformung zu erkennen, die sich jedoch analog zum Zustand 450 °C, 10 min in entgegengesetzter Richtung zu den Spangrenzen verhält. [249]

Diese Beobachtungen lassen sich mit dem Phänomen der Rekristallisation in Einklang bringen. Einerseits können die Rekristallisationskeime nicht auf beiden Seiten der Spangrenzen wirken, da insbesondere für die geringeren Sintertemperaturen unvollständig verbundene Späne zu erwarten sind. Da für den Zustand 400 °C, 5 min in der Spanmitte jeweils noch die ursprüngliche Mikrostrukture des Fräsprozesses erkennbar ist, kann davon ausgegangen werden, dass kein signifikantes Rekristallisationsphänomen zum Tragen gekommen ist. Für den Zustand 450 °C, 10 min sind die Spangrenzen vom optischen Eindruck bereits stärker verbunden, sodass in den Spangrenzen vorhandene Oxide als Rekristallisationskeime dienen können. Aufgrund der starken Verformung während der Fräsbearbeitung sind im Inneren noch viele Rekristallisationskeime vorhanden und die Rekristallisation ist stärker ausgeprägt. Da der Prozess bereits nach 10 Minuten gestoppt wird, ist das Kornwachstum begrenzt, weshalb die Körner vergleichsweise klein bleiben. Die ursprüngliche Textur der Späne ist bereits weitgehend abgebaut worden. Für die höchste Sintertemperatur von 500 °C ist das Wachstum der Körner entsprechend verstärkt. Da zudem die Bindung der einzelnen Späne am stärksten ausgeprägt ist, was an den eingeschränkt sichtbaren Spangrenzen festgemacht wird, gibt es zusätzliche Rekristallisationskeime durch die Spangrenzen. Dies wird dadurch verdeutlicht, dass insbesondere an den Spangrenzen sehr kleine Körner auftreten, die von Oxiden begrenzt werden, sodass die Oxide offenbar ein Kornwachstum verhindern. [249]

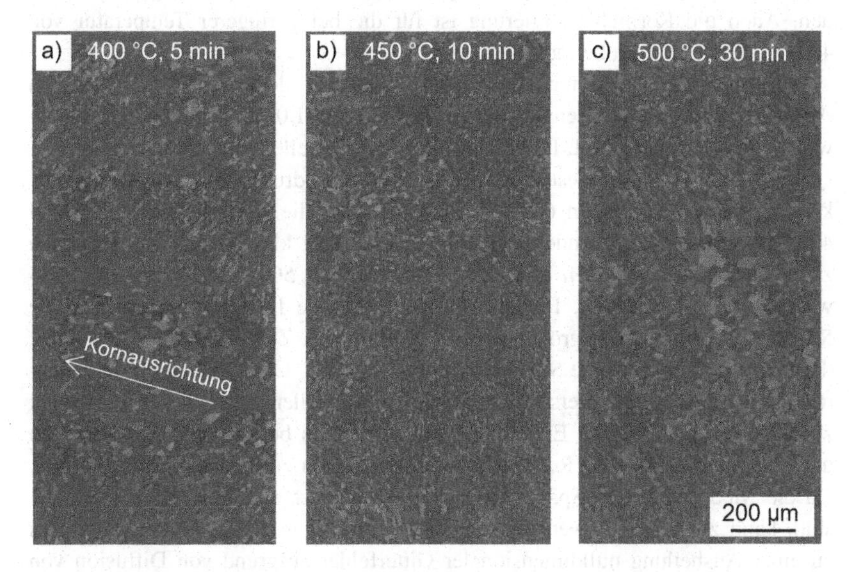

Abbildung 5.13 Mikrostruktur mittels FAST-basierter Prozessroute hergestellter Sinterlinge in Abhängigkeit von Sinterzeit und Sintertemperatur, nach Barker geätzte Querschliffe, vgl. [249]

Zur näheren Analyse der Kornstruktur wurden alle 9 Zustände (400 °C, 450 °C, 500 °C Sintertemperatur und jeweils 5 min, 10 min und 30 min Sinterzeit) EBSD-Analysen unterzogen. Exemplarische Aufnahmen, die hinsichtlich der inversen Polfigur (IPF), der mittleren Kornfehlorientierung (GAM) sowie der Korngrenzenfehlorientierung ausgegeben wurden, sind in Abbildung 5.14 zusammengefasst. Es zeigt sich dabei, dass es, unabhängig von der Sintertemperatur bzw. Sinterzeit nicht zu einer Rekristallisation über die Spangrenzen hinweg kommt. Die Annahmen in der Literatur bezogen auf die Rekristallisationstheorie, denen zufolge eine Verbindung zwischen den Grenzflächen nur bei gleicher Kristallausrichtung stattfinden kann [79,91], sodass eine Energiebarriere durch geringfügige plastische Verformung überwunden werden muss, können daher für diesen Wiederverwertungsprozess widerlegt werden.

Neben den deutlichen Differenzen in der Korngröße zeigt sich in den EBSD-Aufnahmen vor allem ein Unterschied bezogen auf die Korngrenzenausbildung. Während bei einer Sintertemperatur von 400 °C vermehrt KWKG detektierbar sind, können diese bei einer Sintertemperatur von 500 °C kaum ausgemacht werden. Auch die Kornfehlorientierung ist für die bei geringerer Temperatur von 400 °C gesinterten Proben geringer.

Zur genaueren Charakterisierung wurde zunächst die Korngröße anhand von Aufnahmen an Spangrenzen mit einem Bildfeld von 1.000 μm und einer Schrittweite von 1 μm bestimmt. Die Korngröße ist in Tabelle 5.3 zusammengefasst.

Die EBSD-Analysen bestätigen den optischen Eindruck auf Basis der lichtmikroskopischen Aufnahmen (Abbildung 5.13), dass die Körner für den Zustand 450 °C, 10 min insbesondere an den Spangrenzen kleiner sind im Vergleich zu den anderen Zuständen und es für den Zustand 500 °C, 30 min zu Kornwachstum gekommen ist. Für die übrigen Zustände lässt sich zunächst keine Regelmäßigkeit der Korngrößenausbildung erkennen. Zu verzeichnen ist jedoch, dass insbesondere für eine Sintertemperatur von 450 °C verglichen zu den anderen Temperaturen besonders kleine Körner festzustellen sind. Dies widerspricht zunächst der allgemeinen Erkenntnis, der zufolge es bei höheren Temperaturen und Zeiten aufgrund von Rekristallisationsvorgängen zu Kornwachstum kommt. Da die wiederverwerten Späne durch den Fräsprozess allerdings stark verfestigt sind, kann zunächst die Versetzungsdichte reduziert werden. Hierbei kommt es zu einer Ausheilung nulldimensionaler Gitterfehler aufgrund von Diffusion von Zwischengitteratomen in Leerstellen. Versetzungen heilen sich durch Annihilation aus. Weiterhin kommt es zur Umordnung von Versetzungsstrukturen und Klettern von Versetzungen, wenn sich Leerstellen oder Zwischengitteratome in die Gitterhalbebenen einlagern [2]. Die Umlagerung erfolgt in eine energetisch günstigere Position, wodurch sich Kleinwinkelkorngrenzen durch Polygonisation mit niedrigen Versetzungsdichten und versetzungsreiche Strukturen außerhalb dieser bilden. Dabei entstehen durch die Versetzungsstrukturen neue, kleinere Körner mit geringerer Fehlorientierung, was zu einer Reduktion der Gesamtenergie führt.

Insbesondere bei behinderter Korngrenzenbewegung kommt es auch zur Bildung von GWKG. Aufgrund der vor allem an den Spangrenzen auftretenden kleinen Körner ist davon auszugehen, dass neben der Wirkung von Spangrenzenoxiden als Rekristallisationskeim eine Behinderung der Korngrenzenbewegung

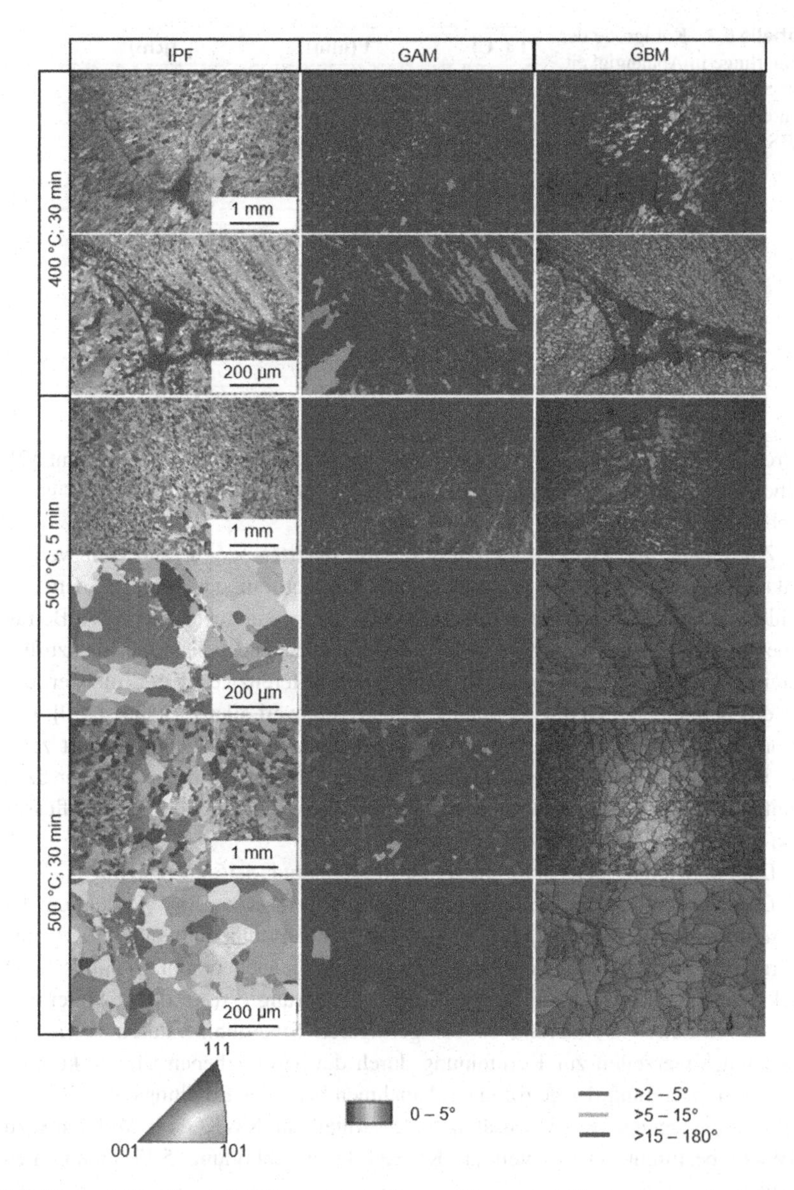

Abbildung 5.14 Durch EBSD ermittelte Kornstruktur und -fehlorientierung (in grd) der mittels FAST-basierter Prozessroute hergestellten Sinterlinge in Abhängigkeit von Sintertemperatur und Sinterzeit

Tabelle 5.3 Korngröße der Sinterlinge in Abhängigkeit der Sintertemperatur und Sinterzeit, ermittelt mittels EBSD

T (°C)	t (min)	d_k (μm)
400	5	110,0 ± 33,2
	10	140,1 ± 32,9
	30	54,4 ± 14,4
450	5	45,1 ± 20,2
	10	74,2 ± 26,0
	30	59,7 ± 26,9
500	5	160,9 ± 53,2
	10	82,9 ± 46,9
	30	82,5 ± 42,1

durch die Spangrenzen erfolgt, sodass es zur Bildung von GWKG kommt [2]. Eine Übersicht der Verteilung von Kornfehlorientierung und Korngröße ist in Abbildung 5.16 dargestellt.

Zur separierten Analyse der Wirkung von Sintertemperatur und -zeit werden Faktoreffekte bestimmt. Faktoreffekte beziehen sich auf den Einfluss, den verschiedene Faktoren auf eine bestimmte Größe haben und geben damit den Betrag einer Werteänderung an, der allein auf den entsprechenden Faktor zurückzuführen ist. Die Faktoreffekte entsprechen damit der Differenz aus dem Mittelwert des jeweils betrachteten Faktors und dem Gesamtmittelwert aller Zustände [250]. Die Spannweite als Differenz zwischen dem größten und dem kleinsten Wert zeigt an, in welchem Maße der entsprechende Faktor durch die Sintertemperatur bzw. -zeit variiert wird. Durch Normierung ist ein Vergleich der Größe des Einflusses von Sintertemperatur und -zeit möglich.

Die Auswertung der Faktoreffekte ist in Abbildung 5.15 dargestellt.

Es wird deutlich, dass eine höhere Sintertemperatur zu einer Reduktion der Korngröße führt, während die Erhöhung der Sintertemperatur auf 450 °C die Korngröße ebenfalls reduziert, bei 500 °C dann jedoch erhöht. Somit scheint Rekristallisation mit einhergehender Kornvergröberung erst ab dieser Sintertemperatur aufzutreten, während es bei geringeren Sintertemperaturen sowie bei erhöhten Sinterzeiten zur Kornfeinung durch die beschriebenen Effekte kommt. Zwecks Bestätigung der getroffenen Annahmen bzgl. der Erholungs- und Rekristallisationsvorgänge wurde zusätzlich der Anteil an KWKG im Verhältnis zu GWKG bestimmt. Der Anteil an KWKG kann Abbildung 5.17 entnommen werden.

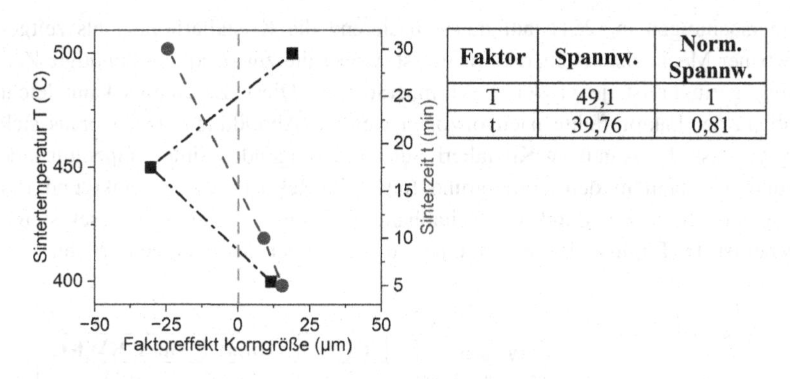

Faktor	Spannw.	Norm. Spannw.
T	49,1	1
t	39,76	0,81

Abbildung 5.15 Faktoreffekt von Sintertemperatur und -zeit der mittels FAST-basierter Prozessroute hergestellten Sinterlinge bezogen auf die Korngröße

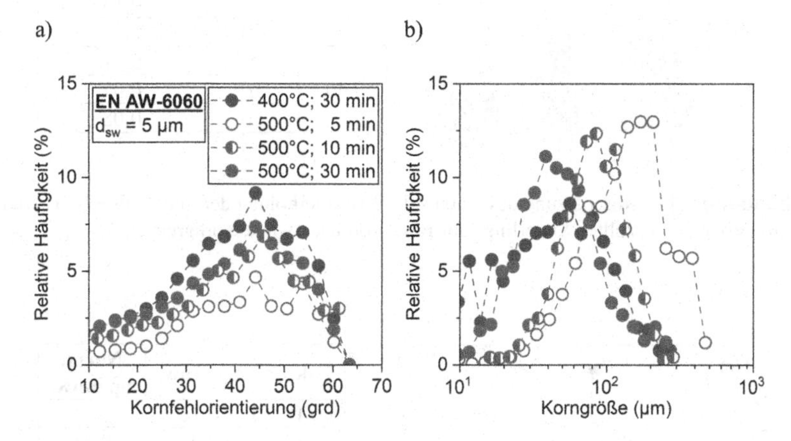

Abbildung 5.16 Histogramme der Kornfehlorientierung (a) und Korngröße (b) der mittels FAST-basierter Prozessroute hergestellten Sinterlinge in Abhängigkeit von Sintertemperatur und -zeit

Es zeigt sich, dass mit steigender Sinterzeit größere Anteile an Kristallerholung auftreten, während die Anteile mit steigender Sintertemperatur abnehmen. So ist für eine Sintertemperatur von 400 °C und eine Sinterzeit von 30 min der höchste Anteil an KWKG festzustellen, woraus geschlossen werden kann, dass der Mechanismus der Kristallerholung zeitgetrieben ist. Dies deckt sich mit den

Untersuchungen in [251], auf denen basierend die Kristallerholung als zeitgetriebener Mechanismus charakterisiert ist, wobei die zur Erholung benötigte Zeit umso geringer ist, je größer die Temperatur ist. Diese Erkenntnis kann leicht anhand der Faktoreffekte nachvollzogen werden (Abbildung 5.18), woraus sich ergibt, dass der Anteil an Kristallerholung mit steigender Sintertemperatur aufgrund der dann in den Vordergrund tretenden Rekristallisation sinkt und mit steigender Sinterzeit durch die Zeitabhängigkeit des Erholungsprozesses steigt. Dabei ist der Einfluss der Sintertemperatur gegenüber der Sinterzeit erhöht.

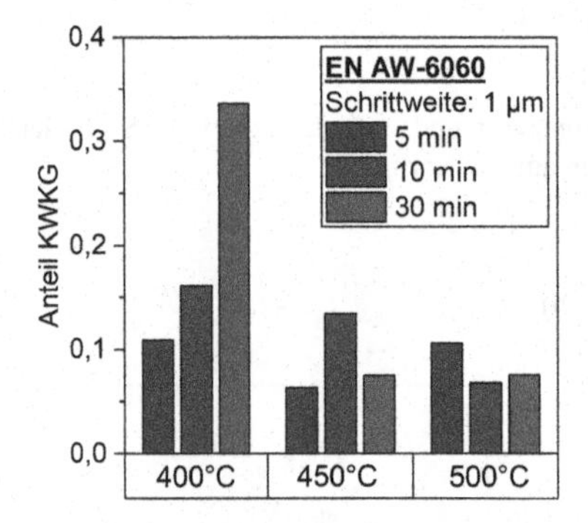

T (°C)	t (min)	Anteil KWKG
400	5	0,11
	10	0,16
	30	0,34
450	5	0,06
	10	0,13
	30	0,07
500	5	0,11
	10	0,07
	30	0,08

Abbildung 5.17 Abschätzung des Anteils der Kristallerholung der mittels FAST-basierter Prozessroute hergestellten Sinterlinge auf Basis von Kleinwinkelkorngrenzen

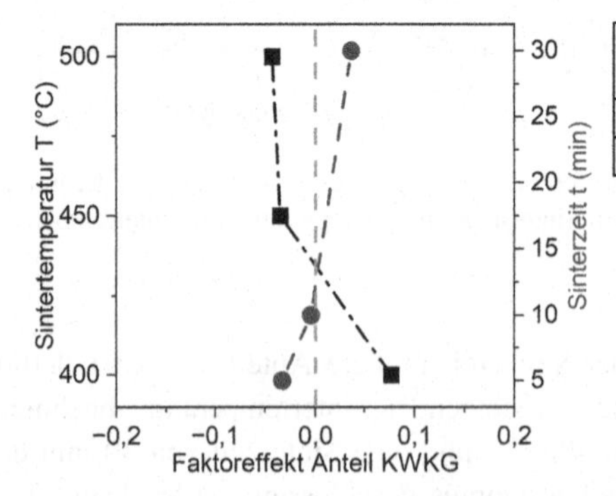

Faktor	Spannw.	Norm. Spannw.
T	0,12	1
t	0,07	0,58

Abbildung 5.18 Faktoreffekt von Sintertemperatur und -zeit der mittels FAST-basierter Prozessroute hergestellten Sinterlinge bezogen auf den Anteil an Kleinwinkelkorngrenzen

Neben der Kristallerholung ist analog der SPD-basierten Wiederverwertungsroute die Verfestigung von Relevanz. Während bei ersterer vor allem dynamische Verformungsvorgänge zu einem ständigen Auf- und Abbau von Versetzungen führen, so sind im Falle der FAST-basierten Wiederverwertungsroute vor allem initiale Verfestigungsvorgänge in den Spänen relevant. Zwar sorgt eine erhöhte Temperatur für einen raschen Abbau von eventuell vorhandener Verfestigung, allerdings ist der Abbau von Versetzungen sowohl zeit-, als auch temperaturgetrieben [2], sodass der Vergleich der Versetzungskinetik zwischen den betrachteten Zuständen von Relevanz ist.

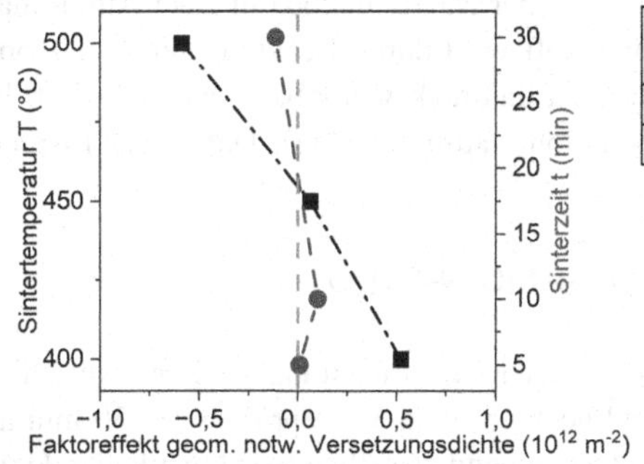

Faktor	Spannw.	Norm. Spannw.
T	1,11	1
t	0,21	0,19

Abbildung 5.19 Faktoreffekt von Sintertemperatur und -zeit der mittels FAST-basierter Prozessroute hergestellten Sinterlinge bezogen auf über EBSD abgeschätzte geometrisch notwendige Versetzungsdichte

Die ausgewerteten Faktoreffekte (Abbildung 5.19) ergeben einen starken Sintertemperatureinfluss, allerdings nur einen geringeren Einfluss der Sinterzeit. Wie zu erwarten führt eine höhere Sintertemperatur zu einem Abbau von initial durch Verformung eingebrachten Versetzungen und damit zu einer Reduktion der Versetzungsdichte.

5.1.2.2 Spangrenzenstruktur

Die Spangrenzen als Verbindungsstelle zwischen den Spänen sind für die Leistungsfähigkeit der Halbzeuge von großer Relevanz, weshalb diese detailliert untersucht werden. Während des Sinterns werden die Späne einer komplexen Beanspruchung ausgesetzt. Durch die Verringerung der relativen Dichte von 0,81 nach dem Vorkompaktieren auf Werte > 0,99 wirken zwangsweise lokale Dehnungen auf die Spangrenzen. Um zunächst zu untersuchen, inwiefern zusätzliche Dehnung die Ausbildung der Spangrenzen verändert, wurden die Grenzflächen von Diffusionsproben untersucht (s. Kapitel 4), die aus zwei Zylindern aus Referenzmaterial bestehen und in der Sinterpresse gefügt wurden. Im Gegensatz zum Sintern von Spänen kann auf diese Weise ausgeschlossen werden, dass die Proben während des Sinterns Dehnung erfahren. Neben der Charakterisierung dieser Grenzflächen wurden unterschiedliche Fügestrategien analysiert, um die Auswirkungen der Atmosphäre ebenso wie die Werkstoffzusammensetzung und die Veränderung der Oxidschicht zu bewerten.

Zur genaueren Analyse der Ausbildung des Verbunds zwischen den Spänen werden im Folgenden rasterelektronenmikroskopische Aufnahmen der Spangrenzen bei den Diffusionsproben betrachtet. Zum Ausschluss des Sauerstoffs wurden die Aluminiumzylinder sauerstofffrei in einer Handschuhbox in einer Atmosphäre aus Monosilan geschliffen. Der Sauerstoff wird durch Reaktion mit dem Monosilan gänzlich entfernt und auf einen Partialdruck von $<10^{-15}$ bar reduziert, bei welchem keine signifikante Neuoxidation stattfindet [252]. Dabei tritt folgende Reaktion auf:

$$SiH_4 + 2\,O_2 \rightarrow SiO_2 + 2\,H_2O$$

Weiterhin wurden die Auswirkungen einer gewachsenen natürlichen Oxidschicht untersucht, indem die Aluminiumzylinder vor dem Sinterprozess für 30 min auf 300 °C erwärmt wurden, sodass entsprechend der Reaktionskinetik der Oxidschicht ein Wachstum dieser zu erwarten ist. Beide Varianten wurden mit der Grenzfläche der natürlichen Oxidschicht der Aluminiumzylinder verglichen. Alle Varianten wurden bei einer Temperatur von 500 °C für 5 min gesintert.

Die rasterelektronenmikroskopischen Aufnahmen sind in Abbildung 5.20 dargestellt. Die jeweilige Markierung kennzeichnet Stellen einer EDX-Punktanalyse. Die Ergebnisse dieser können Tabelle 5.4 entnommen werden.

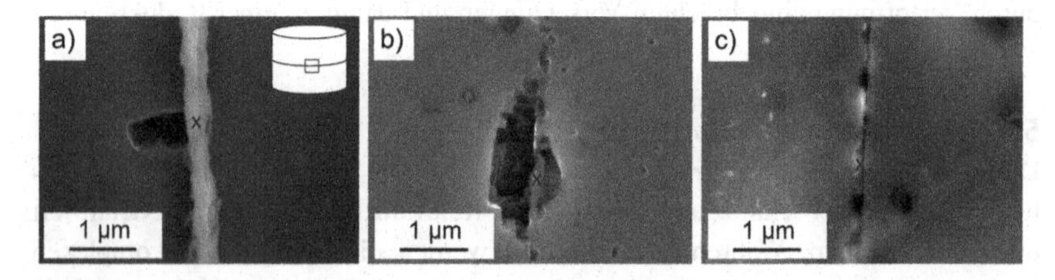

Abbildung 5.20 Detailaufnahmen der Grenzflächen in gefügten Diffusionsproben unter Silanatmosphäre (a), mit gewachsener Oxidschicht (b), mit natürlicher Oxidschicht (c), (Markierung entspricht der Position der EDX-Analyse)

Die Untersuchungen ergeben für die sauerstofffrei gefertigten Proben eine stark gewachsene Oxidschicht mit einer Dicke von ca. 300 nm. Die EDX-Analyse legt hierbei nahe, dass die Schicht aus Siliziumdioxid (SiO_2) besteht, sodass davon ausgegangen werden muss, dass sich das bei der Entfernung des Sauerstoffs gebildete SiO_2 auf der Oberfläche der Aluminiumzylinder abgesetzt hat. Es ist zu berücksichtigen, dass sich die Analyse nicht für Rückschlüsse auf das Verhalten einer oxidfreien Grenzfläche eignet. Für die durch Ofenbehandlung gewachsene Oxidschicht ergibt sich eine von Mikrokavitäten geprägte Grenzfläche, wobei die Oxidschicht auch in den Kavitäten stabil zu sein scheint. Die EDX-Analyse ergibt eine Beteiligung von Si- und Mg-Oxiden, wobei der Anteil an Si-Oxiden überwiegt. Für die natürliche Oxidschicht bilden sich verglichen mit der gewachsenen Oxidschicht kleinere Mikrokavitäten. Die Oxidschicht ist von Oxidpartikeln unterbrochen, wobei der EDX-Analyse zufolge vor allem Mg beim Aufbruch beteiligt ist.

Tabelle 5.4 Mittels EDX-Analyse ermittelte Zusammensetzung der Grenzfläche (Angaben in Atom%)

	Al	**O**	**Mg**	**Si**
Sauerstofffrei	50,89	21,85	1,82	11,65
Gewachsene Oxidschicht	72,34	15,65	3,21	5,32
Natürliche Oxidschicht	80,50	11,43	5,83	2,96

Die Grenzflächenausbildung an spanbasiertem Material ist im Vergleich zu den Grenzflächen der Diffusionsproben Besonderheiten unterworfen. Aufgrund der unbestimmten Geometrie der Späne sind zusätzliche verformungsbedingte Einflüsse zu berücksichtigen, da die Späne zur Bildung eines Verbunds plastisch umgeformt werden müssen, um die geometriebedingten Lücken zwischen den Spänen zu schließen, wozu ein ausreichend hoher Druck benötigt wird. Insbesondere an den Tripelspangrenzen, also der Verbindungsstelle zwischen drei Spänen kommt es aufgrund der notwendigen Kompression der zwischen den Spänen vorhandenen Lufteinschlüsse zu einer erhöhten notwendigen Kraft. Die rasterelektronenmikroskopischen Aufnahmen in Abbildung 5.21 bzw. Abbildung 5.22 zeigen die Unterschiede in der Ausbildung der Tripelspangrenzen auf. Bei einer geringen Sintertemperatur von 400 °C reicht der Druck durch die hiermit verbundene erhöhte Fließspannung des Aluminiums nicht zur vollständigen Schließung der Hohlräume an den Tripelspangrenzen aus, sodass sich Defekte an diesen ausbilden. Bei einer erhöhten Sintertemperatur von 500 °C ist der Druck von 80 MPa offenbar ausreichend, um ein Schließen der Hohlräume zu gewährleisten.

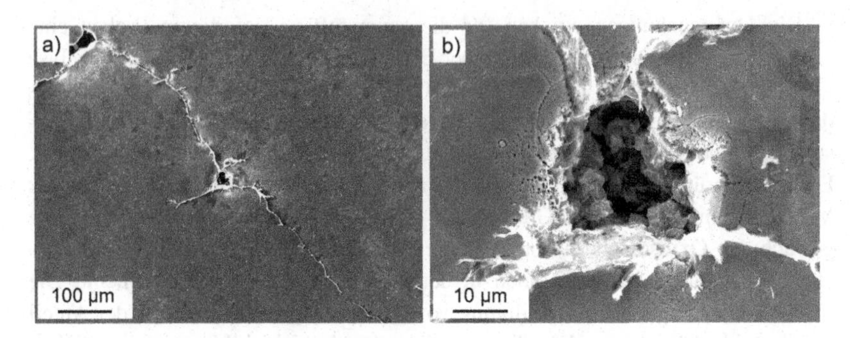

Abbildung 5.21 Unzureichende Ausbildung von Tripelgrenzflächen der mittels FAST-basierter Prozessroute hergestellten Sinterlinge bei einer Sintertemperatur von 400 °C (30 min Sinterzeit, 80 MPa Sinterdruck): Übersichtsaufnahme (a), Detailaufnahme (b)

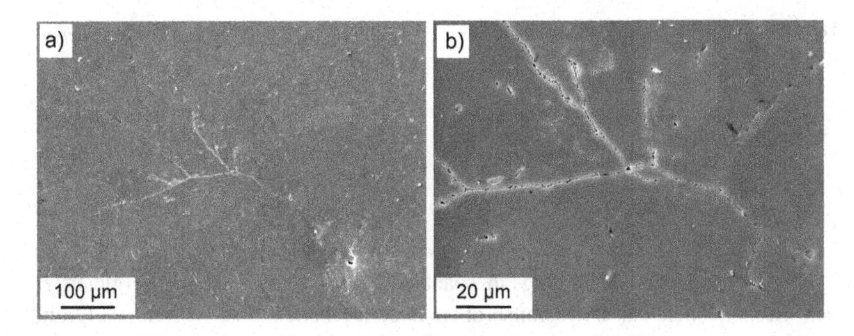

Abbildung 5.22 Adäquate Ausbildung von Tripelgrenzflächen der mittels FAST-basierter Prozessroute hergestellten Sinterlinge bei einer Sintertemperatur von 500 °C (30 min Sinterzeit, 80 MPa Sinterdruck): Übersichtsaufnahme (a), Detailaufnahme (b)

Neben der Ausbildung der Tripelspangrenzen ist auch die Struktur der Spangrenzen selbst für die Beurteilung der Leistungsfähigkeit der Halbzeuge von Relevanz. Die Ausbildung dieser kann den rasterelektronenmikroskopischen Aufnahmen in Abbildung 5.23 für eine Sintertemperatur von 400 °C und in Abbildung 5.24 für eine Sintertemperatur von 500 °C entnommen werden. Für eine Sintertemperatur von 400 °C ergeben sich deutliche Unterschiede in Bezug auf die Sinterzeit. Es kann festgestellt werden, dass die Oxidschicht zwischen zwei Spangrenzen für alle betrachteten Zustände von Partikeln und Kavitäten in regelmäßiger Weise unterbrochen wird.

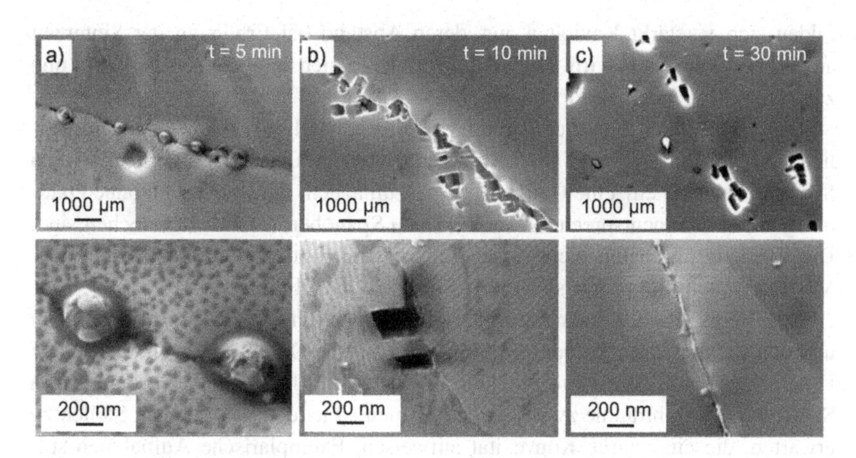

Abbildung 5.23 Ausbildung der Spangrenzen der mittels FAST-basierter Prozessroute hergestellten Sinterlinge bei einer Sintertemperatur von 400 °C und einer Sinterzeit von 5 min (a), 10 min (b) und 30 min (c)

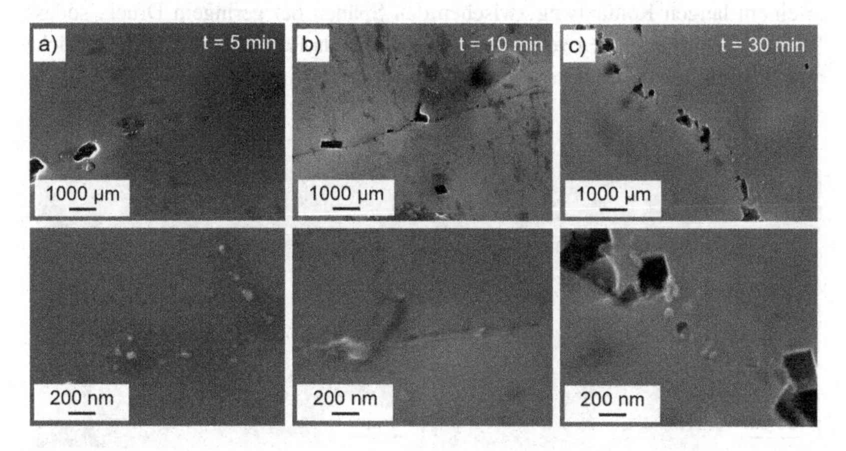

Abbildung 5.24 Ausbildung der Spangrenzen der mittels FAST-basierter Prozessroute hergestellten Sinterlinge bei einer Sintertemperatur von 500 °C und einer Sinterzeit von 5 min (a), 10 min (b) und 30 min (c)

Für eine Sinterzeit von 5 min bilden sich vergleichsweise grobe Partikel aus, die sich bei steigender Sinterzeit verkleinern. Bei einer Sinterzeit von 10 min bilden sich verstärkt Kavitäten aus, deren Abstand bei Erhöhung der Sinterzeit auf 30 min verringert wird. Die Oxide formieren sich in einzelnen Partikeln und zusammenhängenden Oxidbändern.

Bei der erhöhten Sintertemperatur von 500 °C sind die Oxidbelegungen deutlich geringer ausgeprägt. Statt zusammenhängender Bänder aus Oxiden an den Spangrenzen sind einzelne Oxidpartikel auszumachen, die von Stellen ohne Oxidbelegung und dementsprechend verbundenen Spanoberflächen unterbrochen sind. Die Partikelgröße hängt nicht wesentlich von der Sinterzeit ab, der Abstand der Mikrokavitäten nimmt mit steigender Sinterzeit jedoch ab.

Der Vergleich der Spangrenzenausprägung zwischen den Diffusionsproben und den spanbasierten Proben zeigt in Bezug auf die Oxidbelegungen nur wenige Unterschiede auf. Die angesprochene notwendige plastische Verformung zum Schließen der Hohlräume zwischen den Spänen ist jedoch vor allem an Stellen zu erwarten, die eine starke Konvexität aufweisen. Exemplarische Aufnahmen solcher Bereiche (Abbildung 5.25) zeigen eine deutlich stärkere Oxidbelegung mit Oxidschichtdicken im µm-Bereich. Aufnahmen mittels ECCI (electron channeling contrast imaging) deuten durch eine sichtbare Versetzungsstruktur an, dass es zu erhöhter Verformung gekommen ist. Damit verbunden kommt es somit zu einem langen Kontaktweg zwischen den Spänen bei geringem Druck, sodass der zwischen den Spänen vorhandene Sauerstoff als Reiboxid auf der Oberfläche eingelagert werden könnte.

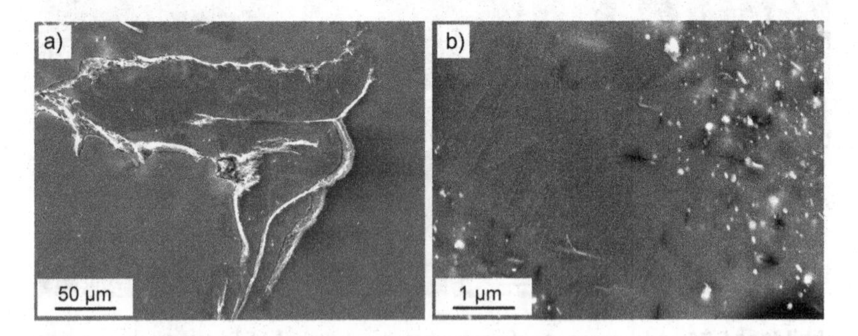

Abbildung 5.25 REM-Aufnahme einer den Span vollständig umschließenden Oxidbelegung bei einer Sintertemperatur von 500 °C und einer Sinterzeit von 5 min (a), Versetzungsstruktur innerhalb eines vollständig umschlossenen Spans (ECCI, 7 kV) (b)

Zur dreidimensionalen Analyse der Partikelausprägung innerhalb der Spangrenzen wurde eine Spangrenze im Zustand 400 °C, 30 min mittels Rasterkraftmikroskopie (AFM) charakterisiert. Die Ergebnisse, dargestellt in Abbildung 5.26, zeigen einen Oxidpartikel mit einer Höhe von ca. 320 nm, der fest in den Spangrenzen verankert ist, was an dem kontinuierlichen Übergang der Profilhöhe im Übergang zwischen Span und Grenzfläche zu erkennen ist.

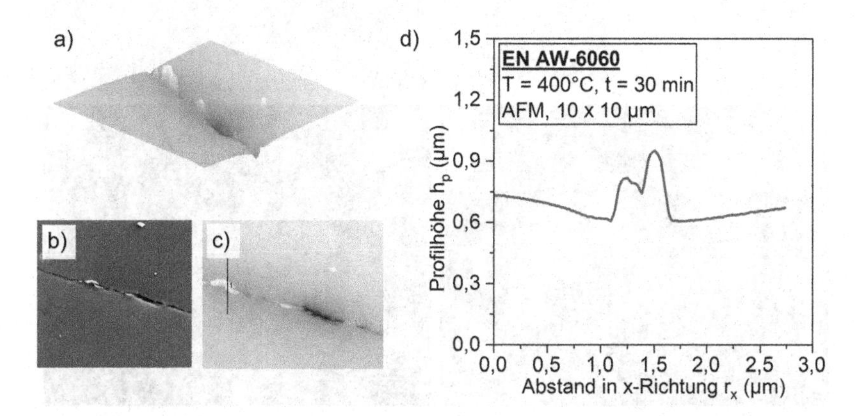

Abbildung 5.26 AFM-Messung an einem Oxidpartikel eines mittels FAST-basierter Prozessroute hergestellten Sinterlings in einer Spangrenze (Sintertemperatur 400 °C, Sinterzeit 30 min): Dreidimensionales Höhenprofil (a), SE-Bild der Spangrenze (b), Messposition des Linienprofils (c), Linienprofil (d)

Um zu überprüfen, ob neben der reinen Diffusion weitere Mechanismen an der Spangrenze zur Verbindung beitragen, wurden die Spangrenzen mittels EDX untersucht, um mögliche an dem Oxidaufbruch beteiligte Phasen zu identifizieren. In Untersuchungen von Schulze [108] wurde für SPD-basierte Spanproben die Anwesenheit von Magnesium neben Sauerstoff in der Spangrenze festgestellt, was in dieser Arbeit bestätigt werden konnte (Abbildung 5.7).

Hieraus wurde seitens Schulze geschlussfolgert, dass sich MgO bildet und aufgrund der angenommenen Diffusion durch die Al_2O_3-Phase noch über dieser ablagert und den Spanaufbruch erschwert. Hierdurch sei die veränderte Kornstruktur in spanbasierten Proben zu erklären. Die Analyse der chemischen Zusammensetzung einer Spangrenze (500 °C Sintertemperatur, 30 min Sinterzeit) mittels EDX ist in Abbildung 5.27 dargestellt.

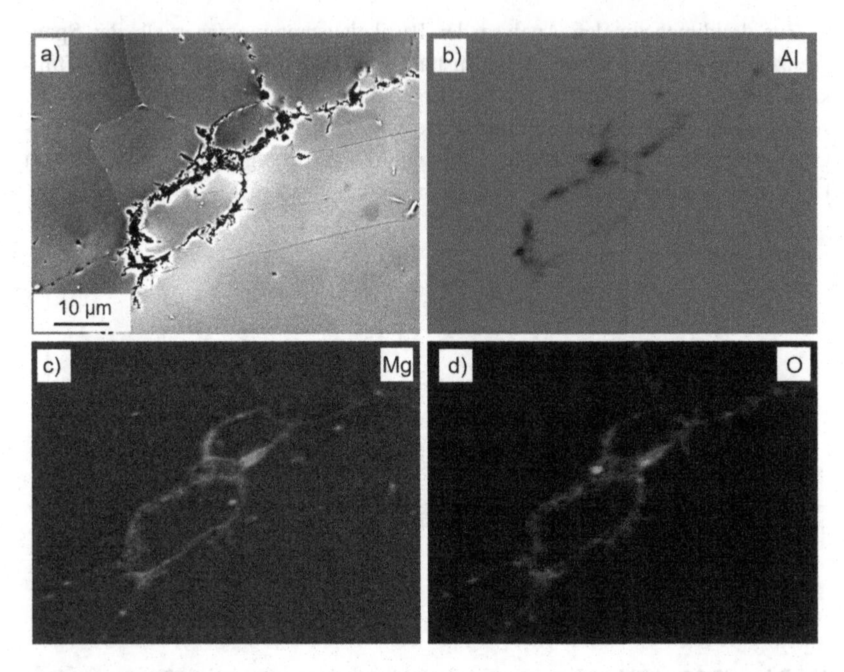

Abbildung 5.27 EDX-Analyse einer Spangrenze eines mittels FAST-basierter Prozessroute hergestellten Sinterlings (500 °C Sintertemperatur, 5 min Sinterzeit); SE-Bild (a), Aluminiumverteilung (b), Magnesiumverteilung (c), Sauerstoffverteilung (d)

Neben dem erwarteten Sauerstoff kann in der Spangrenze analog zu den Diffusionsproben Magnesium nachgewiesen werden, was die Beobachtungen von Schulze bestätigt. Im Gegensatz zu den Untersuchungen von Schulze wird allerdings vermutet, dass das in der EN AW-6060-Legierung vorhandene Magnesium das Aluminiumoxid zu Aluminium reduziert unter folgender ablaufender Reaktion.

$$Al_2O_3 + 3\ Mg \rightarrow 3\ MgO + 2\ Al$$

Angaben von Ortloff [253] zufolge findet diese Reaktion bei Temperaturen zwischen 350 – 600 °C statt, sodass die Reaktion während des Sinterns erfolgen kann. Zusätzlich können sich in diesem Temperaturbereich laut Ortloff Spinelle aus Aluminium und dem Magnesiumoxid bilden:

$$Al_2O_3 + Mg \rightarrow MgAl_2O_4$$

Hierdurch würde statt einer von Schulze diskutierten und angenommenen Erschwerung der Verschweißung durch Vorhandensein einer weiteren MgO-Deckschicht ein erhöhter Mg-Gehalt die Verschweißung durch Reduktion der Al_2O_3-Deckschicht begünstigen, da diese das Aluminiumoxid reduzieren und die Schicht zusätzlich von unten durchbrechen kann. Aufgrund der höheren Reaktionskinetik bei erhöhten Temperaturen ist daher ein besserer Aufbruch der Schicht zu erwarten.

5.1.2.3 Diffusion

Zur Charakterisierung der Diffusionsprozesse während des Sinterns wurden Untersuchungen durchgeführt, bei denen Späne unterschiedlicher Legierungen durch Sintern gefügt wurden. Da die gewählten Legierungen EN AW-7075 und EN AW-6082 unterschiedliche chemische Zusammensetzungen aufweisen, können durch Analyse der Fügezone Rückschlüsse auf den Diffusionsprozess gezogen werden. Die Analyse der chemischen Zusammensetzung ergab für die Legierung EN AW-7075 einen Aluminiumgehalt von ca. Ma.−88 %, während EN AW-6082 etwa Ma.−93,5 % Aluminium aufweist. Abbildung 5.28 zeigt die Ausprägung der Diffusionszone.

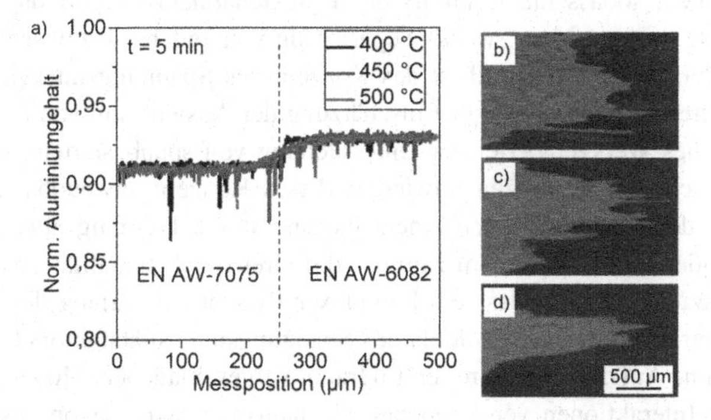

Abbildung 5.28 Verteilung des Aluminiumgehalts in der Diffusionszone der mittels FAST-basierter Prozessroute hergestellten Fließpresslinge in Abhängigkeit der Sintertemperatur bei einer Sinterdauer von 5 min (a), Ausprägung der Diffusionszone für 400 °C (b), 450 °C (c) und 500 °C (d), vgl. [249]

Die EDX-Untersuchungen zeigen, dass für eine Sintertemperatur von 400 °C bei einer Sinterzeit von 5 min keine signifikante Diffusion stattgefunden hat. So kann ein plötzlicher Anstieg des Aluminiumgehalts beim Übergang zur Legierung EN AW-7075 festgestellt werden. Darüber hinaus zeigt Abbildung 5.28b, dass keine Diffusionszone, sondern eine scharfe Trennung zwischen den Legierungen vorliegt. [249]

Im Gegensatz dazu ist für eine Temperatur von 500 °C ein allmählicher Anstieg des Aluminiumgehalts beim Übergang zur aluminiumreicheren EN AW-6082-Legierung festzustellen, wobei dieser gegenüber einer Temperatur von 450 °C nur geringfügig ausgeprägter ist. Dementsprechend ist in den mikroskopischen Aufnahmen ein Diffusionssaum beim Übergang zur Legierung EN AW-7075 zu erkennen (Abbildung 5.28c + d). Daraus lässt sich schließen, dass die Diffusion ausgeprägt ist, was auch die eingeschränkte Erkennbarkeit der Spangrenzen in den lichtmikroskopischen Aufnahmen (Abbildung 5.13) erklärt. [249]

5.1.2.4 Defektstruktur

Defekte in Metallen können die mechanischen Eigenschaften, wie in Kapitel 2 dargelegt, signifikant reduzieren. Hierbei sind neben der Reduktion des tragenden Querschnitts auch Kerbwirkungen zu berücksichtigen, die insbesondere bei zyklischer Beanspruchung zu einer erheblichen Reduktion der Leistungsfähigkeit führen können, sodass die Kenntnis der Defektcharakteristik für die betrachteten Zustände, insbesondere zwecks Separierung von anderen Einflussgrößen, von großer Bedeutung ist. Generell ist das Konzept des Spannungsintensitätsfaktors, wie in Kapitel 2 beschrieben, zur Einschätzung der Auswirkung von Defekten ein gebräuchliches Werkzeug. Bei der Untersuchung von spanbasiertem Material ist jedoch zunächst zu evaluieren, inwiefern dieses Konzept anwendbar ist, da die zu erwartenden Delaminationen einerseits eine starke Längung aufweisen können und andererseits von einem Einfluss der Grenzflächenqualität zwischen den Spänen auszugehen ist, sodass ein komplexer Rissverlauf entlang der Spangrenzen auftreten kann, der nicht mittels des Spannungsintensitätsfaktors beschrieben werden kann. Auf Basis der in der Literatur vorgeschlagenen Modelle [79] mit komplexen Interaktionen verschiedener Mechanismen wird davon ausgegangen, dass es zahlreiche Einflussgrößen auf die Entstehung von Delaminationen gibt. Im Einzelnen werden folgende Einflussfaktoren betrachtet:

- Sinterzeit (t)
- Sintertemperatur (T)
- Sinterdruck (p)
- Oberflächenzustand (Oz)

Zur Bewertung der Defektausprägung in Abhängigkeit der genannten Einflussgrößen wurden jeweils Computertomografieanalysen im Bereich der Fließpressschultern durchgeführt, da so einerseits der von der Dehnung durch den Fließpressvorgang beeinflusste Bereich und andererseits der lediglich durch das Sintern beeinflusste Bereich analysiert werden können. Die CT-Rekonstruktionen, jeweils mit Variation der betrachteten Charakteristika, sind in der nachfolgenden Abbildung 5.29 dargestellt.

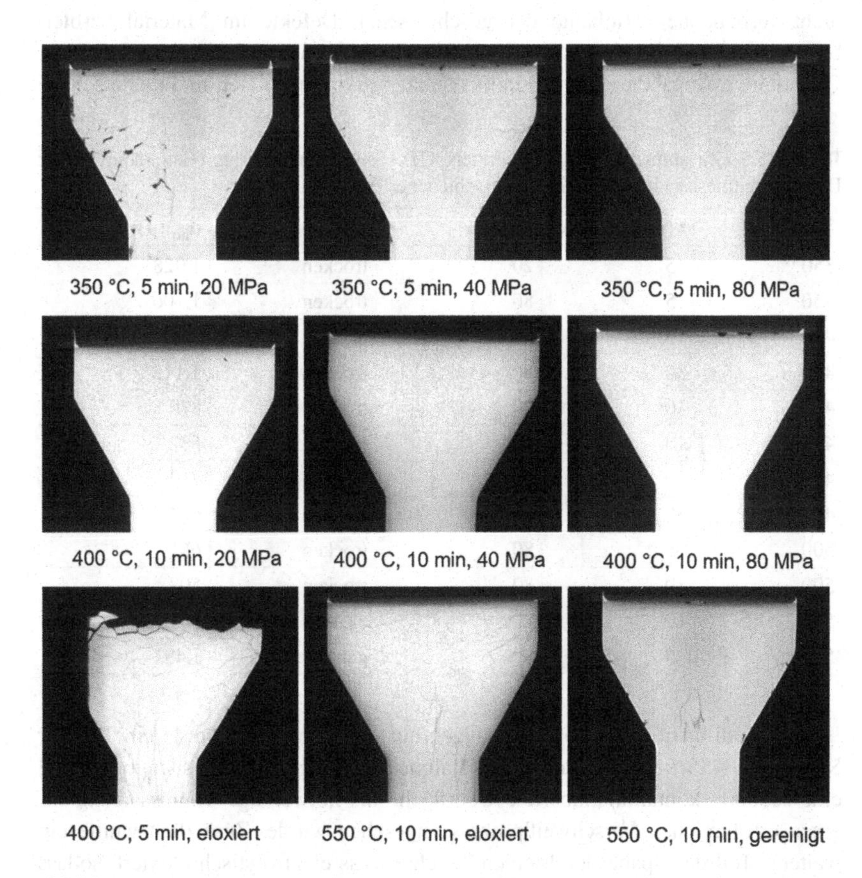

Abbildung 5.29 Prozessparameter- und spanoberflächenbezogene Defektentwicklung anhand von CT-basierten Querschnittsdarstellungen der mittels FAST-basierter Prozessroute hergestellten Fließpresslinge im Schulterbereich

Die CT-Rekonstruktionen zeigen deutliche Unterschiede in der Defektverteilung auf. Der Abbildung kann entnommen werden, dass entstandene Defekte in Form von Delaminationen, unabhängig von dem zugrundeliegenden Entstehungsmechanismus, durch die Steigerung von Druck bzw. Temperatur reduziert werden können. Es sind in den Bereichen der Schultern deutlich größere Defekte als im Schaft zu verzeichnen, sodass davon ausgegangen werden kann, dass die Defekte durch das Fließpressen reduziert werden. Allerdings ist zu berücksichtigen, dass die Defekte durch die Prozessroute geschlossen wurden. Inwiefern nicht verbundene Oxidhäute der geschlossenen Defekte im Material verbleiben, kann mittels Computertomografie jedoch nicht abschließend geklärt werden. Quantitative Angaben zu den Defektcharakteristika finden sich in Tabelle 5.5.

Tabelle 5.5 Zusammenfassung der mittels CT bestimmten Defektgrößen (äquivalenter Defektdurchmesser) in Abhängigkeit verschiedener Prozessparameter

T (°C)	t (min)	p (MPa)	Oz	$d_{äq}$ (μm)
350	5	20	trocken	1.928
350	5	80	trocken	1.106
400	5	80	eloxiert	635
400	30	80	trocken	1.112
450	10	20	trocken	870
450	10	40	trocken	532
450	10	80	trocken	717
450	30	80	trocken	904
500	5	80	trocken	661
500	10	80	trocken	508
550	10	80	eloxiert	383
550	5	80	gereinigt	1.492

Zur Modifikation der Spanbelegungen auf der Oberfläche wurde ein Teil der Späne mit KSS kontaminiert, da im Rahmen vergangener Untersuchungen [14] eine saubere, kontaminationsfreie Oberfläche als notwendige Voraussetzung für einen erfolgreichen Verschweißprozess angesehen wurde. Zusätzlich wurde ein weiterer Teil der Späne durch einen Tauchprozess elektrolytisch eloxiert, sodass die Oxidschichtdicke auf Werte von einigen μm anwächst [254].

Zur Einschätzung, wie stark sich die Einflussgrößen auf die maximale Defektgröße auswirken, wurden im Folgenden die Faktoreffekte der betrachteten Parameter berechnet und in Abbildung 5.30 zusammengefasst. Dabei wurde dem gereinigten Zustand ein Faktor für den Oberflächenzustand von 0,5, den eloxierten Spänen ein Faktor von 1 zugewiesen.

Die Auswertungen ergeben, dass neben der Temperatur vor allem ein erhöhter Sinterdruck von 40 MPa den maximalen äquivalenten Defektdurchmesser reduzieren kann. Dieser kann beispielsweise, auf die Definition des Faktoreffekts bezogen, eine geringere Oberflächenqualität ausgleichen. Den wichtigsten Einflussfaktor stellt die Temperatur dar, da durch diese eine Variation des äquivalenten Defektdurchmessers von 933 µm erzielt werden kann.

Zur Charakterisierung der in Bezug auf die mechanischen Eigenschaften zu berücksichtigenden Defektverteilungen wurden an den aus den Fließpresslingen entnommenen Proben ebenfalls computertomografische Analysen vorgenommen, die in Abbildung 5.31 dargestellt sind.

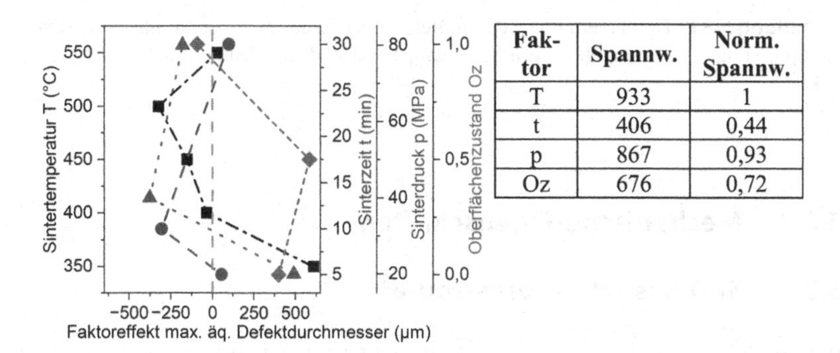

Faktor	Spannw.	Norm. Spannw.
T	933	1
t	406	0,44
p	867	0,93
Oz	676	0,72

Abbildung 5.30 Faktoreffekte der Einflussfaktoren bezogen auf den maximalen äquivalenten Defektdurchmesser der mittels FAST-basierter Prozessroute hergestellten Fließpresslinge

Bemerkenswert ist, dass trotz der unzureichenden Diffusion keine signifikanten Delaminationen festgestellt werden können. Zwar konnten in den Sinterlingen für eine Sintertemperatur von 400 °C unzureichend ausgebildete Tripelspangrenzen nachgewiesen werden, offenbar wurde diese jedoch durch das Fließpressen erfolgreich geschlossen. [249]

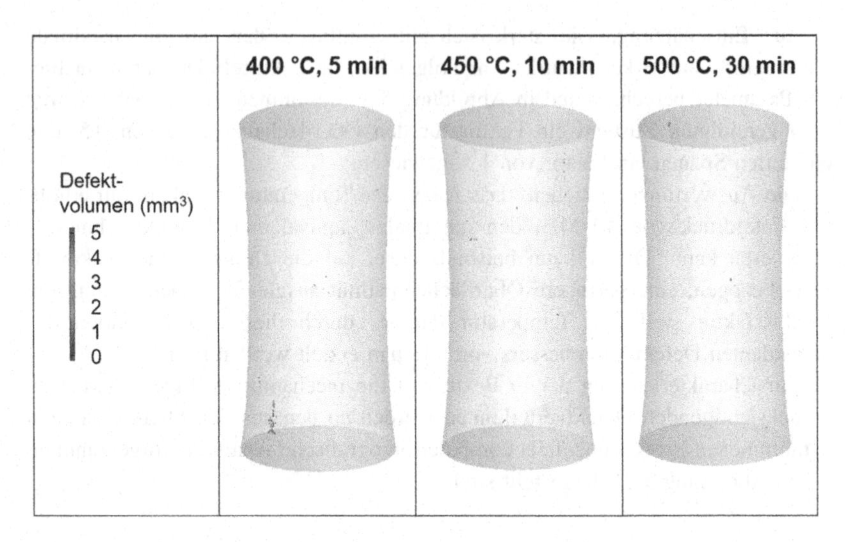

Abbildung 5.31 Defektverteilung der mittels FAST-basierter Prozessroute hergestellten Fließpresslinge in Abhängigkeit von Sintertemperatur und -zeit (Sinterdruck 80 MPa), vgl. [249]

5.2 Mechanische Eigenschaften

5.2.1 SPD-basierte Prozessroute[3]

Bei der Charakterisierung der mechanischen Eigenschaften der mittels SPD-basierter Prozessroute hergestellten Profile sind die Erkenntnisse aus den Untersuchungen der Mikrostruktur bezüglich der inhomogenen Gefügeausbildung zu berücksichtigen. Weiterhin haben die mikrostrukturellen Untersuchungen gezeigt, dass das Pressverhältnis die Ausprägung von Defekten, die für die mechanischen Eigenschaften von besonderer Relevanz sind, stark beeinflusst. Aus diesem Grund werden sowohl mechanische Charakterisierungen der Profile mit unterschiedlichem Pressverhältnis als auch an unterschiedlichen Positionen innerhalb der Profile vorgenommen, um die inhomogene Mikrostruktur zu berücksichtigen.

[3] Inhalte dieses Kapitels basieren zum Teil auf den Vorveröffentlichungen [124–126,255] und den studentischen Arbeiten [52,248].

5.2.1.1 Quasistatisches Werkstoffverhalten

Einfluss des Pressverhältnisses

Zur Charakterisierung des Einflusses des Pressverhältnisses und dementsprechend der Dehnung auf die quasistatischen Eigenschaften wurden Zugversuche durchgeführt, die hinsichtlich 0,2 %-Dehngrenze, Zugfestigkeit und Bruchdehnung ausgewertet wurden.

Die Spannungs-Dehnungs-Kurven der Versuche sind in Abbildung 5.32a dargestellt, während Abbildung 5.32b und Tabelle 5.6 die Ergebnisse zusammenfassen. Die quasistatischen Versuche zeigen, dass die Kennwerte der spanbasierten Proben, die mit einem Pressverhältnis zwischen 4,6 und 14,1 im Bereich der unzureichenden Verschweißung nach dem Modell von Cooper und Allwood [79,107] liegen, gegenüber der Referenz deutlich geringer sind. So ist für Zustand d16 mit einem Pressverhältnis von 14,1 eine um 15 % verringerte 0,2 %-Dehngrenze, eine um 14 % verringerte Zugfestigkeit und eine um 27 % verringerte Bruchdehnung zu verzeichnen. Für die Zustände d16, d20 und d24 sind, trotz des unterschiedlichen Pressverhältnisses, keine signifikanten Unterschiede in den quasistatischen Eigenschaften auszumachen. Lediglich das mit Zustand d28 kleinste untersuchte Pressverhältnis führt zu einer leicht verringerten Zugfestigkeit (−11 %) sowie stark verringerten Bruchdehnung (−63 %) im Vergleich zu den übrigen spanbasierten Zuständen am Beispiel von d16.

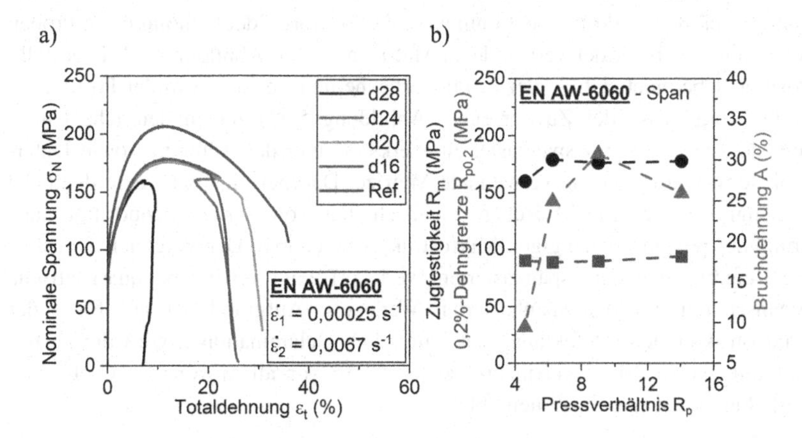

Abbildung 5.32 Spannungs-Dehnungs-Kurven der mittels SPD-basierter Prozessroute hergestellten Proben (a), ausgewertete Kennwerte des Zugversuchs der spanbasierten Proben in Abhängigkeit des Pressverhältnisses (b)

Tabelle 5.6 Ausgewertete Kennwerte der mittels SPD-basierter Prozessroute hergestellten Proben

Zustand	R_p	$R_{p0,2}$ (MPa)	R_m (MPa)	A (%)
d16	14,1	94,0 ± 2,1	177,7 ± 3,2	26,0 ± 6,1
d20	9,0	89,7 ± 4,1	176,1 ± 3,2	30,8 ± 4,1
d24	6,3	88,8 ± 3,4	178,9 ± 6,5	24,9 ± 6,5
d28	4,6	90,1 ± 6,2	160,1 ± 8,5	9,5 ± 5,3
Ref.	14,1	110,7 ± 2,1	206,7 ± 1,2	36,0 ± 4,0

Die Proben wurden aus der Mitte der jeweiligen Profile gefertigt, sodass diese mit einem Durchmesser von d = 7 mm im Bereich der jeweils geringsten wirksamen Dehnung entnommen wurden. Auf Basis der Simulationen ergeben sich damit nur geringe Unterschiede in der Dehnung. Da die Proben im Bereich höherer Defektdichten entnommen wurden, nimmt offenbar die Relevanz der Mikrostruktur im Vergleich zu den Defekten ab. Zur detaillierteren Betrachtung werden daher im Weiteren Zugversuche an Proben aus unterschiedlichen Positionen innerhalb der Profile durchgeführt.

Einfluss der Position

Zur Bewertung des Einflusses der Probenposition auf Basis der in Abschnitt 5.1 unterschiedenen Zonen wurden Flachproben aus mittels Flach- sowie Kammermatrize gefertigten Profilen entnommen. Die Positionen der entnommenen Proben sowie ein Überblick der verwendeten Matrizen sind in Abbildung 4.3 dargestellt. Position 1 befindet sich an der Profiloberfläche und Position 8 in der Profilmitte.

Die Ergebnisse der Zugversuche (Abbildung 5.33) zeigen deutliche Unterschiede zwischen dem spanbasierten Werkstoff und der Referenz sowie Unterschiede in Bezug auf die verwendete Matrize. Darüber hinaus ist eine deutliche Abhängigkeit der mechanischen Eigenschaften von der Probenposition aufgrund der positionsabhängigen Mikrostruktur erkennbar. Der Vergleich zwischen der Referenz und dem spanbasierten Werkstoff zeigt verringerte quasistatische Eigenschaften für den spanbasierten Werkstoff. Aufgrund der auf Basis der Mikrostruktur- und Defektanalysen ermittelten Delaminationen wird die Festigkeit um bis zu 40 % verringert, sodass diese vor allem von der Größe und Verteilung der Delaminationen abhängt.

Neben den Unterschieden zwischen Referenz und spanbasiertem Werkstoff wird auch der Einfluss der Matrize sowie der Probenposition deutlich, der sich jedoch zwischen Referenz und Spanwerkstoff unterscheidet. Während die Zugfestigkeit für das spanbasierte Material für die inneren Probenpositionen durch den Einsatz der Flachmatrize um 30 % erhöht werden konnte, sinkt die Zugfestigkeit für den Referenzwerkstoff bei Verwendung der Kammermatrize deutlich um ca. 25 %, sodass hier die Flachmatrize erhöhte Zugfestigkeiten bewirkt. Für die äußeren Positionen 1 und 2 ist dieser Effekt umgekehrt, so dass die Verwendung der Flachmatrize für den Referenzwerkstoff und die Kammermatrize für den Spanwerkstoff zu erhöhten Zugfestigkeiten führt.

Ebenso verhalten sich die Referenz- und die spanbasierten Proben in Bezug auf die Position genau umgekehrt. Während die Zugfestigkeit bei der Referenz bis zur Position 8 für die Flachmatrize zu den mittleren Probenpositionen hin signifikant ansteigt, ist bei dem spanbasierten Material für beide Matrizen zunächst bis zur Position 5 ein signifikanter Abfall der Zugfestigkeit zu beobachten, gefolgt von einem Anstieg der Zugfestigkeit. Dieser Anstieg der Zugfestigkeit ist bei der Kammermatrize sehr signifikant, sodass vergleichbare Zugfestigkeiten wie bei Position 1 erreicht werden; bei der Flachmatrize ist dieser Anstieg weniger signifikant. Die Kammermatrize bewirkt für die Referenz über alle Positionen hinweg eine mehr oder weniger konstante Zugfestigkeit, die in linearem Verlauf mit geringer Steigung sinkt. Die Annahme, dass die Verwendung einer Kammermatrize homogene Materialeigenschaften bewirkt, kann somit bestätigt werden, nichtsdestotrotz kann eine verringerte Spangrenzenqualität nicht ausgeglichen werden. Bei der Verwendung der Flachmatrize sind die Späne deutlich höheren Dehnungen ausgesetzt, wodurch die Oxidschichten der Späne stärker aufgebrochen werden und letztlich zu einer besseren Verschweißung der Späne führen [17,62,107].

Die beschriebenen Ergebnisse lassen sich zusätzlich auf die Fasertextur zurückführen, die im Werkstoff für die Flachmatrize erzeugt wird. Die durch das Strangpressen erzeugte Kristallanisotropie wirkt sich positiv auf die Festigkeit in Strangpressrichtung aus. Der Kornfeinungseffekt der Kammermatrize trägt ebenso zur erhöhten Festigkeit bei [124]. Nach der Hall-Petch-Beziehung sollte die Zugfestigkeit des feinkörnigeren, auf Spänen basierenden Werkstoffs daher höher sein als die der Referenz [256]. Darüber hinaus ist die Schweißqualität des spanbasierten Werkstoffs in den äußeren Bereichen aufgrund der höheren Dehnung deutlich erhöht, was die höhere Zugfestigkeit des spanbasierten Werkstoffs an den äußeren Positionen erklärt. Die Verringerung der Festigkeit der Referenz an den äußeren Positionen lässt sich wiederum durch die Rekristallisation und damit die Verringerung der Versetzungsdichte erklären.

Auf Basis der Ergebnisse der Zugversuche kann den mittels SPD-basierter Prozessroute gefertigten Proben eine entsprechende Spangrenzenqualität zugeordnet werden, die sich aus dem Quotienten zwischen Zugfestigkeit des spanbasierten Zustands und der Referenz ergibt. Hierdurch wird sichergestellt, dass auftretende mikrostrukturelle Mechanismen nicht bei der Beurteilung der Spangrenzenqualität einbezogen werden, da davon ausgegangen werden kann, dass die Mechanismen aufgrund der identischen Prozessroute sowohl den spanbasierten Werkstoff als auch die Referenz gleichermaßen betreffen. Tabelle 5.7 zeigt die auf diese Weise ermittelte Spangrenzenqualität.

Damit wird deutlich, dass eine starke Lageabhängigkeit bezogen auf die Zugfestigkeit vorliegt und diese sich zwischen den Matrizenarten deutlich unterscheidet. Während für die Flachmatrize vor allem in den äußeren Bereichen die höchsten Spangrenzenqualitäten erreicht werden ist dieses für die Kammermatrize für die inneren Positionen der Fall. Insgesamt werden durch die Kammermatrize deutlich höhere Spangrenzenqualitäten erreicht, da die Dehnung gegenüber der Flachmatrize zur Profilmitte nicht so stark abfällt. Über die bereits erfolgte Analyse der Entwicklung des lageabhängigen Festigkeitsverhaltens der Referenz können zudem Informationen über weitere ver- und entfestigende Mechanismen abgeleitet werden. Die Ergebnisse können zudem gut mit der Simulation in Einklang gebracht werden, die das unterschiedliche Verhalten der relevanten Parameter hydrostatischer Druck und Dehnung belegen und damit die lagebezogene Inhomogenität erklären können.

Tabelle 5.7 Ermittlung der Spangrenzenqualität für die Proben der SPD-basierten Wiederverwertungsroute anhand der Zugfestigkeiten (Index S: Span, Index R: Referenz)

Pos.	$R_{m,S}$ Flach (MPa)	$R_{m,R}$ Flach (MPa)	Quotient Flach	$R_{m,S}$ Kammer (MPa)	$R_{m,R}$ Kammer (MPa)	Quotient Kammer
1	148,8	189,1	0,79	169,1	189,1	0,89
2	174,3	178,9	0,97	162,8	195,2	0,83
3	126,5	195,0	0,65	122,1	185,7	0,66
4	131,2	206,8	0,63	143,0	186,5	0,77
5	112,5	207,2	0,54	121,7	182,7	0,67
6	130,7	205,9	0,64	147,8	182,7	0,81
7	138,4	208,7	0,66	172,5	174,4	0,99
8	131,9	211,6	0,62	158,4	172,1	0,92

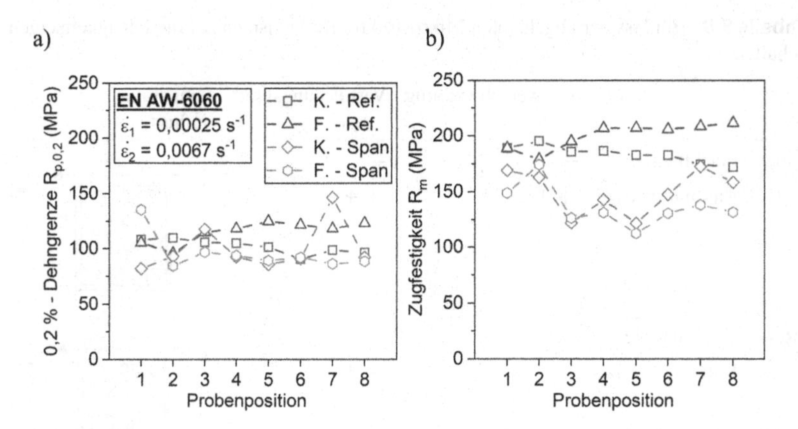

Abbildung 5.33 Mechanische Kenngrößen des mittels SPD-basierter Prozessroute hergestellten Materials in Abhängigkeit der Probenlage: 0,2 %-Dehngrenze (a) und Zugfestigkeit (b), vgl. [124][4]

Dementsprechend kann die bezüglich der Beeinflussung des Werkstoffs durch lokale Prozessparameter aufgestellte Forschungsfrage insoweit beantwortet werden, als dass die Verletzung eines der zur Verschweißung notwendigen Kriterien zu einer unmittelbaren Verschlechterung der Leistungsfähigkeit führt.

Auf Basis der Zugversuche kann damit der Einfluss der unterschiedlichen Mechanismen wie in Tabelle 5.8 erfolgt zusammengefasst werden. [52,124]

[4] *Adapted/Reproduced with permission from Springer Nature.*

Tabelle 5.8 Einfluss der abgeleiteten Mikrostrukturmechanismen auf die Festigkeitseigenschaften

		Spanverschweißung	Verformungsgrad	Temperatur einfluss
Span	Flachmatrize	–	–	+ -
	Kammermatrize	++	++	
Ref.	Flachmatrize	/	–	+ -
	Kammermatrize	/	++	

5.2.1.2 Zyklisches Werkstoffverhalten

Die Bewertung der zyklischen Eigenschaften erfolgt anhand von Laststeigerungsversuchen [233] und nachgelagerten Einstufenversuchen. Die Belastung wird in Laststeigerungsversuchen kontinuierlich erhöht, bis es zum Bruch kommt. Dies ermöglicht eine Abschätzung der zyklischen Eigenschaften mittels eines einzigen Versuchs. So kann die maximal erreichte Spannung (Bruchoberspannung bzw. Bruchspannungsamplitude) als Maß für die zyklische Festigkeit verstanden werden.

Einfluss des Pressverhältnisses

Die Ergebnisse der Laststeigerungsversuche, dargestellt in Abbildung 5.34, zeigen einen Einfluss des Pressverhältnisses auf die anhand der Bruchspannungsamplitude eingeschätzte zyklische Leistungsfähigkeit. Mit steigendem Pressverhältnis steigt die Bruchspannungsamplitude, bis sich diese bei Zustand d16 mit dem größten betrachteten Pressverhältnis ihrem Maximum annähert. Zustand d28 mit dem geringsten Pressverhältnis von 4,6 weist eine etwa 27 % reduzierte Bruchspannungsamplitude verglichen mit Zustand d16 auf. Grundsätzlich erreichen die spanbasierten Proben eine um etwa 8 % reduzierte Bruchspannungsamplitude. Der Vergleich der zyklischen mit der quasistatischen Leistungsfähigkeit auf Basis des Verhältnisses aus Bruchspannungsamplitude und Zugfestigkeit, das Abbildung 5.34 entnommen werden kann, zeigt eine Abhängigkeit des Verhältnisses zwischen zyklischer und quasistatischer Leistungsfähigkeit vom Pressverhältnis.

Mit steigendem Pressverhältnis steigt auch das Verhältnis aus Bruchspannungsamplitude und Zugfestigkeit und nimmt einen maximalen Wert von 0,93 an. Dies ist verglichen mit anderen Werkstoffen sehr hoch [172] und kann durch das hohe Verfestigungspotenzial bedingt durch den Fertigungsprozess, der zum Abbau vorhandener Versetzungsverfestigung führt, erklärt werden. Die Tendenz steigender Verhältnisse kann auf die Defekte zurückgeführt werden, die aufgrund der Prozessparameter des Strangpressens bei geringen Pressverhältnissen verstärkt auftreten und zur Verringerung der zyklischen Beanspruchbarkeit führen.

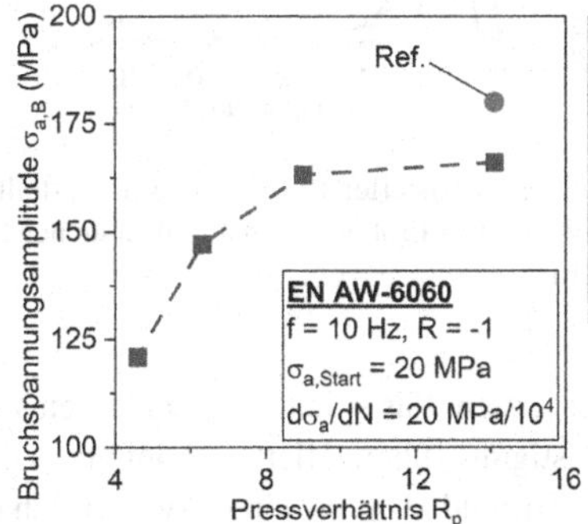

Zust.	R_p	R_m (MPa)	$\sigma_{a,B}$ (MPa)	$\sigma_{a,B}/R_m$
d16	14,1	177,7	166,1	0,93
d20	9,0	176,1	163,2	0,93
d24	6,3	178,9	147,2	0,82
d28	4,6	160,1	121,0	0,76
Ref.	14,1	206,7	180,0	0,87

Abbildung 5.34 Einfluss des Pressverhältnisses auf die zyklische Leistungsfähigkeit des mittels SPD-basierter Prozessroute hergestellten Materials, abgeschätzt anhand der Bruchspannungsamplitude im Laststeigerungsversuch und Vergleich mit der Zugfestigkeit

Einstufenversuche

In Abbildung 5.35a ist das Wöhler-Diagramm aller durch Einstufenversuche untersuchten Proben dargestellt. Wie zu erkennen ist, weisen die einzelnen Zustände geringe Unterschiede in ihrer Ermüdungslebensdauer auf. Insbesondere werden deutlich geringere Ermüdungslebensdauern im Vergleich zum Referenzzustand erreicht. Analog zu den Laststeigerungsversuchen kann eine leichte Tendenz abnehmender zyklischer Leistungsfähigkeit für geringere Pressverhältnisse festgestellt werden.

Die Werkstoffreaktionen in Abbildung 5.35b zeigen eine unmittelbare zyklische Entfestigung auf Basis eines Anstiegs der plastischen Dehnungsamplitude in den ersten Lastspielen. In diesem Zusammenhang ist die Entfestigung umso stärker, je höher die erreichte Bruchlastspielzahl ist. Eine Ausnahme stellt hier Zustand d28 dar, bei dem es zu einer geringeren zyklischen Entfestigung kommt.

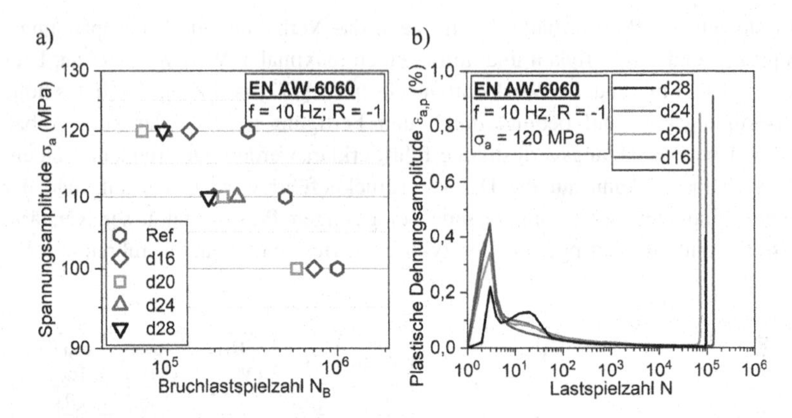

Abbildung 5.35 Wöhler-Diagramm des mittels SPD-basierter Prozessroute hergestellten Materials (a) und Werkstoffreaktionskurven SPD-basierter Proben in Einstufenversuchen mit einer Spannungsamplitude von $\sigma_a = 120$ MPa (b)

Die Entfestigung ist bereits innerhalb der ersten Lastspiele abgeschlossen und geht unmittelbar in eine zyklische Verfestigung über. Hierbei kommt es bei einer Lastspielzahl von ca. 200 für den Zustand d28 zu einer zweiten Phase der Entfestigung, die in sehr geringem Ausmaß auch in den Zuständen d20 und d24 festzustellen ist. Die Phase der Verfestigung, die von einer stetigen Reduktion der plastischen Dehnungsamplitude gekennzeichnet ist, verläuft annähernd bis zum Bruch. Erst unmittelbar vor dem Bruch kommt es zu einem starken Anstieg der plastischen Dehnungsamplitude. Die Verläufe können mit dem initialen Zustand des Werkstoffs in Einklang gebracht werden. So konnte bereits in den Zugversuchen ein starkes Verfestigungspotenzial verzeichnet werden. Aufgrund des Strangpressvorgangs bei erhöhter Temperatur wird vorhandene Verfestigung abgebaut, was verglichen zu den FAST-basierten Proben zu geringeren Versetzungsdichten führt, sodass ein deutlich größeres Potenzial für die Zunahme der Versetzungsdichte und eine damit verbundene Verfestigung während zyklischer Beanspruchung besteht. Dies führt letztlich zur starken zyklischen Verfestigung bis kurz vor Bruch.

Insgesamt zeigen sich nur geringe Unterschiede im zyklischen Ver- bzw. Entfestigungsverhalten, was mit dem Wöhler-Diagramm in Einklang steht, bei dem auch nur geringe Unterschiede in den Ermüdungslebensdauern festgestellt werden konnten. Nichtsdestotrotz kann auf Basis der Höhe der initialen Entfestigung die Bruchlastspielzahl abgeschätzt werden. [248]

LCF-Verhalten

Da die Mikrostruktur insbesondere im Bereich geringer Bruchlastspielzahlen (LCF-Bereich) gegenüber der Defektstruktur von besonderer Relevanz ist, wurden zusätzlich zu den spannungskontrollierten Versuchen totaldehnungskontrollierte Versuche durchgeführt, um das Verhalten im LCF-Bereich zu charakterisieren. In Abbildung 5.36a ist hierzu exemplarisch der Verlauf der Spannungsamplitude σ_a eines bei einer Totaldehnungsamplitude von $\varepsilon_{a,t} = 0{,}5\ \%$ durchgeführten Einstufenversuchs gezeigt.

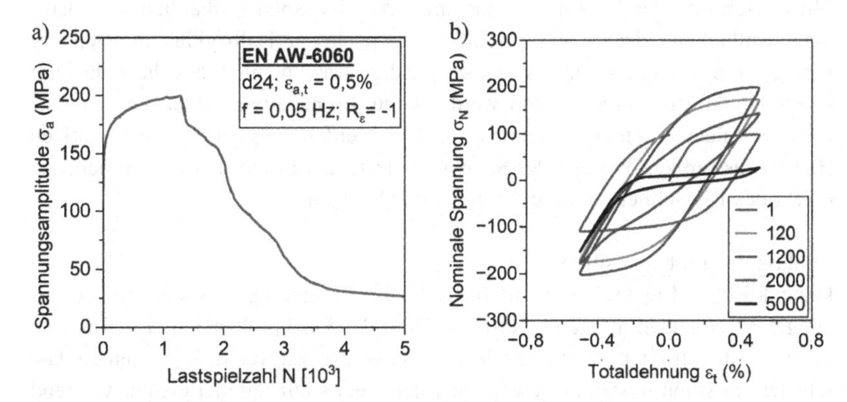

Abbildung 5.36 Zyklisches Ver- und Entfestigungsverhalten des mittels SPD-basierter Prozessroute hergestellten Materials auf Basis der Spannungsamplitude in einem totaldehnungsgeregelten Versuch (a), Spannungs-Dehnungs-Hystereseschleifen ausgewählter Zyklen (b)

Die Spannungsamplitude steigt in den ersten Lastspielen deutlich an, was ein Zeichen ausgeprägter zyklischer Verfestigung ist. Die Steigung dieses Anstiegs nimmt mit zunehmender Lastspielzahl ab und erreicht nach ca. 1.300 Lastspielen ein Maximum von etwa 200 MPa. Anschließend ist ein plötzlicher Abfall der Spannungsamplitude erkennbar. Die zugehörigen Spannungs-Dehnungs-Hystereseschleifen (Abbildung 5.36b) zeigen ab diesem Punkt ein anderes Verhalten im Bereich positiver Totaldehnung verglichen mit dem Bereich negativer Totaldehnung. So werden im positiven Halbzyklus geringere Spannungsamplituden im Vergleich zum negativen Halbzyklus erreicht, was auf eine zunehmende Rissausbreitung hindeutet, aufgrund der die aufgenommene Spannung im positiven Halbzyklus basierend auf der rissausbreitungsbedingt reduzierten tragenden

Querschnittsfläche ebenfalls reduziert ist. Im negativen Halbzyklus sind auftretende Risse hingegen weitgehend geschlossen, sodass höhere Spannungen übertragen werden können.

Auf Basis der Spannungs-Dehnungs-Hystereseschleifen kann das zyklische Ver- und Entfestigungsverhalten genauer charakterisiert werden. Es zeigt sich, dass neben der Zunahme der Spannungsamplitude mit steigender Lastspielzahl auch eine Änderung des zyklischen Verfestigungsexponenten n‘ erfolgt. So steigt dieser auch bei erfolgter Reduktion der Spannung aufgrund der erfolgten Rissinitiierung und der damit verbundenen Querschnittsreduktion weiter an. Mit fortschreitender Ermüdung kann im 5.000. Lastspiel schließlich eine deutliche Abflachung der Hystereseschleife im positiven Halbzyklus in Richtung geringerer Spannungswerte festgestellt werden, was ebenfalls auf die reduzierte Querschnittsfläche zurückgeführt werden kann. Im negativen Halbzyklus ist eine solche Abflachung nicht erkennbar, zudem werden verglichen zum positiven Halbzyklus größere Beträge der Spannung erreicht, was auf den angesprochenen Effekt des Rissschließens zurückgeführt werden kann.

Einfluss der Probenposition

Die zyklischen Eigenschaften auf Basis der Laststeigerungsversuche sind Abbildung 5.37 zu entnehmen und werden anhand der Flachproben 1 und 6 ermittelt, da diese die größten Unterschiede auf Basis der Zugversuche vermuten lassen. Die Position 1 stammt jeweils aus dem rekristallisierten Bereich, während Position 6 in der Grenzfläche der einzelnen Stränge der Kammermatrize liegt.

In Analogie zu den Zugversuchen können Unterschiede in Bezug auf das Material, die Matrize und die Probenposition festgestellt werden. Zunächst kann festgestellt werden, dass die Referenz analog zu den Zugversuchen eine höhere Bruchoberspannung aufweist. Die Unterschiede zum Spanwerkstoff sind mit 25 % deutlich geringer als bei den Zugversuchen, in denen Unterschiede von 40 % festgestellt wurden.

Zwischen den verschiedenen Matrizen zeigen die Bruchoberspannungen im Gegensatz zum Zugversuch jedoch geringere Unterschiede. Auch bei den Ermüdungsversuchen nimmt die Bruchoberspannung für die Kammermatrize in dem auf Spänen basierenden Material an Position 1 ab und an Position 6 zu, während der Fall bei der Referenz entgegengesetzt ist, sodass die Festigkeit an Position 1 zunimmt und an Position 6 abnimmt.

Die Unterschiede zwischen Referenz- und Spanproben innerhalb desselben Matrizentyps sind bei der Flachmatrize deutlich ausgeprägter. Analog zu den Zugversuchen nimmt die Festigkeit bei beiden Matrizentypen zur Mitte hin ab, während sie bei der Referenz ansteigt, wenn auch weniger deutlich. [52,124]

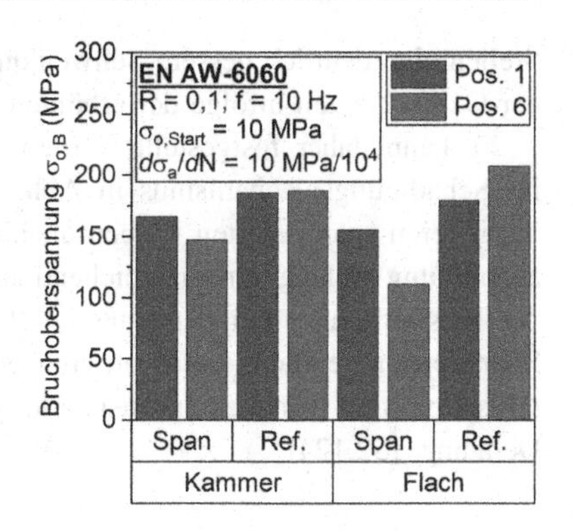

Abbildung 5.37 Ergebnisse der zyklischen Untersuchungen des mittels SPD-basierter Prozessroute hergestellten Materials: Bruchoberspannungen im Laststeigerungsversuch in Abhängigkeit der Matrizenart und Probenposition [124][5]

5.2.1.3 Rissausbreitungsverhalten

Abbildung 5.38 zeigt das Rissausbreitungsverhalten im Laststeigerungsversuch. Dabei ist exemplarisch ein Laststeigerungsversuch einer mittels Flachmatrize wiederverwerteten spanbasierten Probe aus dem Profilinneren und -äußeren gezeigt. Es wird deutlich, dass sich die Risse bei den inneren Positionen vergleichsweise früh im Ermüdungsversuch entwickeln. Außerdem entstehen diese nicht von der Oberfläche aus, wie es bei Ermüdungsrissen üblich ist [172], sondern an den Spangrenzen. Die Risse breiten sich zunächst entlang der Spangrenzen und damit in Belastungsrichtung aus. Die einzelnen Risse breiten sich dann durch Risse senkrecht zur Belastungsrichtung durch die Spangrenzen aus und bilden den Restgewaltbruch. Eine Barrierewirkung der Spangrenzen auf die Risse ist nur bedingt feststellbar, wird aber auch dadurch konterkariert, dass eine frühe Rissinitiierung erfolgt. Stattdessen werden die Risse beim Auftreffen auf eine Spangrenze abgelenkt, anstatt abgebremst zu werden. Im Gegensatz zu den spanbasierten Proben entwickeln sich die Risse bei der Referenzprobe relativ spät im Ermüdungsprozess, was die deutliche Vorschädigung im spanbasierten Material durch die Spangrenzen verdeutlicht.

Im Gegensatz dazu entwickeln sich die Risse in den äußeren Positionen ebenfalls vergleichsweise spät. Auch diese verlaufen nicht entlang der Spangrenzen, sondern durch sie hindurch. Da sich die Risse erst spät entwickeln, wird im Gegensatz zu den inneren Positionen eine deutlich höhere Bruchoberspannung erreicht. Die Ergebnisse zeigen, dass die Spangrenzen für äußere Positionen keinen Einfluss auf die Rissausbreitung haben, was darauf hindeutet, dass an diesen

[5] *Adapted/Reproduced with permission from Springer Nature.*

Stellen eine deutlich bessere Schweißqualität durch einen verbesserten Aufbruch der Oxidschichten infolge der erhöhten Dehnungen erreicht wird.

Es kann daher festgestellt werden, dass es einen signifikanten Unterschied im Schädigungsmechanismus in Abhängigkeit von der Position gibt. Während die inneren spanbasierten Proben unabhängig vom Matrizentyp eine frühe Rissausbreitung entlang der unzureichend ausgebildeten Spangrenzen zeigen, beginnt die Rissinitiierung bei den äußeren Proben später, fast unbeeinflusst von den Spangrenzen, entlang der Korngrenzen aufgrund der stattgefundenen Rekristallisation und der besser ausgebildeten Spangrenzen in Folge der höheren Dehnung. [52,124]

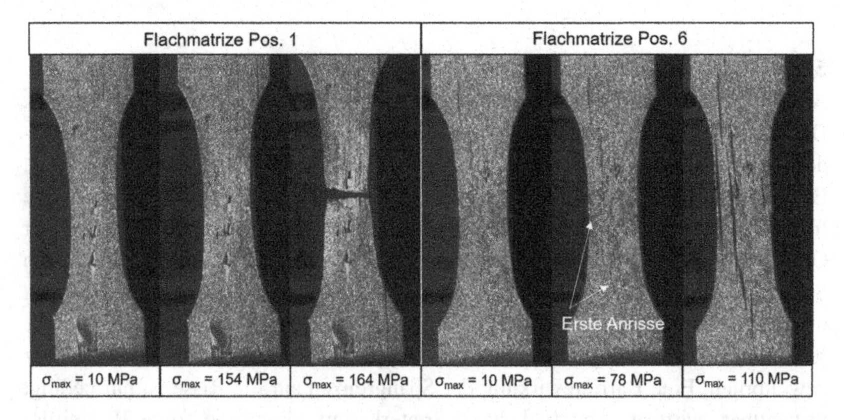

Abbildung 5.38 Rissausbreitungscharakteristik des mittels SPD-basierter Prozessroute hergestellten Materials abhängig von der Probenposition und Spannungsamplitude im Laststeigerungsversuch, vgl. [124][6]

5.2.1.4 Entwicklung der Mikrostruktur infolge mechanischer Beanspruchung

Die Entwicklung der Mikrostruktur infolge zyklischer Beanspruchung wird im Folgenden mittels EBSD analysiert. Der KAM-Wert (kernal average misorientation) wird dazu verwendet, die sich entwickelnde Struktur zu charakterisieren. Ansammlungen lokaler Fehlorientierungen werden in den Orientierungskarten analysiert. Die Unterscheidung zwischen KWKG und GWKG wurde anhand

[6] *Adapted/Reproduced with permission from Springer Nature.*

des Fehlorientierungswinkels vorgenommen. Hierbei werden KWKG als Korngrenzen mit einem Fehlorientierungswinkel 2° - 15° definiert. Bei geringfügigen Materialdehnungen ist die Änderung der Kornorientierung allerdings gering, sodass die Werte des dritten Nachbarn statt des ersten einbezogen worden sind, damit Orientierungsänderungen bereits bei geringen Materialdehnungen erkannt werden können. Die Analysen ergeben eine bevorzugte Aufstauung an KWKG sowohl für die spanbasierte Probe, als auch die Referenz.

Basierend auf der Analyse der inversen Polfiguren können Schlussfolgerungen über die Veränderungen der Orientierung der einzelnen Körner innerhalb eines polykristallinen Materials gezogen werden. Diese Veränderungen ermöglichen es, einen Teil des Verhaltens von polykristallinen Werkstoffen infolge von Deformationen zu beschreiben. Durch die Einfärbung der einzelnen Körner, basierend auf ihrer jeweiligen Kristallausrichtung, ergibt sich eine Verteilung der Kornorientierungen innerhalb des Materials.

Die Häufigkeitsverteilung der verschiedenen Kristallausrichtungen in Bezug auf eine festgelegte Raumrichtung der Probe ermöglicht die Identifizierung bevorzugter Texturkomponenten. Abbildung 5.39 bzw. Abbildung 5.40 zeigt die Kornorientierungsverteilungen bezüglich der [100]-Kristallausrichtung als Normalrichtung (ND), welche der Richtung entspricht, in der die Probe während des Zugversuchs belastet wurde. In beiden Fällen, sowohl im spanbasierten, als auch im Referenzwerkstoff, zeigt sich eine Orientierung in [001]-Richtung, was auf eine charakteristische Textur hindeutet. Bei Analyse des spanbasierten Werkstoffs wird festgestellt, dass die Körner entlang der Spangrenze tendenziell eine Orientierung in Richtung [101] aufweisen und auf einer Linie mit Körnern mit [111]-Richtung verbunden sind. Mit fortschreitender Verformung verstärkt sich die Orientierung in [100]-Richtung, sodass beim Bruch fast alle Körner in dieser Ausrichtung vorliegen. Darüber hinaus kann beobachtet werden, dass im Verlauf des Zugversuchs innerhalb der einzelnen Körner eine kontinuierliche Veränderung der Orientierung auftritt, was auf eine allmähliche Anpassung der Kornorientierungen an die äußeren Belastungsbedingungen hindeutet.

Der GOS-Wert (grain orientation spread) gibt die Streuung der Orientierung innerhalb eines gesamten Korns an und ist dadurch weniger anfällig für Störungen, die durch Annäherungen der Fehlorientierung an die Winkelungenauigkeit von 2° verursacht werden. Es ist zu erkennen, dass der GOS in Regionen, in denen eine hohe Anzahl von KWKG vorhanden ist, tendenziell höhere Werte aufweist. Im Vergleich zum restlichen Gefüge tritt im spanbasierten Werkstoff eine überdurchschnittliche Verformung an den Spangrenzen auf.

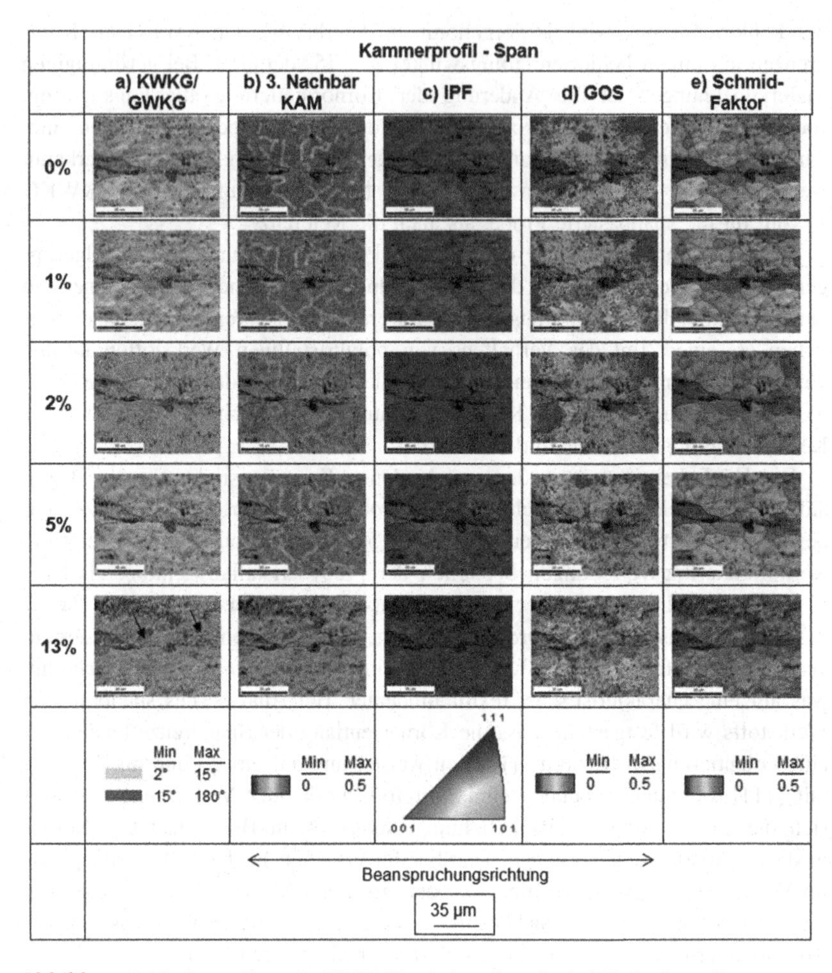

Abbildung 5.39 Darstellung der EBSD-Ergebnisse des mittels SPD-basierter Prozessroute hergestellten spanbasierten Materials aus dem Kammerprofil nach 0 %, 1 %, 2 % und 5 % Dehnung bis zum Probenversagen, vgl. [52]

Durch Anwendung des Schmid-Faktors kann die Wahrscheinlichkeit der Verformung innerhalb des Werkstoffs abgeschätzt werden. Hohe Schmid-Faktor-Werte charakterisieren Körner, die in Bezug auf die Verformungsrichtung günstig angeordnet sind und gemäß des Schmid'schen Schubspannungsgesetzes zuerst

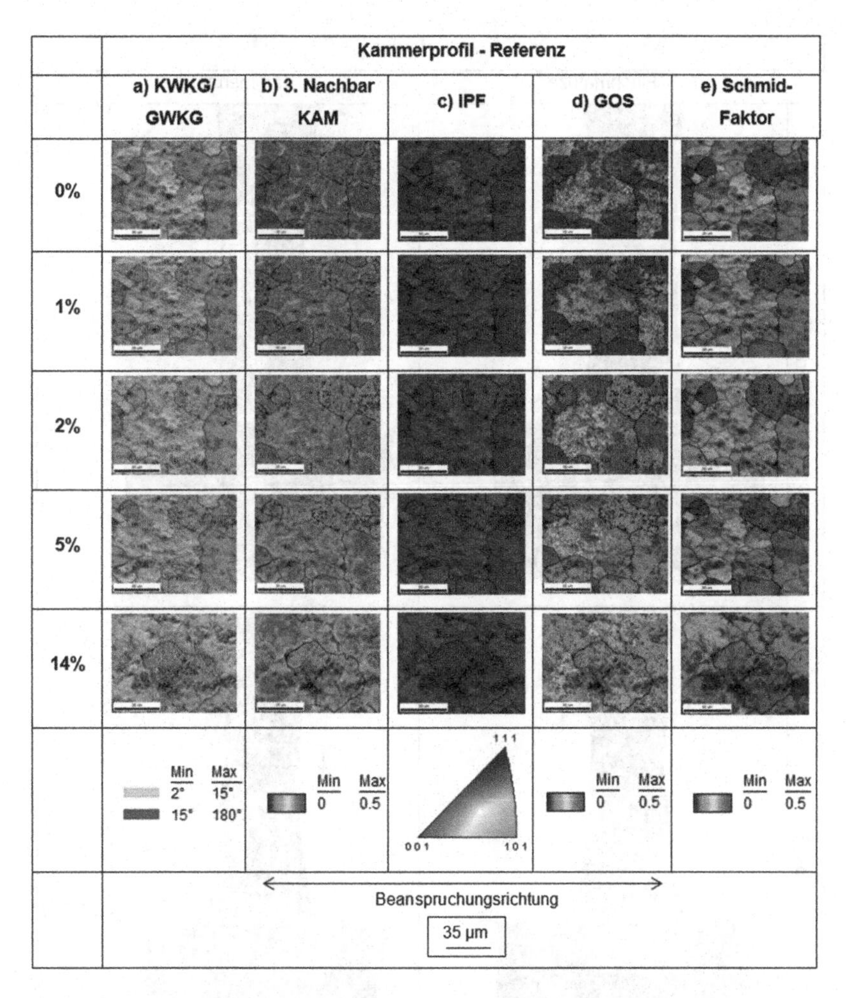

Abbildung 5.40 Darstellung der EBSD-Daten des mittels SPD-basierter Prozessroute hergestellten Referenzmaterials aus dem Kammerprofil nach 0 %, 1 %, 2 % und 5 % Dehnung bis zum Probenversagen, vgl. [52]

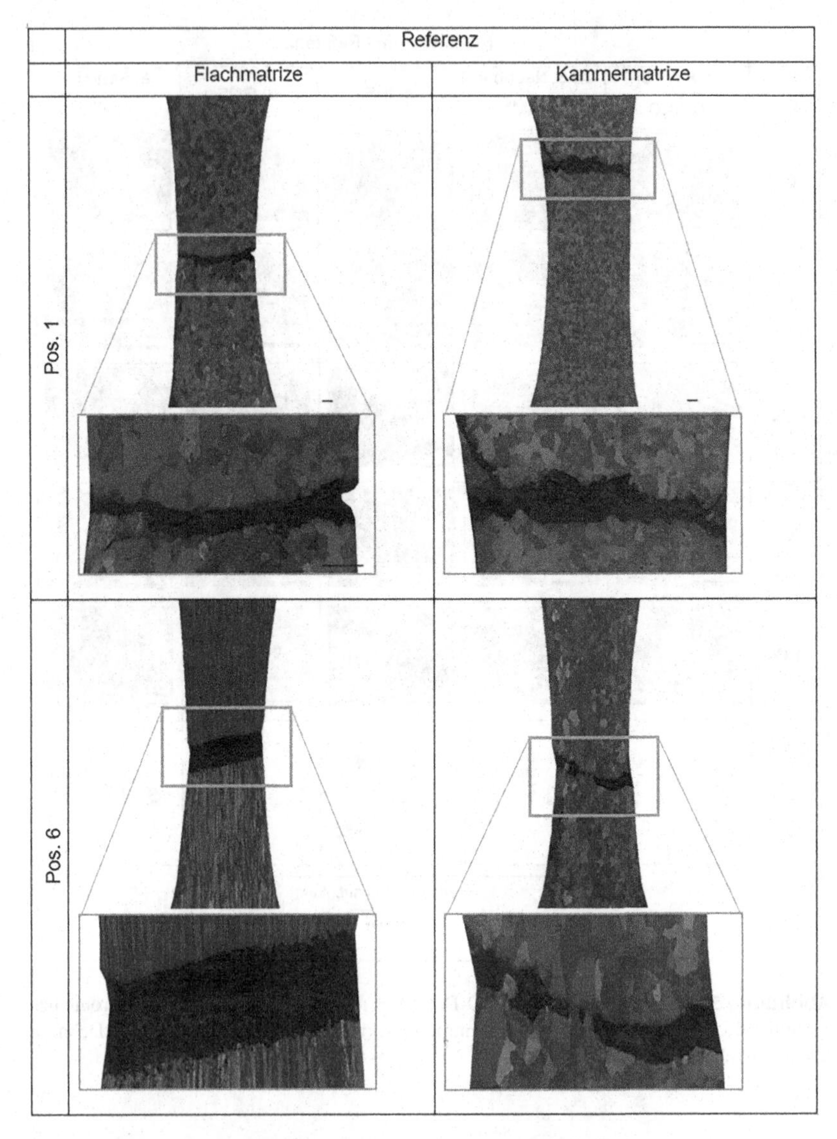

Abbildung 5.41 Rissausbreitungsverhalten der Referenzproben des mittels SPD-basierter Prozessroute hergestellten Materials im Laststeigerungsversuch, vgl. [52]

Gleitbewegungen aufweisen und somit zuerst mit Versetzungen angereichert werden [2]. Aus dem niedrigeren Schmid-Faktor im spanbasierten Werkstoff lässt sich ableiten, dass die Körner entlang der Spangrenze zuerst deformiert werden.

Im Allgemeinen lässt sich aus dem Vergleich zwischen dem spanbasierten und dem Referenzwerkstoff ableiten, dass Körner, die durch GWKG begrenzt sind und im Inneren kaum KWKG aufweisen, einen hohen Schmid-Faktor besitzen und somit zunächst Widerstand gegen die Verformung leisten. Hinsichtlich des Gehalts an Korngrenzen im Inneren der Körner müssen Unterschiede berücksichtigt werden. Körner mit einer moderaten Anzahl von KWKG im Inneren zeigen niedrige Schmid-Faktor-Werte und neigen eher dazu, weitere verformungsbedingte Versetzungen aufzunehmen. Körner hingegen, die eine hohe Anzahl von KWKG aufweisen, sind in Bezug auf weitere Verformungen gehemmt. Ein Merkmal sowohl im spanbasierten als auch im Referenzwerkstoff ist der kontinuierliche Verlauf des Schmid-Faktors innerhalb der einzelnen Körner nach dem Bruch. Dies ist eine Folge der Plastifizierung der Rissspitze und der damit verbundenen kontinuierlichen Abnahme der Plastizität in Richtung weiter entfernter Körner.

Im Anschluss an die Laststeigerungsversuche wurden die gebrochenen Proben charakterisiert, indem die Gefügestruktur der durch Barker-Ätzung behandelten Proben mithilfe eines Polfilters im Lichtmikroskop analysiert wurde. Die Bruchmorphologie, die hauptsächlich von Rissinitiierung und -fortschritt bestimmt wird, kann Informationen über die Werkstoffversprödung und damit verbundene mikrostrukturelle Verfestigungsmechanismen liefern. Es wird zwischen transkristalliner und interkristalliner Rissausbreitung unterschieden. Wenn das interkristalline Wachstum entlang der Korngrenzen auftritt, kann dies auf deren Versprödung hindeuten.

Zuerst wird der Verlauf von Rissen im Referenzmaterial beschrieben (Abbildung 5.41), anschließend im spanbasierten Material (Abbildung 5.42). Es zeigt sich, dass für fast alle Risse eine Rissausbreitung senkrecht zur Belastungsrichtung erfolgt ist. Dies steht im Gegensatz zu einem relativ geradlinig verlaufenden Riss, der aus dem fein texturierten Innenbereich des Flachprofils der Referenz stammt. Die übrigen Proben, die unterschiedliche Kornorientierungen, aber ähnliche Korngrößen aufweisen, zeigen keine bevorzugte Richtung für die Rissausbreitung. Für die Probe vom Profilrand ist davon auszugehen, dass die Rissinitiierung an der äußeren Kante zunächst transkristallin und unter einem Winkel von etwa 45° erfolgte. Als der Riss eine Länge von etwa 1 mm erreichte und somit als Makroriss galt, breitete sich der Riss hauptsächlich horizontal und vorwiegend transkristallin aus. Es wird auch festgestellt, dass eine Richtungsänderung des Risses stets mit dem Auftreffen auf eine Korngrenze einhergeht.

Obwohl sich die Randprobe des Kammerprofils ähnlich verhält, sind im Rissfortschrittsverhalten aus dem Inneren des Kammerprofils Abweichungen erkennbar. Der Rissverlauf ändert nach praktisch jedem Auftreffen auf eine Korngrenze die weitere Ausbreitungsrichtung. Zudem folgt die Risskontur den Korngrenzen, was auf einen interkristallinen Rissverlauf hindeutet.

Um die Abweichungen im polykristallinen Verformungsverhalten bei verschiedenen Beanspruchungsarten zu identifizieren, wurden die Resultate der EBSD-Analyse einer zyklisch belasteten und einer quasistatisch zerstörten Probe verglichen. Es wurden spanbasierte Proben eingesetzt, um zusätzliche mikrostrukturelle Informationen über den Einfluss der Spangrenzen auf das Verformungsverhalten zu erhalten. Die ermüdete Probe, die aus Position 6 des spanbasierten Flachprofils stammt, zeigt eine nahezu gleichbleibend hohe Dichte an KWKG (Abbildung 5.44). Im Gegensatz dazu akkumulieren die KWKG in der spanbasierten Probe des Kammerprofils am Riss. Der Span, der den bruchauslösenden Riss innerhalb der Zugprobe enthält, scheint aus nur einem einzigen großen Korn zu bestehen, das von GWKG begrenzt wird. Die umgebenden großen Körner entlang der angerissenen Spangrenze weisen kaum KWKG auf.

Der KAM-Wert, der die lokale durchschnittliche Fehlorientierung im Vergleich zu den benachbarten Körnern repräsentiert, bestätigt die zuvor beschriebene Beobachtung. Es ist eine deutliche Ansammlung von KWKG mit einer Fehlorientierung von bis zu 5° festzustellen. Während Körner mit hohen KAM-Werten innerhalb der ermüdungsbelasteten Probe verteilt vorliegen, ist eine zentrale Erhöhung der Werte an der Bruchstelle der Zugprobe erkennbar. Während des Ermüdungsversuchs bildete sich eine bevorzugte Ausrichtung der Körner in Richtung [001], während im Zugversuch keine Texturbildung während der Belastung erfolgte.

Der GOS-Wert, der aufgrund der Kornorientierungsspanne die Dehnungsverteilung innerhalb eines einzelnen Korns darstellen kann, zeigt, dass der Span, der den Bruch aufweist, im Vergleich zu den anderen Spänen die größte Dehnung erfahren hat. Darüber hinaus deutet der Schmid-Faktor auf ein erhöhtes Widerstandspotenzial gegen weitere Verformung hin. Die Körner innerhalb der umgebenden Späne, die gemäß dem GOS-Wert bisher keiner starken Dehnung unterworfen waren, weisen einen erhöhten Schmid-Faktor auf und nehmen somit bevorzugt zusätzliche Versetzungen auf.

Zur Untersuchung des Rissfortschrittverhaltens wurde ein intermittierender Einstufenversuch mit einer Spannungsamplitude von 110 MPa an einer mittels SPD-Prozessroute hergestellten Spanprobe (d16) durchgeführt. Zwischen den Belastungszyklen wurde jeweils ein Computertomographie-Scan (CT-Scan) zur Überwachung des Rissfortschritts durchgeführt. Abbildung 5.43 zeigt die

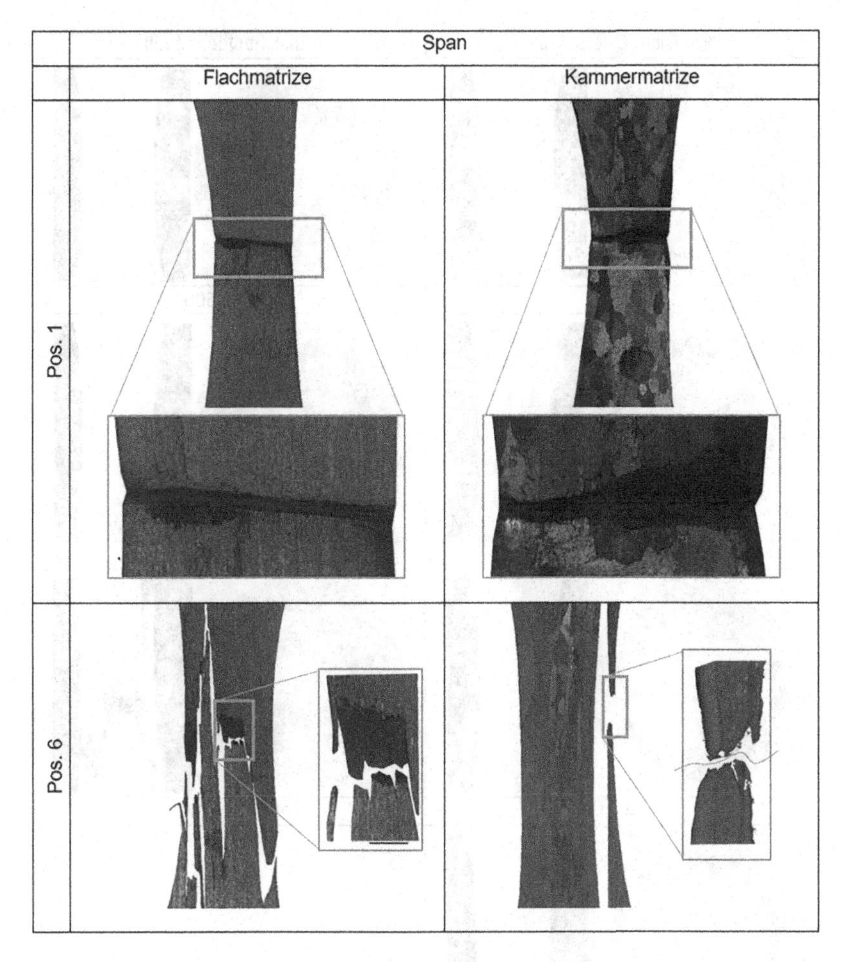

Abbildung 5.42 Rissausbreitungsverhalten der Spanproben des mittels SPD-basierter Prozessroute hergestellten Materials im Laststeigerungsversuch, vgl. [52]

Volumenrekonstruktionen und die zugehörigen Schnittbilder aus verschiedenen Stadien dieses Versuchs.

Interessanterweise offenbart der Ausgangszustand einen präexistenten, röhrenförmigen Defekt, der hauptsächlich in den Kopf- und konisch verlaufenden

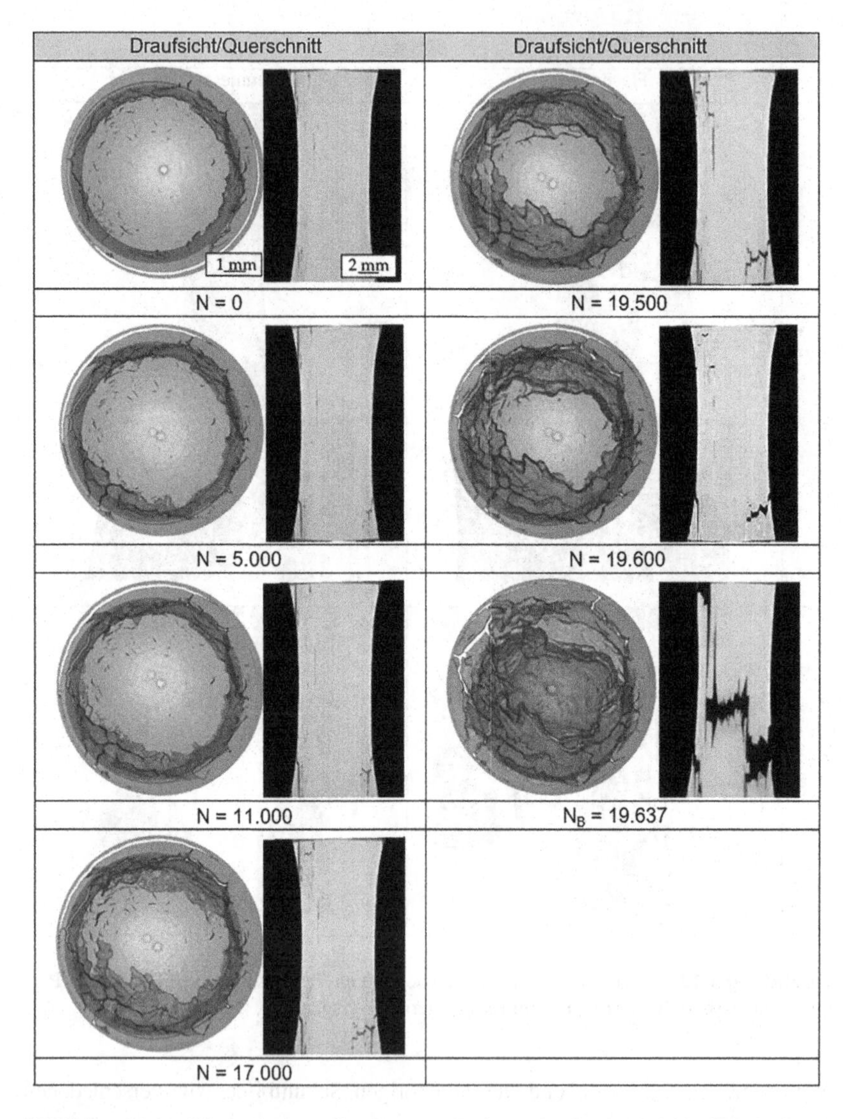

Abbildung 5.43 Rissausbreitung in einer spanbasierten Probe des mittels SPD-basierter Prozessroute hergestellten Materials während eines Einstufenversuchs mit einer Spannungsamplitude von 110 MPa, vgl. [16]

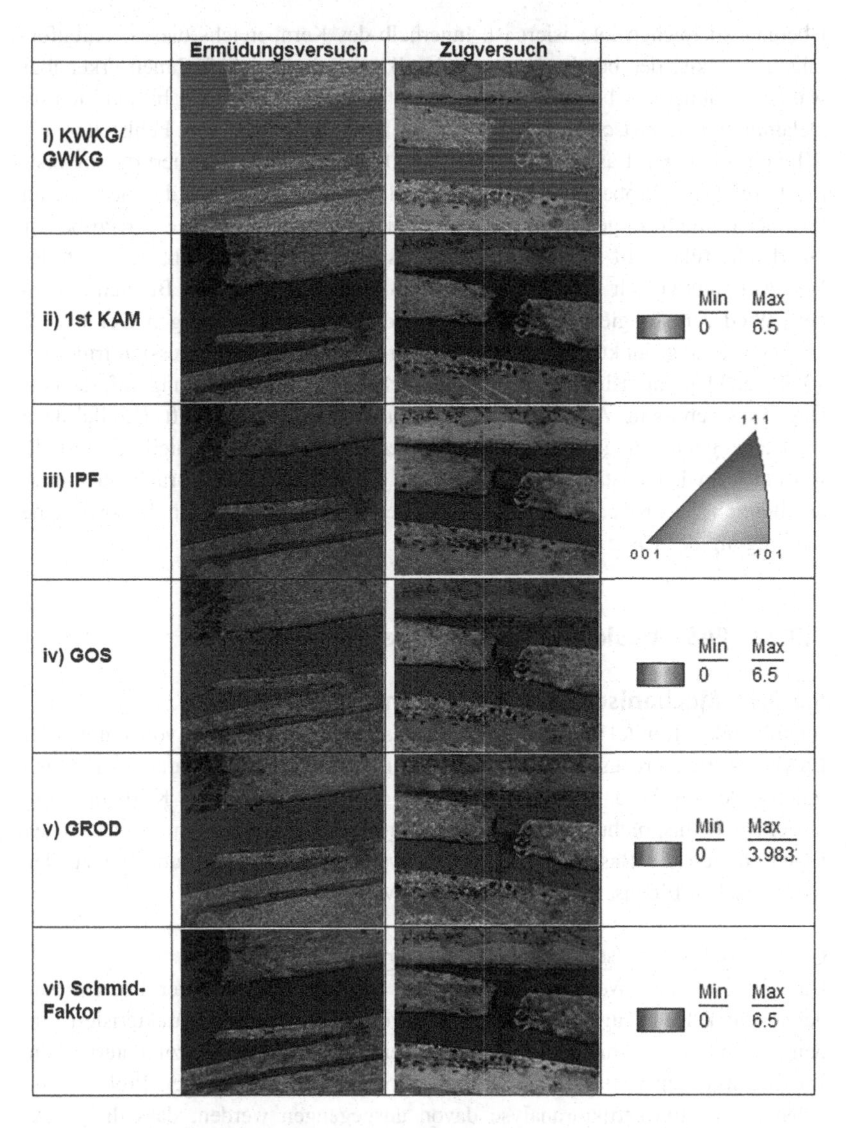

Abbildung 5.44 Gegenüberstellung der EBSD-Daten einer zyklisch ermüdeten und einer quasistatisch gebrochenen spanbasierten Probe des mittels SPD-basierter Prozessroute hergestellten Materials, vgl. [52]

Übergangsbereichen lokalisiert ist. Innerhalb des Kernbereichs dieses röhrenförmigen Defekts, der bereits in den lichtmikroskopischen Aufnahmen erkennbar war (Abbildung 5.4), befindet sich der eigentliche Prüfbereich, der bis auf kleinste Delaminationen zwischen den Spänen weitestgehend frei von Fehlstellen ist. Schon nach einer Lastspielzahl von 5.000 wird eine Rissinitiierung im oberen Bereich der Probe sichtbar. Als Rissinitiierungspunkt dient der Bereich, an dem der röhrenförmige Defekt aufgrund der konischen Geometrie der Probe zur Oberfläche führt. Mit fortschreitender Lastspielzahl wird deutlich, dass sich der Riss weiterentwickelt und andere Risse im gegenüberliegenden Bereich entstehen. Wiederum fungiert der Übergangsbereich des röhrenförmigen Defekts als Hauptinitiierungspunkt. Im Laufe der weiteren Schädigungsprogression tritt nach 19.500 Zyklen eine Rissentwicklung parallel zur Belastungsrichtung auf, die entlang eines bereits im Ausgangszustand sichtbaren Defekts verläuft. Parallel dazu wird eine Umlenkung eines anderen Risses im unteren Probenteil festgestellt. Bei einer finalen Lastspielzahl von 19.637 ist schließlich ein Bruch im mittleren Bereich der Probe, der senkrecht zur Belastungsrichtung verläuft, sowie eine Vereinigung der Risse feststellbar. [16,52]

5.2.2 FAST-basierte Prozessroute

5.2.2.1 Mechanische Eigenschaften

Im folgenden Kapitel werden die mechanischen Eigenschaften von mittels der FAST-basierten Prozessroute hergestellten Proben detailliert charakterisiert und miteinander ins Verhältnis gesetzt. Neben der Bestimmung der Kritikalität der einzelnen Beanspruchungsarten wird durch die Bestimmung der mechanischen Eigenschaften die Basis für die spätere systematische Separierung der zu den mechanischen Eigenschaften beitragenden Mechanismen gelegt.

<u>Quasistatisches Werkstoffverhalten - Zugversuche</u>

Das quasistatische Werkstoffverhalten der mittels FAST-basierter Prozessroute hergestellten Halbzeuge wurde auf Basis von Zugversuchen charakterisiert, um den Einfluss unterschiedlicher Sintertemperaturen und -zeiten zu untersuchen. Im Gegensatz zu mittels SPD-basierter Prozessroute hergestellten Proben kann anhand der Mikrostrukturanalyse davon ausgegangen werden, dass die Werkstoffeigenschaften in den Sinterlingen homogen sind, sodass im Gegensatz zu den Untersuchungen der SPD-basierten Proben keine Lageabhängigkeit der Spangrenzenqualität zu erwarten ist.

Zur Charakterisierung der quasistatischen Eigenschaften der Fließpresslinge wurden die in den Zugversuchen bestimmten Kennwerte der 0,2 %-Dehngrenze, Zugfestigkeit und Bruchdehnung bestimmt. Exemplarische Spannungs-Dehnungs-Kurven sind in Abbildung 5.45a gezeigt. Die ausgewerteten Kennwerte können Abbildung 5.45b sowie Tabelle 5.9 entnommen werden.

Die Ergebnisse der Zugversuche für den Spanwerkstoff zeigen, dass Dehngrenze, Zugfestigkeit und Bruchdehnung mit steigender Sintertemperatur und -zeit deutlich zunehmen. Vor allem die Bruchdehnung kann durch Erhöhung von Sinterzeit und -temperatur signifikant gesteigert werden. Zunächst ist festzustellen, dass die Zugfestigkeit vor allem mit steigender Temperatur signifikant zunimmt. Es zeigt sich, dass eine geringe Sintertemperatur von 400 °C zu deutlich reduzierten Eigenschaften führt, was insbesondere anhand der Bruchdehnung deutlich wird, die nur ca. 16 % der Referenz erreicht. Basierend auf einer Sinterzeit von 5 Minuten kann durch eine Erhöhung der Sintertemperatur auf 450 °C eine Steigerung der Zugfestigkeit um 18 % und bei 500 °C von 24 % verzeichnet werden. Noch deutlicher sind die Unterschiede in der Bruchdehnung, für die bei 450 °C eine Erhöhung um fast 220 % und bei 500 °C um ca. 450 % erreicht werden kann. Für die Referenz kann ein umgekehrter Zusammenhang beobachtet werden. Bei maximaler Sinterzeit bzw. -temperatur (500 °C, 30 min) ist eine leichte Abnahme der Bruchdehnung ausgehend von Zustand 400 °C, 5 min von etwa 20 % festzustellen, während eine moderate Erhöhung der Zugfestigkeit um ca. 8 % erzielt werden kann. Für die Temperaturen 450 °C und 500 °C wird die Referenz vom Spanmaterial, insbesondere bezogen auf die Dehngrenze, übertroffen.

Die Sinterzeit hat ebenso einen Einfluss auf die Festigkeit, mit steigender Sintertemperatur nimmt dieser Einfluss jedoch ab. Während bei 400 °C die Festigkeit durch Erhöhung der Sinterzeit auf 30 Minuten im Vergleich zu 5 Minuten um 9 % gesteigert werden kann, ist bei 500 °C lediglich eine Steigerung von 3 % zu erzielen. Eine Ausnahme stellt eine Sintertemperatur von 400 °C bei einer Sinterzeit von 10 min dar, bei der die Festigkeit im Vergleich zu einer Sinterzeit von 5 min um 12 % reduziert wurde.

Diese Ergebnisse deuten auf einen signifikanten Einfluss der Spangrenzenqualität hin. Im Vergleich zu den mittels SPD-Verfahren gefertigten Spanproben kann für den untersuchten Werkstoff ein sehr kleiner Unterschied zwischen 0,2 %-Dehngrenze und Zugfestigkeit bestimmt werden. So erreichen die Werte der 0,2 %-Dehngrenze zwischen 75 % und 94 % der Zugfestigkeit, was durch die signifikante Verformung durch den Fließpressprozess zu erklären ist.

Zur näheren Charakterisierung und Separierung des Einflusses von Sintertemperatur und -zeit sind die Faktoreffekte beider Prozessparameter auf die

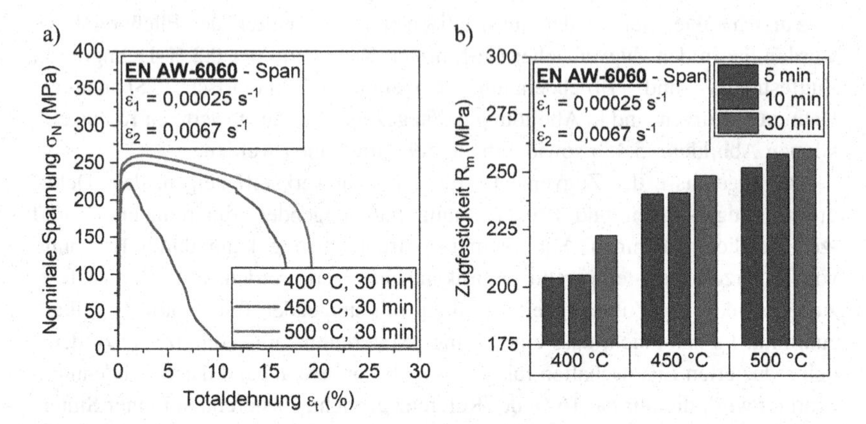

Abbildung 5.45 Spannungs-Dehnungs-Diagramm ausgewählter Spanproben aus den mittels FAST-basierter Prozessroute hergestellten Fließpresslingen (a) und Übersicht über Zugfestigkeit (b)

Tabelle 5.9 Ausgewertete Kennwerte aus den Zugversuchen an Proben aus mittels FAST-basierter Prozessroute hergestellten Fließpresslingen

T (°C)	t (min)	Mat.	$R_{p,0,2}$ (MPa)	R_m (MPa)	A (%)
400	5	Span	203,1	203,8	3,7
		Ref.	186,5	228,2	23,0
	10	Span	178,7	181,0	6,3
	30	Span	214,7	222,3	13,3
450	5	Span	237,7	240,4	8,3
	10	Span	237,6	240,7	14,2
		Ref.	205,1	240,1	21,4
	30	Span	248,3	250,2	17,4
500	5	Span	251,8	252,7	17,1
	10	Span	246,4	257,8	12,3
	30	Span	248,6	260,0	19,3
		Ref.	215,6	246,5	19,1

Zugfestigkeit in Abbildung 5.46 dargestellt. Es zeigt sich, dass der Einfluss der Sinterzeit nur etwa 31 % des Einflusses der Sintertemperatur ausmacht, sodass eine Erhöhung der Zugfestigkeit vor allem über die Steigerung der Sintertemperatur gelingt. Zudem bestätigt sich der für die quasistatischen Eigenschaften besonders kritische Temperaturbereich von 400 °C, der zu einer signifikanten Reduktion der Zugfestigkeit führt und auf Basis der Faktoreffekte nicht durch Erhöhung der Sintertemperatur ausgeglichen werden kann. Die Ergebnisse korrelieren gut mit den auf Basis der Mikrostrukturanalyse gewonnenen Erkenntnissen, denen zufolge bei 400 °C noch keine signifikante Diffusion stattfindet und die Oxide in Form von großen Partikeln bzw. Oxidbändern eine Verbindung verhindern.

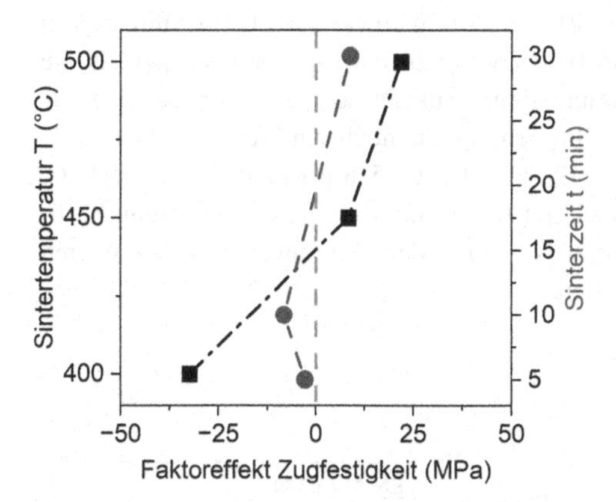

Faktor	Spannw.	Norm. Spannw.
T	54,18	1
t	17,03	0,31

Abbildung 5.46 Faktoreffekt von Sintertemperatur und -zeit auf die Zugfestigkeit der mittels FAST-basierter Prozessroute hergestellten Fließpresslinge

Quasistatisches Werkstoffverhalten - Druckversuche

Zur Charakterisierung des Werkstoffverhaltens infolge von Druckbeanspruchung wurden Druckversuche an aus den Fließpresslingen in verschiedenen Probenorientierungen gefertigten Proben durchgeführt. Dabei wurde die Traversengeschwindigkeit geregelt (v_s = 0,02 mm s^{-1}) und die Dehnung mittels eines Dehnungsmessaufnehmers (Fa. Instron, l_0 = 12,5 mm) ermittelt. Neben dem Vergleich mit den Ergebnissen der Zugversuche kann so die richtungsabhängige Beanspruchbarkeit eingeschätzt werden.

Die Ergebnisse der Druckversuche sind in Abbildung 5.47 dargestellt und in Tabelle 5.10 zusammengefasst. Ausgewertet aus den Spannungs-Stauchungs-Diagrammen wurden die Stauchgrenze $R_{d,0,2}$, sowie die nominale Druckspannung $\sigma_{N,D}$ bei einer Totaldehnung von $\varepsilon_t = 0,5$, da es bei keiner Probe zu einem Versagen kam. Die Ergebnisse zeigen eine deutliche Abhängigkeit der 0,2 %-Stauchgrenze sowohl von der Beanspruchungsrichtung als auch von den Prozessparametern. Der Einfluss der Beanspruchungsrichtung ist hierbei für 500 °C und 30 min deutlich geringer ausgeprägt. Auf Basis der Zugversuche konnte festgestellt werden, dass die quasistatischen Eigenschaften durch die geringere Qualität der Spangrenzen bei niedrigen Sintertemperaturen bzw. -zeiten deutlich reduziert sind, sodass die geringeren Unterschiede der 0,2 %-Stauchgrenze zwischen den Beanspruchungsrichtungen auf die erhöhte Spangrenzenqualität zurückgeführt werden können. Für die Zustände 400 °C, 5 min sowie 450 °C, 10 min weisen die Proben mit Beanspruchung in 0°-Richtung zu den Spangrenzen jeweils die geringsten Werte für die 0,2 %-Stauchgrenze auf. Diese sind gegenüber den 90° zu den Spangrenzen beanspruchten Proben, die die höchsten Werte für die 0,2 %-Stauchgrenze aufweisen, um etwa 12 % (400 °C, 5 min) bzw. 21 % (450 °C, 10 min) reduziert. Die 0,2 %-Stauchgrenze der 45° zur Fließpressrichtung beanspruchten Proben entspricht in guter Näherung dem Mittelwert aus den Werten der 0° und 90° beanspruchten Proben.

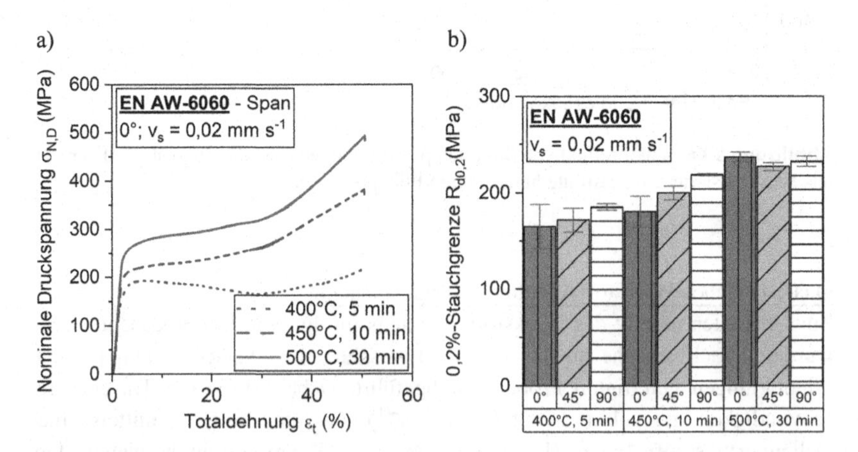

Abbildung 5.47 Spannungs-Stauchungs-Diagramme der mittels FAST-basierter Prozessroute hergestellten Fließpresslinge (a), 0,2 %-Stauchgrenze der spanbasierten Zustände (b)

Tabelle 5.10 Kennwerte aus den Druckversuchen der mittels FAST-basierter Wiederverwertungsroute hergestellten Proben aus Fließpresslingen

T, t	Orientierung	$R_{d0,2}$ (MPa)	$\sigma_{N,D}$ bei $\varepsilon_t = 0{,}5$ (MPa)
400 °C, 5 min	0°	165,1 ± 22,6	210,6 ± 13,6
	45°	171,7 ± 12,4	376,7 ± 26,0
	90°	185,5 ± 3,3	307,7 ± 36,4
450 °C, 10 min	0°	180,4 ± 16,3	394,7 ± 17,4
	45°	199,9 ± 7,1	445,7 ± 24,2
	90°	218,5 ± 1,14	494,2 ± 24,3
500 °C, 30 min	0°	236,6 ± 5,3	493,9 ± 15,5
	45°	226,7 ± 4,1	556,1 ± 12,3
	90°	232,4 ± 5,5	528,4 ± 13,2

Für die nominale Druckspannung bei einer Totaldehnung von $\varepsilon_t = 0{,}5$ ist festzustellen, dass im Gegensatz zur 0,2 %-Stauchgrenze für die Zustände 400 °C, 5 min und 500 °C, 30 min die 45°-Orientierung die höchsten Werte aufweist. Auf Basis der Aufnahmen während des Versuchs (Abbildung 5.48) wird deutlich, dass es bei dieser Orientierung zu einem Abscheren von Probenbereichen entlang der Lage der Spangrenzen kommt, sodass ein für Druckversuche übliches Ausbauchen nicht auftritt. Aufgrund dieser Besonderheit wird in nachfolgenden Vergleichen mit weiteren mechanischen Kenngrößen die 0,2 %-Stauchgrenze herangezogen.

Auf Basis der Ergebnisse kann geschlussfolgert werden, dass die Beanspruchbarkeit von Spangrenzen abhängig von der Lage dieser in Bezug auf die Beanspruchungsrichtung ist. Längs zur Beanspruchungsrichtung verlaufende Spangrenzen führen dementsprechend zu einem früheren Versagen. Im Druckspannungs-Stauchungs-Diagramm (Abbildung 5.47a) ist für die entsprechenden Proben bereits kurz nach dem Erreichen der 0,2 %-Stauchgrenze ein Kraftabfall zu verzeichnen, der auf das Versagen der Spangrenzen zurückgeführt werden kann. Zu Verdeutlichung dienen die Aufnahmen der Druckversuche für die verschiedenen Zustände in Abbildung 5.48.

Neben der unterschiedlichen Beanspruchbarkeit verschiedener Probenorientierungen ist für die Bewertung der Versagensmechanismen sowie der Schädigungstoleranz auch die Beanspruchbarkeit in verschiedenen Beanspruchungsrichtungen relevant, weshalb in Tabelle 5.11 die Beanspruchbarkeit in Zugrichtung mit derjenigen in Druckrichtung auf Basis der Dehn- bzw. Stauchgrenze verglichen wird. Auf Basis des Vergleichs wird erkennbar, dass die Beanspruchbarkeit in

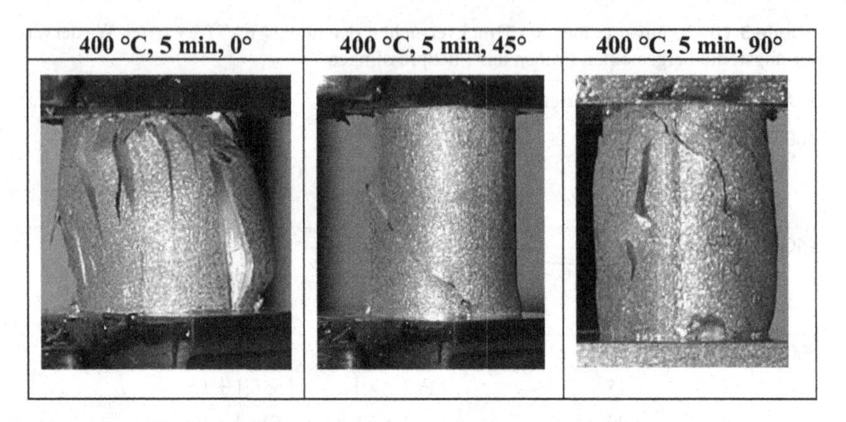

Abbildung 5.48 Versagensbilder der Proben der mittels FAST-basierter Prozessroute hergestellten Fließpresslinge in Abhängigkeit der Spangrenzenorientierung im Druckversuch bei einer Totaldehnung von $\varepsilon_t = 10$ %

Zugrichtung bezogen auf diesen Kennwert höher ist, was ein früheres Versagen der Spangrenzen suggeriert. Bei der höchsten Sintertemperatur bzw. -zeit erhöht sich dieses Verhältnis signifikant auf 0,95, was mit einer als höher angenommen Spanqualität in Einklang gebracht werden kann.

Tabelle 5.11 Vergleich von Zug- und Druckeigenschaften zur Charakterisierung des beanspruchungsrichtungsabhängigen Schädigungsverhaltens

	400 °C, 5 min	**450 °C, 10 min**	**500 °C, 30 min**
$R_{d0,2}$ (MPa)	165,1	180,4	236,6
$R_{p0,2}$ (MPa)	203,1	229,7	248,6
$R_{d0,2}/R_{p0,2}$	0,81	0,79	0,95

Zyklisches Werkstoffverhalten - Laststeigerungsversuche

Neben den quasistatischen Eigenschaften sind auch die zyklischen Eigenschaften von Relevanz, insbesondere, da diese sich z. T. stark von ersteren unterscheiden können [233]. Generell entfällt auf die Mikrostruktur und im Besonderen Materialinhomogenitäten ein deutlich größerer Einfluss, da insbesondere letztere bei zyklischer Beanspruchung die Rissinitiierungsphase deutlich verkürzen können und zu starken Unterschieden im Ermüdungsverhalten führen können [172,257].

Die Ergebnisse der Laststeigerungsversuche bezüglich der erreichten Bruchspannungsamplitude sind in Abbildung 5.49 dargestellt und können Tabelle 5.12 entnommen werden.

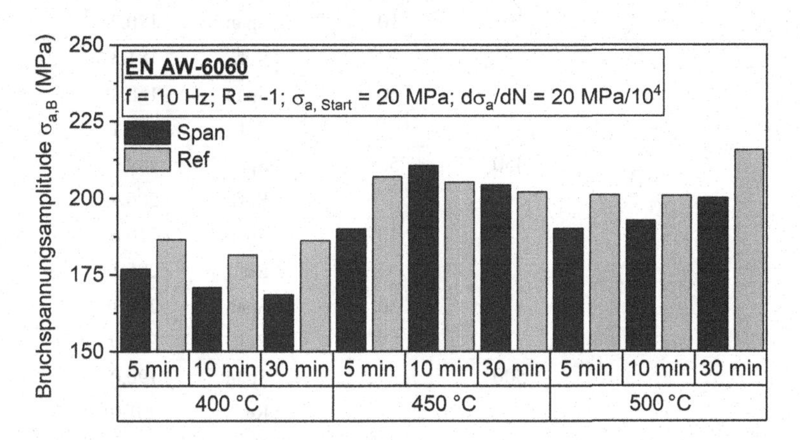

Abbildung 5.49 Abschätzung der zyklischen Leistungsfähigkeit der mittels FAST-basierter Prozessroute hergestellten Fließpresslinge auf Basis von Laststeigerungsversuchen

Die Ergebnisse der Laststeigerungsversuche zeigen einen deutlichen Einfluss von Sinterzeit und Sintertemperatur auf die Bruchspannungsamplitude. Grundsätzlich ist die Bruchspannungsamplitude durch eine Erhöhung der Sintertemperatur steigerbar. Dabei hat die Erhöhung von 400 °C auf 450 °C einen deutlich größeren Einfluss als die Erhöhung von 450 °C auf 500 °C. Der Einfluss der Sinterzeit auf die Bruchspannungsamplitude ist unterschiedlich, abhängig von der Sintertemperatur: Bei 400 °C nimmt die Bruchspannungsamplitude mit zunehmender Sinterzeit ab, was auf den Abbau von Verfestigung im Spanmaterial hindeutet. Bei 450 °C nimmt die Bruchspannungsamplitude zunächst zu, erreicht bei einer Sinterzeit von 10 min ein Maximum und verringert sich dann bei einer Sinterzeit von 30 min wieder. Bei 500 °C steigt die Bruchspannungsamplitude mit zunehmender Sinterzeit an. Auf die Referenz hat die Sinterzeit nur einen untergeordneten Einfluss, lediglich bei einer Sintertemperatur von 500 °C wird für eine Sinterzeit von 30 min eine um ca. 7 % höhere Bruchspannungsamplitude erreicht.

Insgesamt liegen die Werte für die Bruchspannungsamplitude bei den verschiedenen Sinterzeiten und -temperaturen nahe an den Referenzwerten. Die maximale Abweichung von der Referenz beträgt etwa 10 % (400 °C, 5 min). Bei 450 °C

Tabelle 5.12 Im Laststeigerungsversuch erreichte Bruchspannungsamplituden

T (°C)	t (min)	Mat.	$\sigma_{a,B}$ (MPa)
400	5	Span	176,8
		Ref.	186,5
	10	Span	170,7
		Ref.	181,3
	30	Span	168,4
		Ref.	186,1
450	5	Span	189,9
		Ref.	206,9
	10	Span	210,6
		Ref.	205,1
	30	Span	204,1
		Ref.	202,0
500	5	Span	190,0
		Ref.	201,0
	10	Span	192,6
		Ref.	200,8
	30	Span	200,1
		Ref.	215,6

und einer Sinterzeit von 10 bzw. 30 Minuten übertrifft das Spanmaterial die Referenz geringfügig um ca. 3 % (10 min) bzw. 1 % (30 min). Generell zeigt sich ein deutlich geringerer Einfluss beider Prozessparameter auf die Ergebnisse verglichen mit den Zugversuchen. Dies wird durch die Auswertung der Faktoreffekte (Abbildung 5.50 bzw. Abbildung 5.51) unterstützt.

Zusammengefasst hat auch für die zyklischen Untersuchungen in Form von Laststeigerungsversuchen die Sintertemperatur gegenüber der -zeit in den untersuchten Intervallen den deutlich größeren Einfluss, wobei die Sinterzeit für die Ergebnisse des spanbasierten Werkstoffs wie bereits festgestellt praktisch keinen Einfluss hat. Im Vergleich zu den Zugversuchen sind die Einflussmöglichkeiten durch Anpassung der Prozessparameter jedoch deutlich eingeschränkter. So kann durch Variation der Sintertemperatur innerhalb der betrachteten Grenzen lediglich ein Unterschied, der auf Basis der Definition des Faktoreffekts alleinig auf die Sintertemperatur zurückzuführen ist, von maximal ca. 30 MPa erreicht werden.

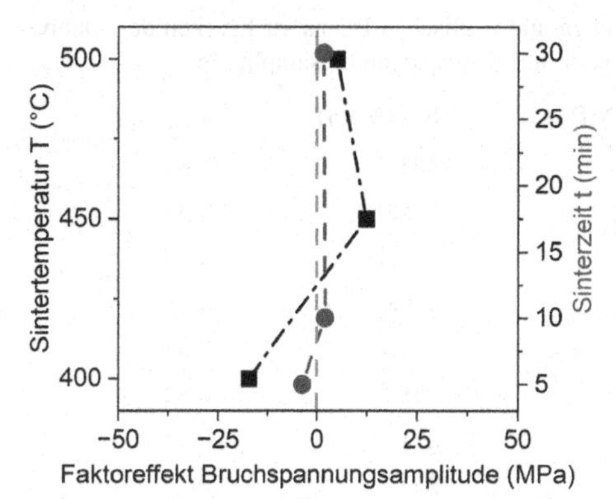

Faktor	Spannw.	Norm. Spannw.
T	29,53	1
t	5,72	0,19

Abbildung 5.50 Faktoreffekt von Sintertemperatur und -zeit der mittels FAST-basierter Prozessroute hergestellten Fließpresslinge auf die Bruchoberspannung im Laststeigerungsversuch: Span

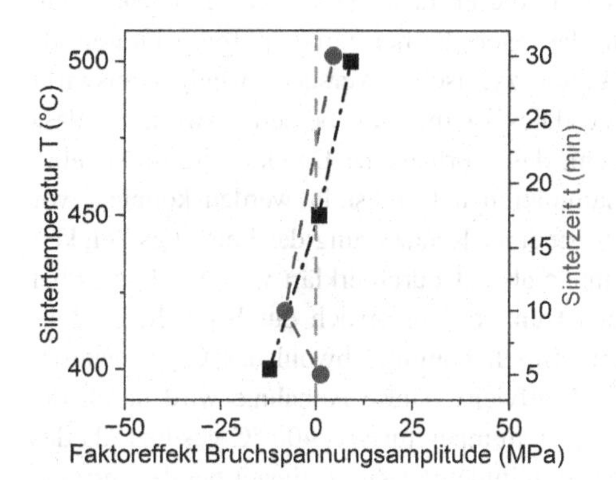

Faktor	Spannw.	Norm. Spannw.
T	21,16	1
t	12,60	0,60

Abbildung 5.51 Faktoreffekt von Sintertemperatur und -zeit der mittels FAST-basierter Prozessroute hergestellten Fließpresslinge auf die Bruchoberspannung im Laststeigerungsversuch: Referenz

Zum Vergleich der quasistatischen mit der zyklischen Leistungsfähigkeit wurden in Tabelle 5.13 die Werte der erreichten Zugfestigkeit im Zugversuch mit denen der Bruchspannungsamplitude im Laststeigerungsversuch verglichen. Es zeigt sich, dass vor allem die Proben bei geringer und mittlerer Sintertemperatur

Tabelle 5.13 Vergleich der quasistatischen und zyklischen Beanspruchbarkeit des spanbasierten Materials auf Basis der Zugfestigkeit und Bruchspannungsamplitude

T (°C)	t (min)	$\sigma_{a,B}$ (MPa)	R_m (MPa)	$\sigma_{a,B}/R_m$
400	5	176,8	203,8	0,87
	10	170,7	205,0	0,83
	30	168,4	222,3	0,76
450	5	189,9	240,4	0,79
	10	210,6	240,7	0,88
	30	204,1	248,3	0,82
500	5	190,0	251,8	0,75
	10	192,6	257,8	0,75
	30	200,1	260,0	0,77

den höchsten Anteil der zyklischen im Vergleich zur quasistatischen Leistungsfähigkeit aufweisen. Wird zur Erklärung dieser Tatsache die Spangrenzenqualität bemüht, muss festgehalten werden, dass sich die bei geringen Temperaturen als geringer angenommene Qualität für die zyklischen Versuche weniger auswirkt als für die quasistatischen Versuche. Dies ist insoweit bemerkenswert, als dass in der Literatur die Annahme besteht, dass vorhandene Defekte, die im spanbasierten Material in Form von Delaminationen festgestellt werden konnten, vor allem bei zyklischer Beanspruchung zu einer Reduzierung der Leistungsfähigkeit führen [184,257]. Die Resultate können aber dadurch erklärt werden, dass es bei geringer Spangrenzenqualität bereits früh im Zugversuch durch die hohe Dehnung an den Spangrenzen zu einem Bruch kommt, obwohl das Grundmaterial noch weiteres Verfestigungspotenzial aufweist. Diese Annahme wird durch die Betrachtung der Sinterzeit bei einer Sintertemperatur von 400 °C gestützt, da das Verhältnis zwischen Bruchspannungsamplitude und Zugfestigkeit bei der geringsten Sinterzeit und der somit am kleinsten angenommenen Spangrenzenqualität am höchsten ist. Zwar führt die als geringer angenommene Spangrenzenqualität auch bei den Laststeigerungsversuchen zu einer verglichen mit der Referenz reduzierten Bruchspannungsamplitude, da jedoch auf Basis der Defektanalysen mittels CT (Abbildung 5.31) keine größeren Delaminationen oder Defekte nachgewiesen werden konnten, ist davon auszugehen, dass der Spannungsintensitätsfaktor im Vergleich zur Referenz nicht sonderlich erhöht ist, was die vergleichsweise hohen Bruchspannungsamplituden im Laststeigerungsversuch erklärt. Zudem ist die aufgestellte Forschungsfrage hinsichtlich der zyklischen Leistungsfähigkeit damit beantwortet. So werden bei Verwendung von geeigneten Sinterparametern die zyklischen Eigenschaften der Referenz nahezu erreicht.

Zyklisches Werkstoffverhalten - Einstufenversuche

In Ergänzung zu den Laststeigerungsversuchen, die primär der Abschätzung des Ermüdungsverhaltens der Proben dienten und auf der Basis derer Werkstoffreaktionen geeignete Niveaus für einstufige Ermüdungsversuche gewählt wurden, wurden Wöhler-Linien für die Varianten 400 °C, 5 min, 450 °C, 10 min und 500 °C, 30 min erstellt, um tiefgreifendere Aussagen zum Ermüdungsverhalten zu gewinnen.

Die auf Basis der Werkstoffreaktion erstellten Wechselverformungskurven können Abbildung 5.52a entnommen werden. Die Wöhler-Linien für die verschiedenen Zustände sind in Abbildung 5.52b dargestellt. Grundsätzlich bestätigen die Einstufenversuche die Ergebnisse der Laststeigerungsversuche. Der Zustand 400 °C, 5 min weist gegenüber den anderen Zuständen signifikant reduzierte Ermüdungseigenschaften auf, was anhand der um etwa eine Dekade reduzierten Ermüdungslebensdauer deutlich wird. Die Steigung der Wöhler-Line ist vergleichbar mit der des Zustands 450 °C, 10 min, wohingegen sich die Steigung der Wöhler-Linie des Zustands 500 °C, 30 min unterscheidet, was dazu führt, dass im Bereich größerer Lastspielzahlen (HCF-Bereich) höhere Ermüdungslebensdauern und im Bereich kleinerer Lastspielzahlen (LCF-Bereich) gegenüber dem Zustand 450 °C, 10 min geringere Ermüdungslebensdauern erreicht werden. Dies deutet darauf hin, dass der Einfluss der Mikrostruktur gegenüber dem Defekteinfluss an Bedeutung gewinnt. Die festgestellten Unterschiede im Ermüdungsverhalten können anhand der Werkstoffreaktion in Form der plastischen Dehnungsamplitude nachvollzogen werden. Bei konstanter Spannungsamplitude treten für die im LCF-Bereich versagenden Proben signifikante Werkstoffreaktionen auf. So ist zunächst eine zyklische Entfestigung auszumachen, die zustandsabhängig nach einigen 1.000 Lastspielen und damit im Vergleich zu den SPD-basierten Proben deutlich später in eine zyklische Verfestigung übergeht. Das Maximum der Verfestigung liegt, ebenfalls werkstoffabhängig, etwa eine Dekade nach dem Maximum der Entfestigung und geht anschließend in eine zweite Phase der Entfestigung über, die sich in einem rapiden Anstieg der plastischen Dehnungsamplitude bis zum Bruch äußert. In dieser Phase geschieht die Rissausbreitung.

Ermüdungsverhalten im LCF-Bereich

Analog zu den auf Basis der SPD-basierten Prozessroute hergestellten Proben wurden zusätzlich totaldehnungskontrollierte Einstufenversuche durchgeführt, um

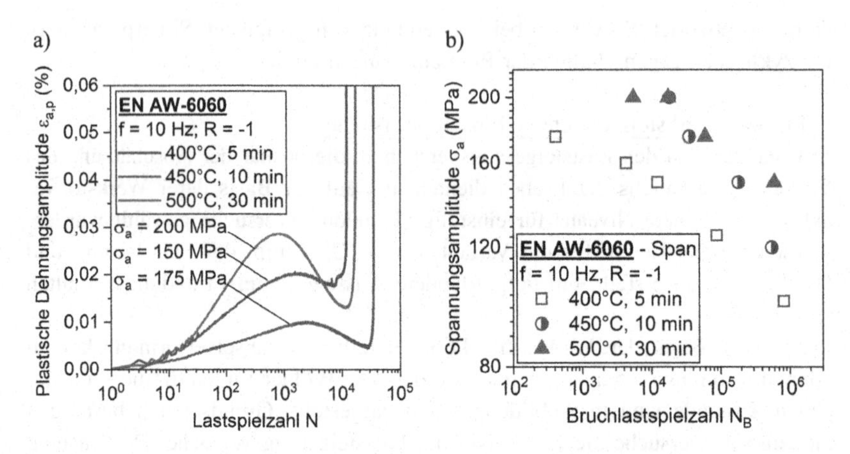

Abbildung 5.52 Wechselverformungskurven (a) und Wöhler-Diagramm (b) der aus mittels FAST-basierter Prozessroute hergestellten Proben aus Fließpresslingen

zyklische Ver- und Entfestigungsvorgänge bei einer Beanspruchung, die zu einem Versagen im LCF-Bereich führt, beurteilen zu können. Der Verlauf der Spannungsamplitude σ_a in einem totaldehnungskontrollierten Versuch mit einer Totaldehnungsamplitude von $\varepsilon_{a,t} = 0{,}5\ \%$ kann Abbildung 5.53 entnommen werden.

Anhand der Werkstoffreaktionen können zahlreiche Rückschlüsse auf das zyklische Ver- bzw. Entfestigungsverhalten sowie das Schädigungsverhalten gezogen werden. Im Gegensatz zu den Proben aus mittels SPD-basierter Prozessroute hergestellten Profilen ist für die mittels FAST-basierter Prozessroute hergestellten Probe keine initiale zyklische Verfestigung auf Basis der Spannungsamplitude feststellbar, was auf die bereits während des Fließpressprozesses eingebrachte Versetzungsverfestigung zurückgeführt werden kann, die eine weitere Verfestigung verhindert. Dies konnte analog für die Zugversuche (Abbildung 5.45) festgestellt werden, in denen ebenfalls keine signifikante Verfestigung für die FAST-basierte Prozessroute beobachtet werden konnte. Analog zu der SPD-basierten Probe kommt es auch hier zu einem rapiden Spannungsabfall, hier nach etwa 2.000 Lastspielen, dem sich analog zwei Bereiche linearen Abfalls der Spannungsamplitude mit Wechsel der Steigung bei etwa 2.800 Lastspielen anschließen.

Auf Basis der Spannungs-Dehnungs-Hystereseschleifen kann erkannt werden, dass der Abfall der Spannungsamplitude auf Rissausbreitung und Reduktion der

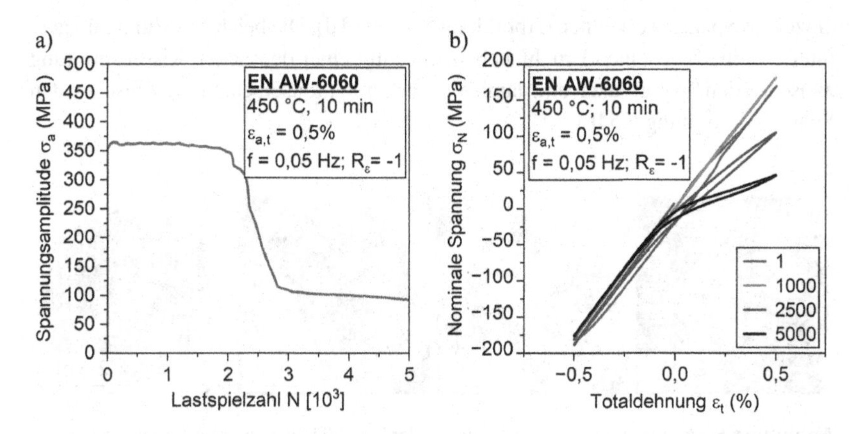

Abbildung 5.53 Zyklisches Ver- und Entfestigungsverhalten auf Basis der Spannungsamplitude in einem totaldehnungsgeregelten Versuch ($\varepsilon_{a,t} = 0{,}5$ %) eines mittels FAST-basierter Prozessroute hergestellten Fließpresslings (a), Spannungs-Dehnungs-Hystereseschleifen ausgewählter Zyklen (b)

wirksamen Querschnittsfläche zurückgeführt werden kann. Es zeigt sich, dass zunächst, analog zur Beobachtung auf Basis der Spannungsamplitude, keine zyklische Verfestigung zu verzeichnen ist. Mit zunehmender Lastspielzahl ist eine deutliche Verschiebung der Hystereseschleifen in Richtung geringerer Spannungen im positiven Halbzyklus feststellbar, während der negative Halbzyklus kaum Veränderungen aufweist. Dementsprechend ändert sich auch der Elastizitätsmodul im positiven Halbzyklus, der auf Basis des Hooke'schen Gesetzes zur Abschätzung der verbleibenden Querschnittsfläche genutzt werden kann. Die Unterschiede der Mikrostruktur zwischen SPD- und FAST-basierter Prozessroute zeigen sich damit im LCF-Bereich besonders deutlich.

Fraktografie

Nach den Ermüdungsversuchen wurden die gebrochenen Proben im Rasterelektronenmikroskop untersucht, um Rückschlüsse über das Ermüdungsverhalten auf Basis der Ausbildung der Bruchfläche ziehen zu können. Die Bruchmechanismen der spanbasierten Proben zeigen eine große Abhängigkeit von der Sintertemperatur bzw. -zeit. Anhand der REM-Bilder sind drei verschiedene Typen zu unterscheiden. Bei der Referenz sowie einer Sintertemperatur von 500 °C und einer Sinterzeit von 30 min ist eine glatte Ermüdungsbruchebene mit einer Rissausbreitung durch die einzelnen Späne zu erkennen (Abbildung 5.54a und d). Die bei 400 °C für 5 min gesinterte Probe zeigt einen Bruchmechanismus mit einer deutlichen Rissausbreitung zwischen den Spangrenzen und damit eine Delaminationserscheinung zwischen den Spänen (Abbildung 5.54b).

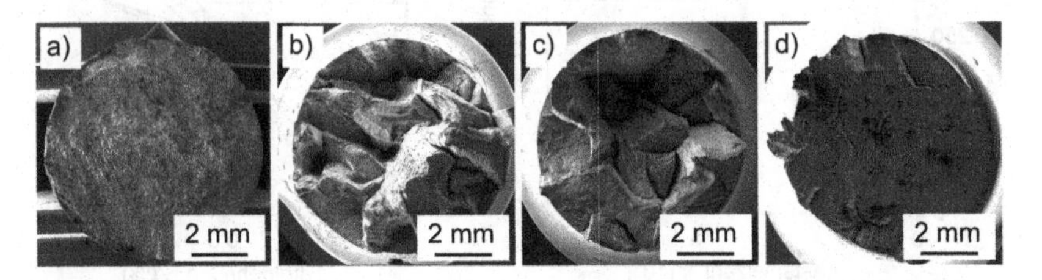

Abbildung 5.54 Fraktografische Aufnahmen der Bruchfläche von in Ermüdungsversuchen gebrochenen Proben aus den mittels FAST-basierter Prozessroute hergestellten Fließpresslingen in Abhängigkeit des Zustands, Referenz (a), 400 °C, 5 min (b), 450 °C, 10 min (c), 500 °C, 30 min (d)

Diese Delaminationen müssen jedoch von den anfänglichen Delaminationen, die während des Fließpressprozesses auftreten, unterschieden werden. Bei einer Sintertemperatur von 450 °C und einer Sinterzeit von 10 min ist eine kombinierte Form mit Anteilen beider Bruchmechanismen sichtbar, wie in Abbildung 5.54c dargestellt. Aufgrund der Ergebnisse kann davon ausgegangen werden, dass bei geringen Sintertemperaturen die Verbundfestigkeit zwischen den Spänen der begrenzende Faktor ist, während bei hohen Sintertemperaturen die Festigkeit des Grundwerkstoffs eine Rolle spielt. Die Ergebnisse stehen damit im Einklang mit den mikrostrukturellen Untersuchungen, denen zufolge bei geringen Temperaturen keine signifikanten Sintereffekte auftreten und zu den mechanischen Untersuchungen, nach denen die bei 400 °C gesinterten Zustände grundsätzlich deutlich verringerte mechanische Festigkeiten aufweisen.

Wirkung von Sintertemperatur und -zeit auf die mechanischen Eigenschaften

Zur Bewertung des Einflusses von Sintertemperatur und -zeit auf die betrachteten Kenngrößen wurden die Faktoreffekte ausgewertet, sodass der Einfluss von Sintertemperatur und -zeit separiert betrachtet wird. Mögliche Interaktionseffekte werden in diesem Kontext nicht berücksichtigt. Die auf Basis der Faktoreffekte ausgewerteten separierten Faktoreffekte wurden auf Basis der prozentualen Änderung der jeweiligen Mittelwerte der betrachteten Einflussparameter angegeben, sodass eingeschätzt werden kann, welche Änderung durch Anpassung von Sintertemperatur bzw. -zeit erreicht werden kann. Die Werte entsprechen demnach dem Verhältnis aus der jeweiligen Spannweite und dem Gesamtmittelwert. Die entsprechende Auswertung ist in Abbildung 5.55 dargestellt.

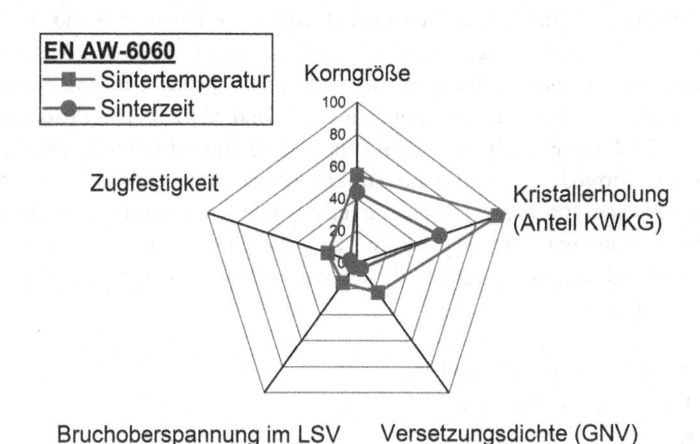

Abbildung 5.55 Wirkung von Sintertemperatur und -zeit des mittels FAST-basierter Prozessroute hergestellten Materials auf die mikrostrukturellen und mechanischen Kenngrößen (Angabe in %)

Der Auswertung kann entnommen werden, dass die Sintertemperatur gegenüber der Sinterzeit auf sämtliche betrachtete Kenngrößen einen stärkeren Einfluss ausübt. Zudem wird deutlich, dass vor allem die mikrostrukturellen Kenngrößen sehr stark von Sintertemperatur und -zeit abhängen. So variiert bspw. der Anteil an KWKG, der auf die Sintertemperatur zurückgeführt werden kann, um fast 100 % bezogen auf den Mittelwert.

Die mechanischen Eigenschaften hingegen werden weniger von den Prozessgrößen beeinflusst. So variiert die Zugfestigkeit durch den alleinigen Einfluss der Sintertemperatur um etwa 20 % innerhalb der gewählten Grenzen der Sintertemperatur.

Die in Kapitel 2 aufgestellte Forschungsfrage bezüglich des Einflusses von Sintertemperatur und -zeit kann somit beantwortet werden. Vor diesem Hintergrund muss jedoch beachtet werden, dass gerade in Bezug auf die mechanischen Eigenschaften zahlreiche Einflussgrößen zu berücksichtigen sind, die sich zum Teil gegenseitig beeinflussen. Für eine zielgerichtete Bewertung der Einflussgrößen ist daher eine systematische Separierung der wirksamen Mechanismen erforderlich, die im nachfolgenden Kapitel aufgegriffen wird.

5.3 Mechanismenseparation zur Evaluation der Leistungsfähigkeit

Zur umfassenden, mechanismenbezogenen Bewertung der Ergebnisse der mechanischen Untersuchungen und zur Aufklärung der wirksamen Verbindungs- und Mikrostrukturmechanismen werden im Folgenden die aus dem Stand der Technik sowie sich auf Basis der Untersuchungen ergebende Einflussgrößen auf die mechanischen Ergebnisse diskutiert, um relevante Mechanismen zu separieren und in ihrem Einfluss zu bewerten. Anschließend werden die Prozessgrößen Sinterzeit und -temperatur vor dem Hintergrund ihrer Einflüsse auf die verschiedenen Verbindungs- und Mikrostrukturmechanismen eingeschätzt, um die Voraussetzungen für die im Weiteren erfolgende Generierung von Modellen zur Einschätzung der Leistungsfähigkeit zu schaffen. Im Folgenden werden folgende Einflussfaktoren betrachtet, die den angegebenen Obergruppen zugeordnet werden können:

1) Werkstoffbezogene Mechanismen
   - Verfestigende Mechanismen
     a. Korngrenzenverfestigung
     b. Ausscheidungsverfestigung
     c. Versetzungsverfestigung
   - Entfestigende Mechanismen
     a. Erholung
     b. Rekristallisation
2) Prozessbezogene Mechanismen
   a. Formschluss
   b. Diffusion

Die beschriebenen Mechanismen werden für die FAST-basierte Prozessroute auf Basis der Sintertemperatur bzw. Sinterzeit ausgewertet. Für die SPD-basierte Prozessroute wurde bereits auf Basis des Vergleichs zwischen Spanwerkstoff und Referenz eine Abschätzung der Spangrenzenqualität vorgenommen, da die mikrostrukturellen Einflussgrößen durch die Prozessroute identisch waren. Für die FAST-basierte Prozessroute ist dies nicht möglich, da der spanbasierte Werkstoff aufgrund des Fertigungsprozesses der Späne bereits Versetzungsverfestigung aufgebaut hat. Entfestigende Mechanismen müssen nicht separiert betrachtet werden, da abgebaute Verfestigung durch Messung der Härte unmittelbar berücksichtigt ist.

5.3.1 Korngrenzenverfestigung

Basierend auf der Hall-Petch-Beziehung [256,258] kann durch Verringerung der Korngröße eine erhebliche Festigkeitssteigerung erzielt werden, sodass diese zur ganzheitlichen Charakterisierung der Leistungsfähigkeit und zwecks Separierung gegenüber anderen Einflussfaktoren einbezogen werden muss. Während für die FAST-basierte Prozessroute nachgewiesen werden konnte, dass die Korngröße innerhalb der Sinterlinge weitgehend homogen ist und nur zwischen den Zuständen variiert, ist für die SPD-basierte Prozessroute zusätzlich die Lage zu berücksichtigen, da aufgrund der unterschiedenen Zonen Bereiche unterschiedlicher Korngröße zu differenzieren sind. Zur Bestimmung der Korngröße wurden die EBSD-Analysen ausgewertet. Nach der Hall-Petch-Beziehung ändert sich die Härte durch Kornfeinung entsprechend der angegebenen Beziehung.

$$HV = HV_0 + \frac{K_H}{\sqrt{d_K}} \quad \text{(Gl. 5.2)}$$

Entsprechend der Korngröße kann mittels der Gleichung die um den Einfluss der Korngröße reduzierte Härte ermittelt werden. Für K_H wurde hierbei ein Wert von 23,88 HV $\sqrt{\mu m}$ auf Basis der Literatur [259] angenommen (Tabelle 5.14).

Tabelle 5.14 Benötigte Kennwerte zur Berechnung des Anteils der korngrößenbedingten Festigkeitssteigerung für die FAST-basierte Wiederverwertungsroute (Index S: Span, Index Si: Sinterling)

T (°C)	t (min)	d_K (µm)	$HV_{S,Si}$	HV_0	F_K
400	5	110,0	68,1	65,4	1,04
	10	140,1	54,2	51,8	1,05
	30	54,4	40,4	46,6	1,09
450	5	45,1	57,9	53,7	1,08
	10	74,2	55,3	52,0	1,06
	30	59,7	47,2	43,5	1,08
500	5	160,9	64,2	62,0	1,04
	10	82,9	61,9	58,8	1,05
	30	82,5	61,8	58,7	1,05

Der auf der Korngröße bzw. der Kornfeinung basierende Anteil an der Gesamtfestigkeit wird dann als Quotient aus der Härte und der um den Einfluss der Korngröße reduzierten Härte HV_0 bestimmt.

$$F_K = \frac{HV_{S,Si}}{HV_0} \quad \text{(Gl. 5.3)}$$

5.3.2 Ausscheidungsverfestigung

Als 6xxx-er Legierung gehört die Legierung EN AW-6060 zu den aushärtbaren Legierungen. Die Festigkeitssteigerung wird, wie in Kapitel 2 beschrieben, durch sehr fein verteilte Mg_2Si-Ausscheidungen hervorgerufen [2], die je nach Auslagerungszeit und -temperatur kohärent, teilkohärent oder inkohärent vorliegen können. Neben der Warmauslagerung kann es nach vorheriger Überschreitung der Lösungsglühtemperatur und entsprechender Abschreckung auch bei Raumtemperatur zur Kaltauslagerung kommen.

Bei den verwendeten Sintertemperaturen zwischen 400 und 500 °C kann es, da nach dem Sintern eine rasche Abkühlung erfolgt, entsprechend zu Kaltauslagerungseffekten kommen, die bei der Charakterisierung der Eigenschaften berücksichtigt werden müssen. Zur Berücksichtigung des ausscheidungsbedingten Anteils an der Festigkeit wurden Härtemessungen am Referenzmaterial durchgeführt. Die Ergebnisse sind in Abbildung 5.56a dargestellt. Nach dem Konsolidieren durch den FAST-Prozess wurden die Sinterlinge fließgepresst, wodurch es zu einer zusätzlichen Einbringung von Versetzungsverfestigung kommt. Da aufgrund einer möglichen Abhängigkeit der auslagerungsbedingten von der verformungsbedingten Festigkeitssteigerung Interaktionen auftreten können, wurden ebenfalls Härtemessungen an den Fließpresslingen aus Referenzmaterial durchgeführt. Diese Ergebnisse sind in Abbildung 5.56b dargestellt.

Es zeigt sich, dass in Abhängigkeit der Sintertemperatur und -zeit leichte Unterschiede in der Härte gemessen werden können. Während für 450 °C für jede Sinterzeit eine leichte, nicht signifikante Reduktion der Härtewerte zu verzeichnen ist, kann für 500 °C eine signifikante Zunahme der Härte konstatiert werden, die stark von der Sinterzeit abhängt. Für den fließgepressten Werkstoff sind ebenso auslagerungsbedingte Härtesteigerungen feststellbar, die jedoch nicht so stark ausfallen. Die Ergebnisse können direkt auf die Auslagerung zurückgeführt werden, da aufgrund der Homogenisierung eine identische Korngröße für die Referenz sichergestellt wurde. Zur Quantifizierung der auslagerungsbedingten Anteile an der Gesamtfestigkeit werden die Ergebnisse der Härtemessungen normiert und entsprechende Faktoren daraus abgeleitet, die in Tabelle 5.15 angegeben sind.

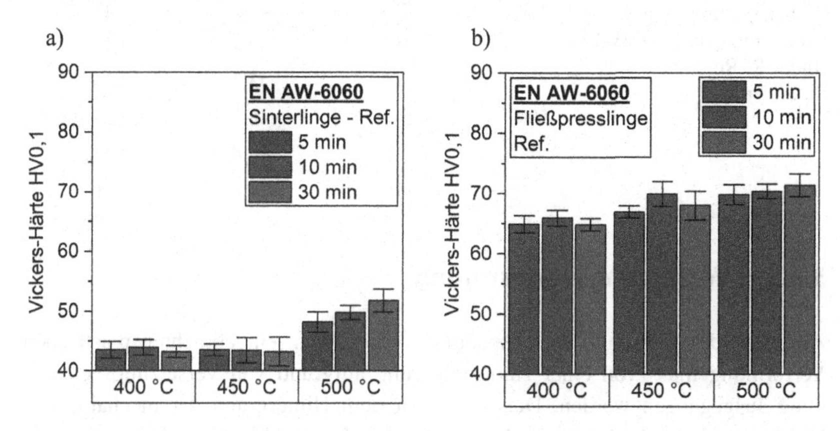

Abbildung 5.56 Vickers-Härte der Referenz des mittels FAST-basierter Prozessroute hergestellten Materials in Abhängigkeit von Zeit und Temperatur für Sinterlinge (a) und Fließpresslinge (b)

Um die Härtesteigerung auf Basis der Auslagerung zu quantifizieren, wird der entsprechende Faktor für die Sinterlinge F_A als Quotient der Härte im Vergleich zur Härte der einer homogenisierten Referenz (38,0 HV0,1) definiert, wie Gleichung 5.4 zeigt.

$$F_A = \frac{HV_{Si}}{38\,HV0,1} \quad \text{(Gl. 5.4)}$$

Die ermittelten Koeffizienten werden im Folgenden zur Berücksichtigung einer auslagerungsbedingten Festigkeitssteigerung verwendet. Zudem kann festgehalten werden, dass die festigkeitssteigernde Wirkung von Auslagerung und Versetzungsverfestigung kombiniert, die resultierende Festigkeit aber nicht superpositioniert werden kann, sondern es stattdessen zu einer komplexen Interaktion kommt.

Tabelle 5.15 Zusammenfassung der Koeffizienten zur Berücksichtigung der auslagerungsbedingten Härte- und Festigkeitssteigerung, Normierung auf 38,0 HV0,1 (Index R: Referenz, Index Si: Sinterling)

T (°C)	t (min)	$HV_{R,Si}$	F_A
400	5	43,5	1,14
	10	43,9	1,16
	30	43,2	1,14
450	5	43,5	1,14
	10	43,4	1,14
	30	43,2	1,14
500	5	48,2	1,27
	10	49,8	1,31
	30	51,8	1,36

5.3.3 Versetzungsverfestigung

Aufgrund der während der Zerspanung in die Späne eingebrachten plastischen Verformung muss von einer Härtesteigerung aufgrund von Versetzungsverfestigung ausgegangen werden. Dies muss vor dem Hintergrund der mechanischen Ergebnisse berücksichtigt werden, um mögliche erhöhte Festigkeitswerte des spanbasierten Werkstoffs gegenüber der Referenz adäquat bewerten und einschätzen zu können. Aufgrund des bei erhöhten Temperaturen stattfindenden Sinterprozesses ist jedoch davon auszugehen, dass ein Teil der in die Späne eingebrachten Verfestigung, abhängig von Sinterzeit und -temperatur, wieder abgebaut wird.

Weiterhin wird durch den Fließpressprozess weitere plastische Verformung eingebracht, die zwar für die Referenz ebenso zu einer Festigkeitssteigerung führt, jedoch muss abgeschätzt werden, inwiefern diese mit der eingebrachten und noch nicht abgebauten Verfestigung aus den Spänen interagiert.

Zur Einschätzung der vorhandenen Versetzungsverfestigung wurden zusätzlich zu den zwecks Abschätzung der Auslagerung durchgeführten Härtemessungen an der Referenz vergleichende Messungen am spanbasierten Werkstoff durchgeführt. Bei den Härteeindrücken wurde darauf geachtet, dass diese innerhalb der Späne platziert wurden, sodass nur die Eigenschaften des Grundmaterials und nicht diejenigen der Grenzflächen bewertet werden können. Die Härtemessungen wurden an den Sinterlingen durchgeführt, um die Interaktion zwischen durch den Zerspanungsprozess eingebrachter Verfestigung und durch das Sintern bei erhöhter Temperatur abgebauter Verfestigung zu erfassen.

Die Ergebnisse der Härtemessungen sind in Abbildung 5.57 dargestellt.

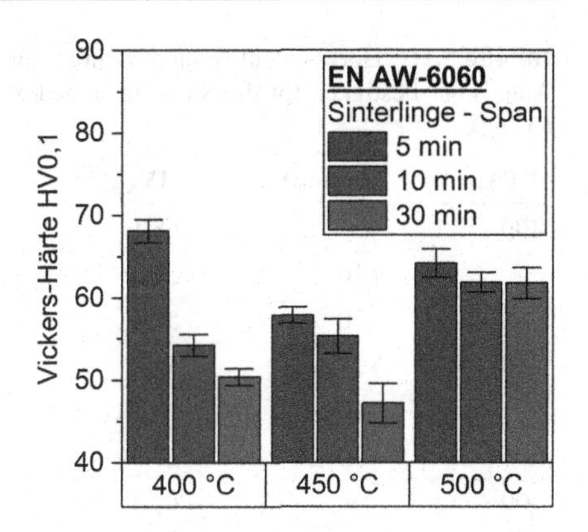

Abbildung 5.57 Vickers-Härte der mittels FAST-basierter Prozessroute hergestellten Sinterlinge in Abhängigkeit von Sintertemperatur und -zeit

Aus den Ergebnissen wird erkennbar, dass für die Sinterlinge ein Einfluss der Verfestigung durch den Zerspanungsprozess zu berücksichtigen ist. So wird deutlich, dass gerade für die geringste Sintertemperatur von 400 °C zeitabhängig eine erhöhte Härte im Vergleich zu den höheren Sintertemperaturen gemessen werden kann, wobei diese mit höherer Sinterzeit abnimmt, was auf einen steigenden Anteil an abgebauter Verfestigung zurückgeführt werden kann. Für die höheren Sintertemperaturen kommen dann Einflüsse der Auslagerung hinzu, da das für die Härtesteigerung durch Auslagerung verantwortliche Mg_2Si zum Teil in Lösung geht [2]. Zur Berechnung des Anteils der Versetzungsverfestigung wird der Quotient aus der Härte des spanbasierten Werkstoffs und der Referenz gebildet. Da im spanbasierten Werkstoff Unterschiede in der Korngröße festgestellt wurden, muss der vorher bestimmte Anteil der Korngrenzenverfestigung noch berücksichtigt werden. Die Ausscheidungsverfestigung durch Kaltauslagerung muss hingegen nicht berücksichtigt werden, da die Annahme getroffen wird, dass diese sowohl den spanbasierten Werkstoff als auch die Referenz betrifft. Der Anteil der Versetzungsverfestigung kann damit wie in Gleichung 5.5 angegeben berechnet werden (Tabelle 5.16).

$$F_{V,S} = \frac{HV_{S,Si}}{HV_{R,Si} \cdot F_K} \quad \text{(Gl. 5.5)}$$

Ähnlich kann für die Fließpresslinge vorgegangen werden. Da für diese die ursprünglich in den Spänen vorhandene Verfestigung mit der durch den Fließpressprozess eingebrachten Verfestigung interagiert, kann eine Bildung des Faktors analog den Sinterlingen auf Basis eines Vergleichs mit einer Referenz

Tabelle 5.16 Übersicht über die Faktoren zur Abschätzung des verformungsinduzierten Anteils der Festigkeit für die Sinterlinge (Index S: Span, Index R: Referenz, Index Si: Sinterling)

T (°C)	t (min)	$HV_{S,Si}$	$HV_{R,Si}$	F_K	$F_{V,Si}$
400	5	68,1	43,5	1,04	1,51
	10	54,2	43,9	1,05	1,18
	30	50,4	43,2	1,09	1,07
450	5	57,9	43,5	1,08	1,23
	10	55,3	43,4	1,06	1,20
	30	47,2	43,2	1,08	1,01
500	5	64,2	48,2	1,04	1,28
	10	61,9	49,8	1,05	1,18
	30	61,8	51,8	1,05	1,14

nicht erfolgen. Stattdessen kann aber die gesamte Festigkeitssteigerung quantifiziert werden ($F_{V+A,FP}$), indem die Härte der Fließpresslinge mit der Härte des wärmebehandelten Zustands (38 HV0,1) verglichen wird. Anschließend kann der bekannte Anteil der Auslagerung (F_A) hiervon abgezogen werden, sodass sich der versetzungsverfestigungsbedingte Anteil für die Fließpresslinge ($F_{V,FP}$) wie in Tabelle 5.17 dargestellt ergibt.

Tabelle 5.17 Übersicht über die Faktoren zur Abschätzung des verformungsinduzierten Anteils der Festigkeit für die Fließpresslinge (Index S: Span, Index R: Referenz, Index FP: Fließpressling)

T (°C)	t (min)	$HV_{S,FP}$	$F_{V+A,FP}$	F_A	$F_{V,FP}$
400	5	73,0	1,92	1,14	1,68
	10	67,5	1,78	1,16	1,54
	30	73,2	1,93	1,14	1,69
450	5	71,0	1,87	1,14	1,63
	10	69,0	1,82	1,14	1,59
	30	71,5	1,88	1,14	1,66
500	5	73,0	1,92	1,27	1,51
	10	73,7	1,94	1,31	1,48
	30	74,7	1,97	1,36	1,44

5.3.4 Stoffschluss durch Diffusion

Neben den klassischen Verfestigungsmechanismen, die in den vorangegangenen Kapiteln betrachtet wurden, kommen im Falle von Spänen aufgrund ihrer komplexen Verbindungszonen auch Mechanismen geometrischer bzw. mechanischer festigkeitssteigernder Mechanismen in Betracht. Hierbei wird vor allem aufgrund der bereits in den lichtmikroskopischen Aufnahmen erkennbaren komplexen Oberflächen der Späne von einem zusätzlichen Anteil aufgrund von Formschluss gegenüber dem Anteil des Sinterns ausgegangen. Zur Überprüfung des Anteils vom Formschluss an der Gesamtfestigkeit wurden aus den Diffusionsproben, die bereits in Abschnitt 5.1.2.1 metallografisch analysiert wurden, Probekörper für Zugversuche entnommen. Auf diese Weise ist sichergestellt, dass nur eine Fügezone entsteht, sodass auf Basis mechanischer Untersuchungen direkt auf die Eigenschaften des Verbunds zurückgeschlossen werden kann. Zusätzlich wird auf diese Weise verhindert, dass sich komplexe, geometrisch verschlungene Fügestellen bilden, sodass davon ausgegangen werden kann, dass keine Anteile von Formschluss wirken können. Die Sinterzeit betrug bei allen Proben 5 min.

Während der Probenfertigung durch Erodieren sind sämtliche bei einer Sintertemperatur von 400 °C gefertigte Proben gebrochen, sodass davon auszugehen ist, dass bei diesen Proben keine Verbindung zwischen den Grenzflächen entstanden ist. Diese Tatsache korreliert gut mit den Ergebnissen der Diffusionsuntersuchungen, nach denen bei einer Sintertemperatur von 400 °C keine Ausbildung einer Diffusionszone festgestellt werden konnte (Abbildung 5.28).

Untersucht wurden die in Abschnitt 5.1.2.2 dargestellten Proben, bei denen Aluminiumzylinder aus sauerstofffreier Produktion, mit durch Wärmebehandlung gewachsenen Oxidschichten sowie mit natürlichen Oxidschichten charakterisiert wurden. Die Proben weisen demnach genau eine mittige Grenzfläche auf, sodass die Ergebnisse Rückschlüsse auf die Ausprägung der Diffusion ermöglichen.

Die Ergebnisse dieser Untersuchung sind in Abbildung 5.58 dargestellt. Die Ergebnisse der Untersuchungen verdeutlichen, dass die Diffusion bei 400 °C noch nicht zum Tragen kommt, sodass kein Materialzusammenhalt entsteht. Bei 500 °C kommt es demgegenüber zu Diffusionsvorgängen. Die Zugfestigkeit weist eine deutliche Abhängigkeit vom Zustand der Oxidschicht auf. Je breiter diese ausgeprägt ist (vgl. Mikrostruktur Abbildung 5.20), desto geringer ist die Zugfestigkeit. Nichtsdestotrotz ist die Zugfestigkeit gegenüber der Referenz, also ohne beteiligte Grenzfläche, deutlich reduziert. Hieraus kann geschlussfolgert werden, dass sich der verbleibende Anteil der Festigkeit neben den bisher berücksichtigten festigkeitssteigernden Mechanismen auf Formschluss zwischen den Spänen oder durch eine zusätzliche Verbindung durch den Fließpressprozess zurückführen lässt. Da im Rahmen der Untersuchungen jedoch Proben aus Fließpresslingen entnommen wurden, muss keine Quantifizierung im Sinne der Formschlussseparation durch einen Faktor erfolgen. Stattdessen wird diese Einflussgröße der Spangrenzenqualität zugerechnet. Es ergibt sich auf Basis der Zugfestigkeit der Referenz aus den homogenisierten Sinterlingen (137 MPa) für den betrachteten Zustand ein Anteil des Stoffschlusses aufgrund von Diffusion von etwa 46 %. Da die Referenz dieselbe Prozessroute durchlaufen hat, sind im Gegensatz zu den spanbasierten Proben keine Anteile von Ausscheidungs- oder Versetzungsverfestigung zu berücksichtigen.

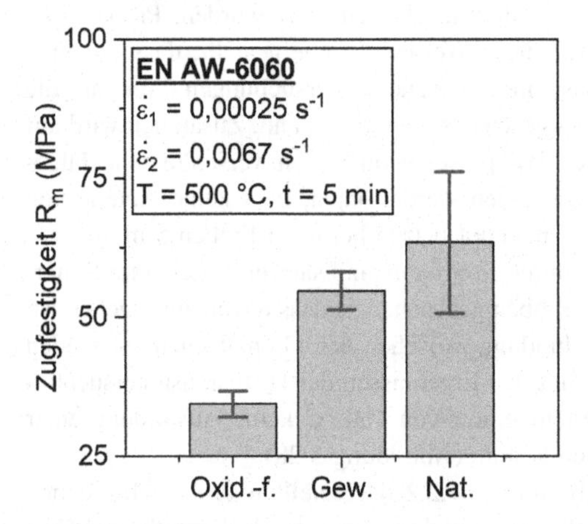

Zustand	R_m (MPa)
Oxid.-f.	34,3 ± 2,3
Gew.	54,7 ± 3,5
Nat.	63,5 ± 12,7

Abbildung 5.58 Ergebnisse der Zugversuche an Proben aus Diffusionsproben (Oxid.-f.: Sauerstofffreie Fertigung, Gew.: Gewachsene Oxidschicht, Nat.: Natürliche Oxidschicht)

5.3.5 Formschluss und Stoffschluss durch Fließpressprozess

Zur Beurteilung des Einflusses des nach dem Konsolidieren der Späne stattfindenden Voll-Vorwärts-Fließpressprozesses wurden Zugversuche an Proben aus den Sinterlingen durchgeführt. Die Ergebnisse können Abbildung 5.59 entnommen werden. Es wird deutlich, dass die Festigkeit gegenüber den Fließpresslingen (Abbildung 5.45) deutlich reduziert ist. So wird für eine Sintertemperatur von 400 °C und eine Sinterzeit von 5 min lediglich eine Festigkeit von ca. 14 % im Vergleich zu den aus den fließgepressten Halbzeugen entnommenen Proben erreicht. In Analogie zu der Betrachtung der Zugversuche an den aus den fließgepressten Halbzeugen entnommenen Proben weisen die Zustände mit geringerer Sinterzeit eine höhere Festigkeit auf, was auf die Versetzungsverfestigung zurückgeführt werden kann. Selbst bei Nutzung der höchsten Sintertemperatur (500 °C) bzw. Sinterzeit (30 min) kann maximal eine Festigkeit von etwa 45 MPa erreicht werden, sodass deutlich erkennbar ist, dass das Sintern nur einen Bruchteil der Festigkeit des fließgepressten Bauteils ausmacht.

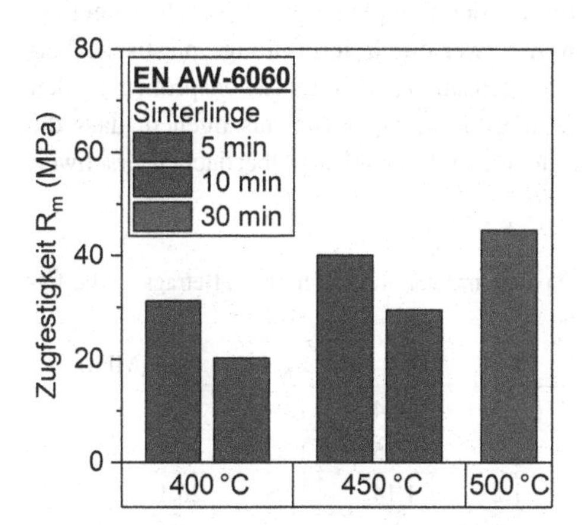

T (°C)	t (min)	R_m (MPa)
400	5	31,2
	10	20,2
450	5	40,0
	10	29,4
500	30	44,9

Abbildung 5.59 Zugfestigkeit der mittels FAST-basierter Prozessroute hergestellten Sinterlinge in Abhängigkeit von Sintertemperatur und -zeit

Auf Basis der vorangegangenen Separation der werkstoffbasierten, zur Festigkeit beitragenden Mechanismen kann gemäß den festgestellten Anteilen der einzelnen Faktoren der Wert der Festigkeit um die nicht auf die Spangrenzen zurückzuführenden Anteile korrigiert werden, sodass eine auf die Spangrenzen zurückzuführende Festigkeit $\sigma_{S,Si}$ ermittelt werden kann. Die Festigkeit kann nach Gleichung 5.6 berechnet werden, indem die in den Zugversuchen ermittelte Zugfestigkeit durch die ermittelten Faktoren dividiert wird:

$$\sigma_{S,Si} = \frac{R_m}{F_V \cdot F_A \cdot F_K} \tag{5.6}$$

Die Ergebnisse der auf diese Weise ermittelten auf die Spangrenzen zurückzuführende Festigkeit sind in Tabelle 5.18 angegeben. Durch die Korrektur der Festigkeit um die werkstoff- und prozessbasierten festigkeitssteigernden Mechanismen kann ein direkter Vergleich der Spangrenzenqualität vorgenommen werden. Es wird deutlich, dass bei einer Sintertemperatur von 500 °C ausscheidungsbedingte und bei einer Sintertemperatur von 400 °C versetzungsbedingte Festigkeitssteigerungen auftreten, die bei Beurteilung der Ergebnisse berücksichtigt werden müssen. Die Ergebnisse überraschen vor dem Hintergrund der Ergebnisse der Versuche an den Diffusionsproben, die bereits ohne Beteiligung von Formschluss eine höhere Festigkeit aufweisen. Es kann jedoch davon ausgegangen werden, dass Späne aufgrund der komplexeren Oberflächen deutlich stärkere Oxidbelegungen aufweisen, die zwar durch geringfügige plastische Verformung während des Sinterns im Gegensatz zu den Diffusionsproben stärker aufgebrochen werden können. Allerdings ist auch davon auszugehen, dass die Diffusion durch stärkere Oxidbelegungen und komplexe Oberflächen erschwert ist.

Tabelle 5.18 Abschätzung des auf die Spangrenzen zurückzuführenden Betrags der Festigkeit $\sigma_{S,Si}$

T (°C)	t (min)	R_m (MPa)	F_V	F_A	F_K	$\sigma_{S,Si}$ (MPa)
400	5	31,2	1,51	1,14	1,04	17,4
	10	20,2	1,18	1,15	1,05	14,2
450	5	40,0	1,23	1,14	1,08	26,4
	10	29,4	1,20	1,14	1,06	22,8
500	30	44,9	1,14	1,36	1,05	34,3

Damit kann die in Kapitel 2 aufgestellte Forschungsfrage insoweit beantwortet werden, als dass das Sintern allein keine ausreichende Festigkeit bewirkt. Dies kann auf die Ausbildung der Oxidschichten zurückgeführt werden, die für die bei geringer Sintertemperatur bzw. -zeit hergestellten Zustände als durchgängig und nicht gebrochen charakterisiert wurden. Zudem zeigen die Messungen der Elementverteilungen mittels EDX, dass bei einer Temperatur von 400 °C noch keine signifikante Diffusion stattfindet. Nichtsdestotrotz konnten in den computertomografischen Analysen nur wenige Defekte detektiert werden, sodass davon auszugehen ist, dass es dennoch zu punktuellem Materialzusammenhalt kommt. Dies kann insofern als notwendiges Kriterium für das anschließende Fließpressen verstanden werden, als dass es durch die Untersuchungen an den auf der SPD-Wiederverwertungsroute basierenden Proben nachgewiesenermaßen bei derart geringen Pressverhältnissen ansonsten zu zahlreichen Delaminationen durch den Umformprozess kommen würde. Entsprechend der Modellvorstellung nach Cooper und Allwood [79] dürfte es durch die punktuelle Verbindung zwischen den Spänen zu zusätzlichen, größeren Aufbruchstellen kommen, sodass entsprechend der Berechnung der Schweißnahtqualität der benötigte Mikroextrusionsdruck signifikant reduziert wird, sodass auch ein deutlich reduziertes Pressverhältnis im Fließpressprozess in einem nahezu delaminationsfreien Halbzeug resultiert. Diese Annahme kann durch rasterelektronenmikroskopische Aufnahmen an fließgepressten Bauteilen im Schaftbereich gestützt werden. Es zeigt sich für den bei einer Temperatur von 400 °C für 5 min gesinterten Zustand, dass die Spangrenze durch das Fließpressen nahezu frei von Mikrokavitäten ist, obwohl diese entsprechend ihrer Größe in den Sinterlingen eigentlich nicht durch den während des Fließpressens vorhandenen Druck geschlossen werden dürften. Dementsprechend müssen die Mikrokavitäten während des Fließpressens durch die zusätzliche an den Verbindungspunkten vorhandene Dehnung zunächst vergrößert worden sein, sodass der Mikroextrusionsdruck anschließend ausreicht, um die Kavitäten zu füllen (Abbildung 5.60).

Die angesprochenen Mikroverbindungspunkte zwischen den Spänen sind auf den FAST-Prozess zurückzuführen. So verbessert die beim FAST verwendete Druckspannung den Oberflächenkontakt zwischen den Spänen, verändert die Quantität und Morphologie dieser Wechselwirkungen und aktiviert neue Verdichtungsmechanismen wie plastische Verformung oder Korngrenzengleiten bzw. verstärkt die bereits beim freien Sintern vorhandenen Mechanismen wie Korngrenzendiffusion, Gitterdiffusion und viskoses Fließen [145,146]. Das schnelle Erreichen einer hohen Sintertemperatur kann von Vorteil sein, um die Verdichtungsrate zu beschleunigen und gleichzeitig die Vergröberung der Korngröße zu verzögern, wenn der steuernde Verdichtungsmechanismus wie die Korngrenzendiffusion eine größere Aktivierungsenergie hat als der Vergröberungsmechanismus der Oberflächendiffusion. Während des FAST-Prozesses bewirkt

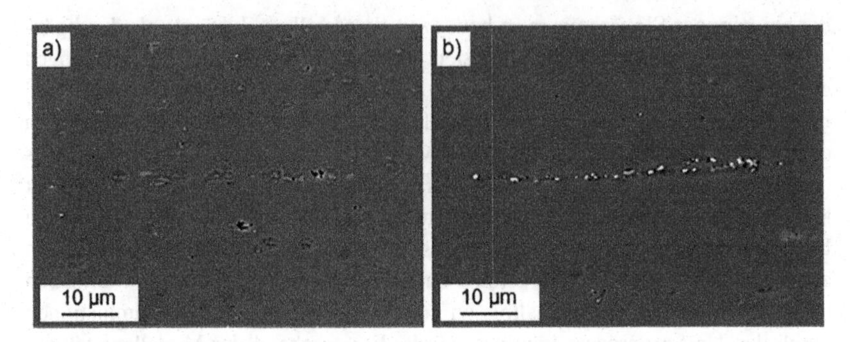

Abbildung 5.60 Durch Fließpressen geschlossene Kavitäten des mittels FAST-basierter Prozessroute hergestellten spanbasierten Materials bei einer Sintertemperatur von 400 °C und einer Sinterzeit von 5 min (a), Oxidpartikel in einer Spangrenze (b)

bekanntlich elektrischer Strom Joule'sche Erwärmung. Die Elektromigrationstheorie kann verwendet werden, um den Massentransport im Material aufgrund des Stromflusses zu bewerten,

$$J_i = -\frac{D_i C_i}{RT}\left[\frac{RT\,\partial lnC_i}{\partial_x} + F \cdot E\right] \qquad \text{(Gl. 5.7)}$$

wobei J_i der Fluss der diffundierenden i-ten Art ist, D_i den Diffusionskoeffizienten, C_i die Konzentration der Spezies, F die Faraday'sche Konstante, z* die effektive Ladung der diffundierenden Spezies, E das Feld, R die Gaskonstante und T die Temperatur angibt [260]. Zwar ist der Massentransport durch die Elektromigration sehr gering, aufgrund der geringen Schichtdicken der Oxidschichten im nm-Bereich aber möglicherweise von Relevanz, wenngleich manche Quellen die Relevanz der Elektromigration bestreiten [146]. Die Elektromigration kann auf die durch die Elektronen hervorgerufenen Kräfte auf Ionen zurückgeführt werden, die während der Diffusion bevorzugt in eine bestimmte Richtung wandern. Auf diese Weise können die dünnen Aluminiumoxidschichten punktuell durchbrochen werden, was auch Paraskevas et al. feststellen konnten [149]. Entsprechend der Gleichung der Elektromigration nimmt der Massentransport mit steigender Temperatur zu. Allerdings hat die Elektromigration aufgrund der geringen Sinterzeiten nur eine sehr geringe Relevanz während des Sinterns [146].

Ein weiterer Mechanismus, der zur Mikroverbindung beiträgt, ist das partielle Überschreiten der Durchbruchspannung. Zwar konnte eine direkte Funkenbildung bisher nicht beobachtet werden [146], allerdings zeigen theoretische Berechnungen, dass die Durchbruchspannung im Anfangsstadium des Sinterns deutlich überschritten werden können [146]. Die Funkenentladungen fördern die Gasdesorption und den Abbau der Aluminiumoxidschicht auf der Oberfläche der Späne, wodurch die Spanoberflächen gereinigt und aktiviert werden. Nach Überschreiten der entsprechenden Spannung entsteht ein Funke, der nach Paraskevas et al. [146] die Oxidschicht zu durchbrechen vermag. Durch die Drucküberlagerung des Prozesses können die entstehenden Löcher in der Oxidschicht gefüllt werden. In der Anfangsphase der Verdichtung, wenn niedriger Druck und eine hohe Stromdichte herrschen, ist die Wahrscheinlichkeit der Funkenbildung zwischen den Spänen am größten. Die Kontaktfläche vergrößert sich, wenn der Druck während der Verdichtung aufgrund der plastischen Verformung ansteigt, wodurch die Wahrscheinlichkeit, dass eingeschlossene Gase schmelzen oder verdampfen, sinkt. Die Hauptfaktoren für die Verdichtung an diesem Punkt sind Diffusionsprozesse und plastisches Fließen, sobald die Oxidschichten auf den Spänen teilweise aufgebrochen sind. Die höchsten Diffusionsraten werden bei den höchsten Temperaturen erreicht, was den Stofftransport zur Metall-Metall-Kontaktfläche verbessert [145,146,149].

Prozesstemperatur und Prozesszeit haben einen erheblichen Einfluss auf die Haftfestigkeit [87]. Zur Modellierung des Diffusionskoeffizienten (D) wird üblicherweise das erste Fick'sche Gesetz verwendet, das besagt, dass der Fluss einer diffundierenden Substanz direkt proportional zum Diffusionskoeffizienten ist. Gleichung 5.8a liefert den Diffusionskoeffizienten (D), der ein Maß für die Mobilität der diffundierenden Spezies (in diesem Fall Aluminiumatome) ist. Mit Gleichung 5.8b kann diese Verbindung, die vom Arrhenius-Typ ist, umgeschrieben werden,

$$D = D_0\, exp\left(\frac{-Q}{RT}\right)\text{(a)} \quad \ln(D) = ln(D_0) + \left(\frac{-Q}{R}\right) \times \left(\frac{1}{T}\right)\text{(b)} \qquad \text{(Gl. 5.8)}$$

wobei D_0 die Diffusionskonstante, Q die Diffusionsaktivierungsenergie, R die Boltzmann-Konstante und T die absolute Temperatur ist. D_0 variiert je nach Diffusionsprozess, wie z. B. Korngrenzendiffusion und Gitterdiffusion. Es kann davon ausgegangen werden, dass ein diffusionsgesteuerter Prozess einen linearen Zusammenhang zwischen dem natürlichen Logarithmus der Bindungsscherfestigkeit und dem Kehrwert der Prozesstemperatur ergibt (in Gleichung 5.8b wird die Bindungsfestigkeit durch D ersetzt) [160].

Nach Entstehung der gebildeten Mikrodefekte trägt neben dem plastischen Fließen Diffusion zur Schaffung des Metall-zu-Metall-Kontakts bei, indem die zwischen den aufgebrochenen Oxiden entstehenden Bereiche durch Diffusionsmechanismen vergrößert werden. Freilich bleibt festzuhalten, dass die Diffusionsmechanismen während der FAST-basierten Wiederverwertungsroute eine große

Rolle spielen, beim anschließenden Fließpressen aufgrund der Durchführung bei Raumtemperatur allerdings nur zu einem geringen Anteil wirken können. Entsprechend sind hier die Mechanismen der Aufbruchtheorie von Relevanz, die, wie beschrieben, trotz des geringen Umformgrads durch einen bereits vorhandenen Anteil an Metall-zu-Metall Kontakt zwischen den Spänen zu einem nahezu delaminationsfreien Halbzeug führen.

Im umgekehrten Fall tragen aufgrund des Strangpressens bei erhöhter Temperatur bei der SPD-basierten Prozessroute Diffusionsmechanismen zum Prozesserfolg bei, da die auf dem Prozess basierenden Ergebnisse nicht allein auf Basis der Aufbruchtheorie erklärt werden können.

5.3.6 Magnesium-Aufbruch

Wie in Abschnitt 5.1.2.2 beschrieben konnte in den aufgebrochenen Spangrenzen Magnesium mittels EDX-Analyse detektiert werden. Auf Basis der Affinität zu Sauerstoff kann davon ausgegangen werden, dass das zu den Spangrenzen diffundierende Magnesium das Aluminiumoxid zu Aluminium reduziert. Zur Überprüfung, ob der Aufbruch der Oxidschichten tatsächlich unterstützt wird und in der Folge zu erhöhten mechanischen Eigenschaften führt, wurden exemplarisch anodisierte Späne mit Magnesiumpulver vermengt und bei 450 °C für 10 min gesintert. Es zeigt sich, dass innerhalb der Aluminiumoxidbereiche Magnesiumoxid detektiert werden kann, sodass davon ausgegangen werden kann, dass es wie vermutet zu einem Aufbruch der Oxidschichten durch Magnesium kommt, wie in Abbildung 5.61 erkennbar ist.

Zusätzlich konnten die mechanischen Eigenschaften erheblich gesteigert werden. Während die anodisierten Späne ohne Magnesiumpulver nicht zu einem Verbund geführt haben, konnte bei Zugabe des Magnesiumpulvers bei einer Sintertemperatur von 450 °C und einer Sinterzeit von 10 min eine Zugfestigkeit von etwa 161 MPa erreicht werden, die demnach etwa 18 % unterhalb der Festigkeit bei Verwendung von trockenen Spänen liegt.

5.3.7 Spangrenzenbeitrag

Auf Basis der Überlegungen zu den bisher betrachteten Mechanismen wird davon ausgegangen, dass der verbleibende Anteil der Festigkeit auf den Spangrenzenbeitrag zurückgeführt werden kann. Somit kann durch Multiplikation der

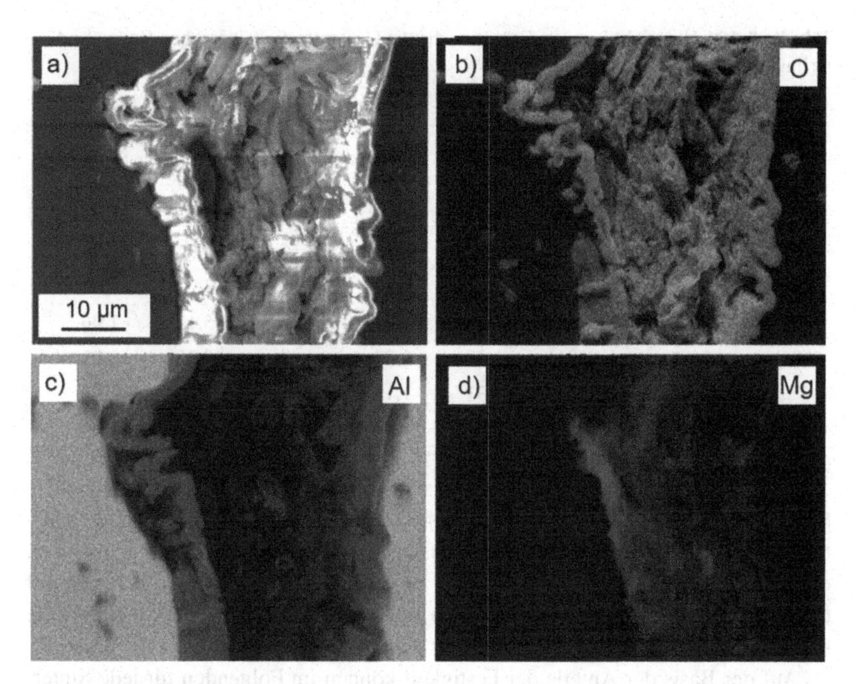

Abbildung 5.61 EDX-Analyse einer Spangrenze des mittels FAST-basierter Prozessroute hergestellten Materials (Sinterling, 450 °C, 10 min) innerhalb von mit Magnesiumpulver gemischten anodisierten Aluminiumspänen: REM-Aufnahme (a), O-Verteilung (b), Al-Verteilung (c) und Mg-Verteilung (d)

berechneten Faktoren ebenso ein Faktor für den Spangrenzenbeitrag ermittelt werden. Dieser berechnet sich entsprechend zu

$$F_S = \left(1 - \frac{1}{F_K \cdot F_A \cdot F_V}\right)^{-1} \tag{Gl. 5.9}$$

Es ergeben sich für den Spangrenzenbeitrag damit die in Tabelle 5.19 angegebenen Werte.

Die Ergebnisse zeigen, dass deutliche Unterschiede in den Faktoren und damit den Anteilen des Spangrenzenbeitrags an der Gesamtfestigkeit auftreten. Aus den Ergebnissen wird auch der Einfluss der Sinterzeit deutlich. So hängt der Anteil des Spangrenzenbeitrags teils auch deutlich von der Sinterzeit ab, was ohne die

Tabelle 5.19 Übersicht über die Faktoren, die die Gesamtfestigkeit ergeben (Index Si: Sinterling, Index FP: Fließpressling)

T (°C)	t (min)	F_K	F_A	$F_{V,Si}$	$F_{V,FP}$	$F_{S,Si}$	$F_{S,FP}$
400	5	1,04	1,14	1,51	1,68	2,27	2,01
	10	1,05	1,16	1,18	1,54	3,29	2,14
	30	1,09	1,14	1,07	1,69	4,03	1,91
450	5	1,08	1,14	1,23	1,63	2,94	1,99
	10	1,06	1,14	1,20	1,59	3,22	2,09
	30	1,08	1,14	1,01	1,66	5,11	1,96
500	5	1,04	1,27	1,28	1,51	2,45	2,01
	10	1,05	1,31	1,18	1,48	2,60	1,97
	30	1,05	1,36	1,14	1,44	2,59	1,95

Separierung der Mechanismen nicht ersichtlich war, da temperaturbedingte festigkeitssteigernde Mechanismen, wie Auslagerung auftreten. Es zeigt sich zudem, dass eine Sintertemperatur von 500 °C zwar die besten Ergebnisse bezogen auf die Festigkeit liefert, hier aber vor allem auslagerungsbedingte Effekte eine Rolle spielen.

Auf der Basis der Anteile der Festigkeit können im Folgenden für jede Sintertemperatur und -zeit die Anteile quantifiziert werden. Tabelle 5.20 zeigt für jeden Zustand die Zusammensetzung der wirkenden festigkeitsbezogenen Anteile am Beispiel der Sinterlinge.

5.3.8 Validierung mittels wärmebehandelter Proben

Zur Validierung des aufgestellten Modells, auf dessen Basis die Festigkeit spanbasierter Proben anhand der gewonnenen Erkenntnisse zu den beteiligten Verbindungs- und Schädigungsmechanismen abgeschätzt werden kann, wurden Zugversuche an Proben aus homogenisierten Fließpresslingen durchgeführt. Durch die Homogenisierung, die analog der Homogenisierung der in der SPD-basierten Prozessroute verwendeten Späne bei 550 °C für 5 h durchgeführt wurde, erfolgt eine Angleichung der Mikrostruktur, sodass potenzielle Unterschiede in den quasistatischen Eigenschaften direkt auf die Qualität der Spangrenzen zurückgeführt werden können. Die Ergebnisse der Zugversuche der homogenisierten Proben können Abbildung 5.62 entnommen werden.

Tabelle 5.20 Darstellung der Zusammensetzung der verschiedenen Anteile der Festigkeit für die mittels FAST-basierter Prozessroute hergestellten Sinterlinge

	5 min	**10 min**	**30 min**
400 °C	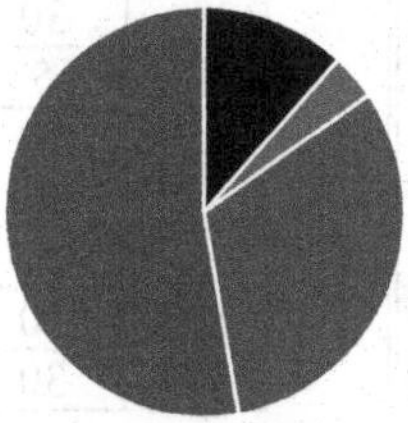	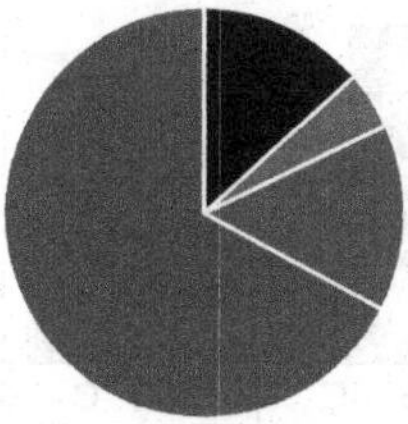	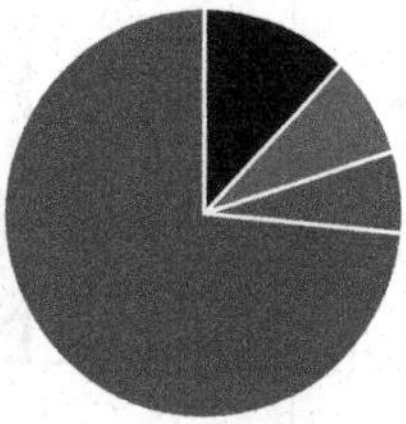
450 °C	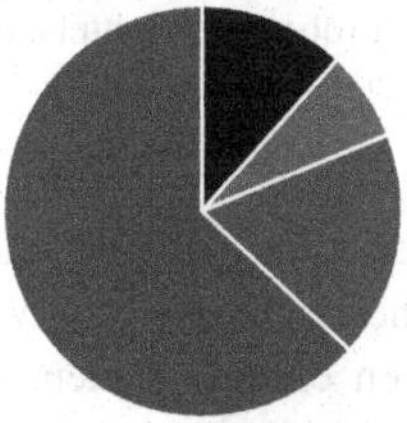	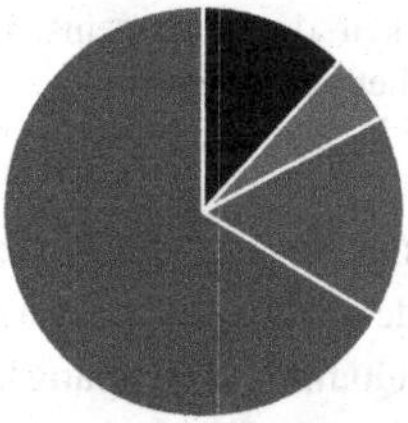	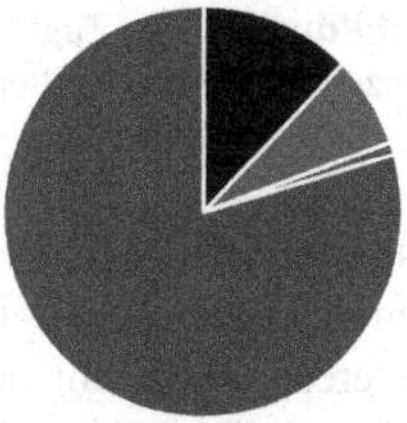
500 °C	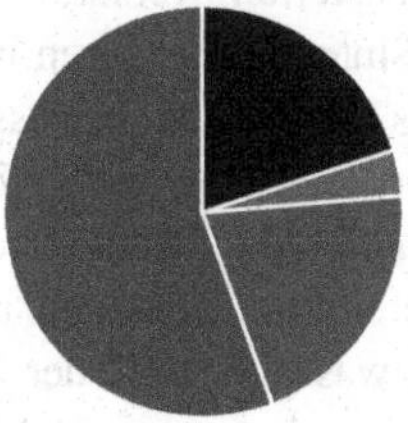	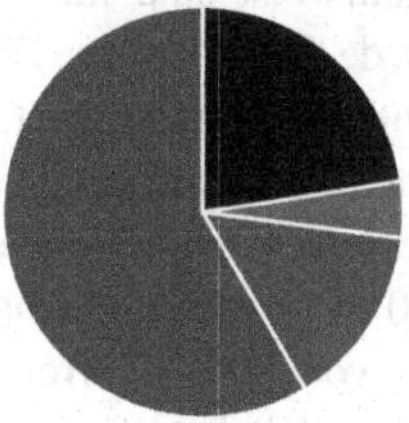	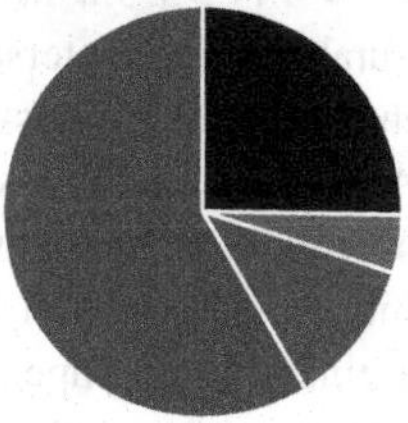

Ausscheidungsverfestigung
Korngrenzenverfestigung
Versetzungsverfestigung
Spangrenzenbeitrag

Die Ergebnisse der Zugversuche der homogenisierten Proben zeigen eine signifikant reduzierte Festigkeit verglichen mit den nicht wärmebehandelten Proben (Abbildung 5.45), was auf den Abbau sowohl der Versetzungs- als auch der

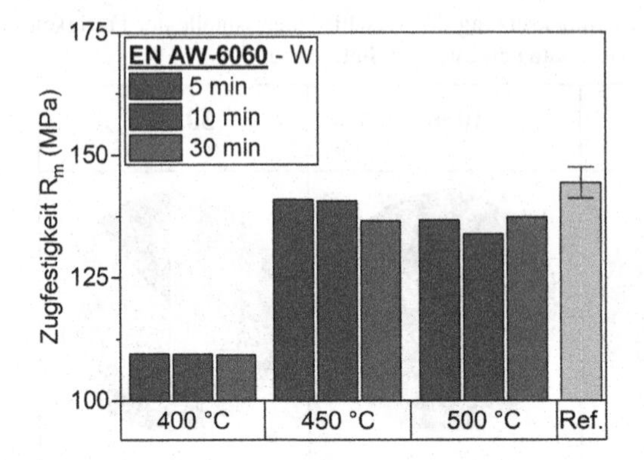

T (°C)	t (min)	$R_{m,FP}$ (MPa)
400	5	109,5
	10	109,4
	30	109,3
450	5	141,0
	10	140,6
	30	136,5
500	5	136,7
	10	133,9
	30	137,3

Abbildung 5.62 Zugfestigkeit der homogenisierten Proben der mittels FAST-basierter Prozessroute hergestellten Fließpresslinge

Ausscheidungsverfestigung zurückgeführt werden kann. Hierauf basierend können die Unterschiede in der Zugfestigkeit zwischen spanbasiertem Werkstoff und Referenz somit mit der Qualität der Spangrenzen erklärt werden. Während die Referenz für alle betrachteten Zustände eine sehr ähnliche Zugfestigkeit von $R_m = 144{,}3 \pm 3{,}2$ MPa aufweist sind im spanbasierten Werkstoff sintertemperaturabhängige Unterschiede festzustellen. Die Sinterzeit hingegen hat nur einen sehr geringen Einfluss auf die Zugfestigkeit. Es wird deutlich, dass mittels der FAST-basierten Prozessroute bei Wahl geeigneter Prozessparameter Zugfestigkeiten erreicht werden können, die der Referenz entsprechen. Dabei werden bei einer Sintertemperatur von 450 °C geringfügig höhere Zugfestigkeiten im Vergleich zu einer Sintertemperatur von 500 °C erreicht, was auf Basis der Zugversuche am nicht wärmebehandelten Werkstoff nicht abzusehen war. Es können damit die Ergebnisse der Separation der Festigkeitsanteile validiert werden, die einen höheren Spangrenzenbeitrag bei 450 °C im Vergleich zu 500 °C ergeben haben. Es kann somit bestätigt werden, dass bei einer Sintertemperatur von 500 °C vor allem Mechanismen der Ausscheidungsverfestigung in Folge von Kaltauslagerung wirksam sind, die zu einer höheren Zugfestigkeit führen, die dementsprechend nicht auf die Spangrenzenqualität zurückzuführen sind. Weiterhin kann bestätigt werden, dass eine Sintertemperatur von 400 °C unabhängig von der Sinterzeit deutlich geringere Zugfestigkeiten zur Folge hat, was aufgrund unzureichender Diffusion der Fall ist (Abschnitt 5.1.2.3).

Auf Basis der Ergebnisse kann die Vorhersagegüte des aufgestellten Modells auf Basis der Separation der die Festigkeit beeinflussenden Mechanismen eingeschätzt werden. Durch die Mechanismenseparation haben sich die in Tabelle 5.21 angegebenen Faktoren, die zur Festigkeit beitragen, ergeben. Auf dieser Basis kann nun die in den Zugversuchen ermittelte Festigkeit um die festigkeitssteigernden Mechanismen durch Gleichung 5.10 korrigiert werden.

$$\sigma_{S,FP} = \frac{R_m}{F_A \cdot F_K \cdot F_V} \qquad \text{(Gl. 5.10)}$$

Tabelle 5.21 Abschätzung der auf die Spangrenzenqualität zurückzuführende Festigkeit

T (°C)	t (min)	R_m (MPa)	F_A	F_K	$F_{V,FP}$	$\sigma_{S,FP}$ (MPa)
400	5	203,8	1,14	1,04	1,68	106,1
	10	181,0	1,16	1,05	1,54	101,9
	30	222,3	1,14	1,09	1,69	115,4
450	5	240,4	1,14	1,08	1,63	128,7
	10	240,1	1,14	1,06	1,59	132,2
	30	250,2	1,14	1,08	1,66	133,0
500	5	252,7	1,27	1,04	1,51	131,5
	10	257,8	1,31	1,05	1,48	132,9
	30	260,0	1,36	1,05	1,44	132,3

Auf Basis der Zugversuche des homogenisierten Zustands kann die Vorgehensweise zur Ermittlung der zur Festigkeit beitragenden Mechanismen verifiziert werden. So stimmt die abgeschätzte Spangrenzenqualität gut mit der in den Zugversuchen ermittelten und aufgrund der erfolgten Homogenisierung ausschließlich auf die Spangrenzenqualität zurückzuführenden Festigkeit überein, wie Tabelle 5.22 zeigt.

Es zeigt sich, dass das genutzte Korrekturmodell zur Einschätzung der Spangrenzenqualität mit einer maximalen prozentualen Abweichung von etwa 10 % gut geeignet ist. Damit ergibt sich die Möglichkeit der Beurteilung der Spangrenzenqualität und der Nutzbarkeit des Sinterprozesses zur Wiederverwertung von Aluminiumspänen auch bei Kombination verschiedener festigkeitssteigernder Mechanismen. Wie bereits für die Sinterlinge festgestellt, werden Interaktionseffekte, die zu einer Verschiebung der Anteile zwischen den Mechanismen führen,

Tabelle 5.22 Vergleich der mittels der Korrektur um die festigkeitssteigernden Mechanismen ermittelte Festigkeit $\sigma_{S,FP}$ mit der Festigkeit des homogenisierten Zustands mit prozentualer Abweichung

T (°C)	t (min)	$R_{m,FP}$ (MPa)	$\sigma_{S,FP}$ (MPa)	Abw. (%)
400	5	109,5	106,1	3,2
	10	109,4	101,9	7,4
	30	109,3	115,4	−5,3
450	5	141,0	128,7	9,6
	10	140,6	132,2	6,4
	30	136,5	133,0	2,6
500	5	136,7	131,5	4,0
	10	133,9	132,9	0,8
	30	137,3	132,3	3,8

nicht berücksichtigt. Die Nutzung des Produkts aus allen beteiligten Mechanismen ergibt jedoch zuverlässig den Gesamtanteil der verfestigenden Mechanismen, da diese auf Basis von vergleichenden Härtemessungen ermittelt wurden.

Die Spangrenzenqualität selbst ist Resultat der ablaufenden Diffusion und der entstehenden Mikrokavitäten. Wie bereits in Abschnitt 5.1.2.2 festgestellt, ergibt sich auf Basis der Untersuchungen zur Diffusion und zum Aufbruch der Oxidschichten, dass die Diffusion bei einer Temperatur von 400 °C nur unzureichend wirkt, während diese bei einer Temperatur von 500 °C deutlich ausgeprägter ist. Im Gegenzug bilden sich jedoch bei erhöhter Temperatur Mikrokavitäten, die die bei höherer Temperatur festgestellte Abnahme der Festigkeit erklären können. Rahimian et al. [160] konnten ähnliche Tendenzen sinkender Festigkeiten oberhalb einer bestimmten Temperatur und einer Sinterzeit > 60 min erkennen. Die beschriebenen Mechanismen sind in Abbildung 5.63 schematisch dargestellt.

Weiterhin kann auf Basis der gewonnenen Erkenntnisse ein Anteil des Sinterprozesses an der Gesamtfestigkeit quantifiziert werden. Da sowohl für die Fließpresslinge durch Homogenisierung, als auch für die Sinterlinge eine Berechnung der ohne Einflüsse von Verfestigungsmechanismen resultierenden Festigkeit erfolgt ist, kann auf dieser Basis durch Bildung des Quotienten beider Festigkeiten der Anteil des Sinterprozesses an der Gesamtfestigkeit berechnet werden, der sich nach Tabelle 5.23 ergibt.

Dementsprechend wird deutlich, dass auf den Sinterprozess bezogen auf die Festigkeit nur ein Bruchteil, etwa 13 – 27 %, gegenüber dem Fließpressprozess entfällt. Jedoch kann beim Vergleich mit den SPD-basierten Proben festgestellt

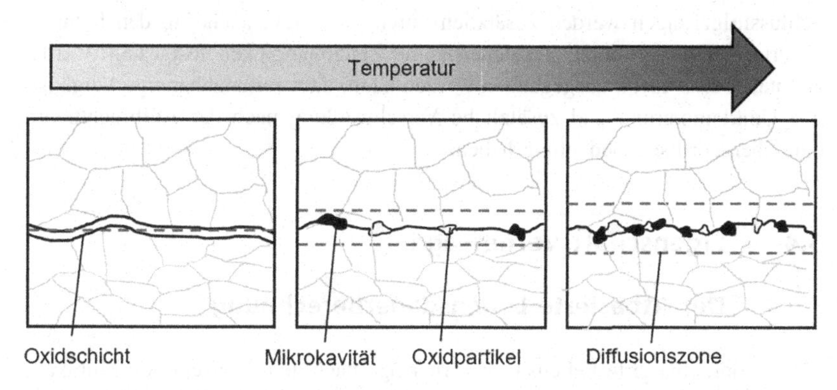

Abbildung 5.63 Wirksame Grenzschichtmechanismen des mittels FAST-basierter Prozessroute hergestellten spanbasierten Materials in Abhängigkeit der Temperatur

Tabelle 5.23 Bestimmung des Anteils des Sinterprozesses an der Gesamtfestigkeit

T (°C)	t (min)	$R_{m,FP}$ (MPa)	$\sigma_{S,Si}$ (MPa)	$\sigma_{S,Si}/ R_{m,FP}$
400	5	109,5	17,4	0,16
	10	109,4	14,2	0,13
450	5	141,0	26,4	0,19
	10	140,6	22,8	0,16
500	30	137,3	34,3	0,27

werden, dass die Kombination aus Sintern und Fließpressen deutlich überlegen ist und verbesserte Festigkeiten ermöglicht. Das Sintern ist dementsprechend eine notwendige Voraussetzung zur Konsolidierung der Späne in Vorbereitung auf einen anschließenden Fließpressprozess, da dieser alleine, wie die SPD-basierten Proben zeigen, bei einem solch geringen Pressverhältnis starke Delaminationen mit sich bringt. Der Fließpressprozess selbst führt in der Folge voraussichtlich zu einem besseren Verbund, in dem die Späne nach der Aufbruchtheorie stärker verbunden werden. Ein Formschluss durch die Umklammerung der stark gelängten Späne dürfte auf Basis der Ergebnisse der Druckversuche (Abbildung 5.47) nur einen geringen Anteil haben, da für die verschiedenen charakterisierten Orientierungen (0°, 45°, 90°) bei Beteiligung starker Anteile von Formschluss ein größerer Unterschied zwischen den Orientierungen zu erwarten wäre. Die

Schlussfolgerungen werden zusätzlich durch die Zugversuche an den homogenisierten Proben gestützt, bei denen keine Zeitabhängigkeit festgestellt werden konnte, sodass davon ausgegangen werden kann, dass zeitunabhängige Vorgänge, wie Umklammerung und zusätzliche Verschweißung nach der Aufbruchtheorie eine übergeordnete Bedeutung haben.

5.4 Eigenschaftsvorhersage[7]

5.4.1 Defektbasierte Lebensdauerberechnung

Für die defektbasierte Lebensdauervorhersage nach dem Konzept von Murakami wurden spanbasierte Proben der Legierung EN AW-6082 durch die Wahl ungünstiger Prozessparameter (Sintertemperatur: 400 °C, Sinterdruck: 40 MPa bzw. 80 MPa) so mittels FAST gefertigt, dass Delaminationen entstehen. Es wurden zwei Zustände vergleichend betrachtet, die dementsprechend eine unterschiedliche Porositätsverteilung aufweisen. Abbildung 5.64 zeigt die Defektcharakteristika anhand der Histogramme der Defektverteilungen. Es wird deutlich, dass bei einem Sinterdruck von 40 MPa der Anteil großer Defekte steigt und die Verteilung der projizierten Defektfläche in doppellogarithmischer Auftragung in guter Näherung durch eine Gerade approximiert werden kann. Zur Vermeidung von Einflüssen der Mikrostruktur wurden die Proben nach T6 wärmebehandelt. Ziel der Modellierung ist die Überprüfung, ob die Lebensdauer auch bei Materialien mit komplexen Defekten mit Hilfe des Murakami-Konzepts vorhergesagt werden kann. Da besonders große Defekte mit einem hohen Formfaktor für die Rissentstehung kritisch sein können, sind die großen Defekte in dem spanbasierten Werkstoff noch deutlich kritischer, da gerade diese einen hohen Formfaktor aufweisen. Es ist daher fraglich, inwieweit die kleinen Defekte zur Rissentstehung beitragen. Um eine Lebensdauer der spanbasierten Proben in Abhängigkeit der Defektgröße abzuschätzen, ist eine Bestimmung des Defekts, der den letztlichen Bruch bewirkt, auf Basis der CT-Analysen notwendig. Dabei kommen viele charakteristische Werte, wie die Größe, die Form und der Randabstand in Frage. Einige Studien vermessen den rissauslösenden Defekt nach dem Bruch mittels Rasterelektronenmikroskopie (z. B. [262]), was aber aufgrund der Rissausbreitung durch die Spangrenzen nicht möglich ist. Darüber hinaus soll die vorgestellte Methode eine Abschätzung der Lebensdauer vor den Ermüdungsversuchen und

[7] Inhalte dieses Kapitels basieren zum Teil auf den Vorveröffentlichungen [125,261] und der studentischen Arbeit [236].

damit mittels zerstörungsfreier Prüfverfahren ermöglichen, so dass eine Bestimmung der rissauslösenden Defektgröße mittels Rasterelektronenmikroskopie in dieser Arbeit nicht berücksichtigt wird.

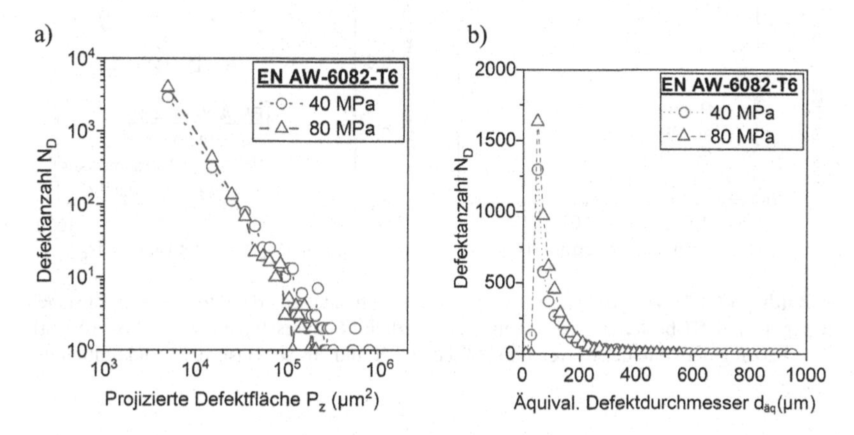

Abbildung 5.64 Histogramme der projizierten Defektfläche (a) und des äquivalenten Defektdurchmessers (b) der mittels FAST-basierter Prozessroute hergestellten Fließpresslinge aus EN AW-6082 unter Variation des Sinterdrucks, vgl. [261]

Abbildung 5.65 zeigt das Wöhler-Diagramm beider Zustände. Es wird deutlich, dass aufgrund der unterschiedlichen Porenverteilungen auch deutliche Unterschiede in der Lebensdauer auftreten. Im Folgenden wird die linear-elastische Bruchmechanik angewandt. Auf dieser Basis wird der Spannungsintensitätsfaktor ΔK_I für die Abschätzung der Ermüdungslebensdauer in Abhängigkeit von den Defektmerkmalen verwendet [172]. Der Spannungsintensitätsfaktor ist durch Gleichung 5.11 gegeben:

$$\Delta K_I = Y \cdot \Delta\sigma \cdot \sqrt{\pi \cdot a} \qquad \text{(Gl. 5.11)}$$

wobei Y der Geometriefaktor ist (0,5 für innere Defekte, nach [184]).

Murakami et al. [184,200] konnten zeigen, dass die Risslänge durch die projizierte Defektfläche senkrecht zur Belastungsrichtung für einen breiten Bereich von Defektgrößen in defektbehafteten Werkstoffen angenähert werden kann (siehe Gleichung 5.12):

$$\Delta K_I = Y \cdot \Delta\sigma \cdot \sqrt{\pi \cdot \sqrt{area}} \qquad \text{(Gl. 5.12)}$$

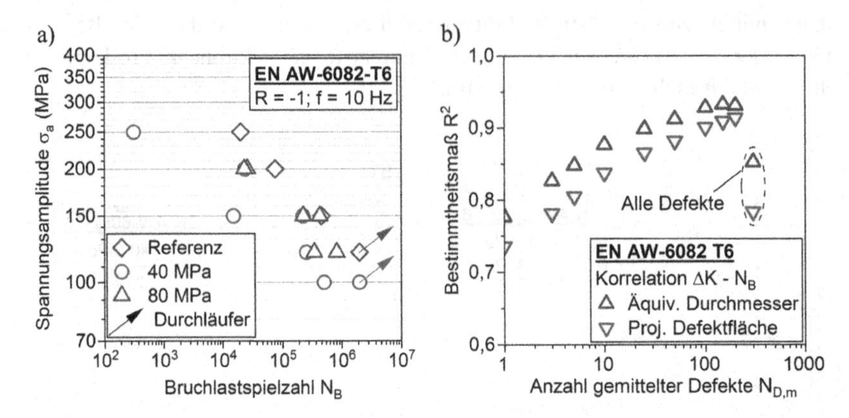

Abbildung 5.65 Wöhler-Diagramm des wärmebehandelten, defektbehafteten Zustands der mittels FAST-basierter Prozessroute hergestellten Fließpresslinge aus EN AW-6082 (a), Abschätzung der Güte der Korrelation zwischen ΔK und N_B auf Basis der Defektmittelung, vgl. [261]

Daher wird die Größe des den Riss initiierenden Defekts anhand statistischer Überlegungen geschätzt. Zur Abschätzung des rissauslösenden Defekts werden im Folgenden verschiedene Defektanteile verwendet, wobei der äquivalente Defektdurchmesser und die projizierte Defektgröße verglichen werden, um den am besten geeigneten Defektkennwert zu bestimmen. Auf diese Weise werden die größten Defekte gemittelt und anschließend die Güte der Korrelation durch Ermittlung des Bestimmtheitsmaßes der Korrelation zwischen ΔK und N_B bestimmt (Abbildung 5.65b).

Es zeigt sich, dass eine Mittelung der größten Defekte die Güte der Korrelation verbessert, da kleinere Defekte, die keine Relevanz für die Ermüdung haben, von der Berechnung ausgeschlossen werden. Weiterhin zeigt sich, dass der äquivalente Defektdurchmesser gegenüber der projizierten Defektfläche die bessere Korrelation ergibt. Die beste Korrelation ergibt eine Mittelung der 200 größten Defekte (Abbildung 5.66a), wobei sich ein Bestimmtheitsmaß von 0,93 ergibt, was eine sehr gute Korrelation bedeutet. Dementsprechend gelingt die Abschätzung der Bruchlastspielzahl auf Basis des Konzepts von Murakami [200] auch für den spanbasierten Werkstoff mit stark gelängten Defekten. Zudem können beide Zustände mit Hilfe einer Geraden abgeschätzt werden. Gleichzeitig wird aber deutlich, dass das Modell die Defekte aufgrund der Notwendigkeit zur Mittelung nicht gänzlich richtig einzuschätzen vermag und davon auszugehen ist,

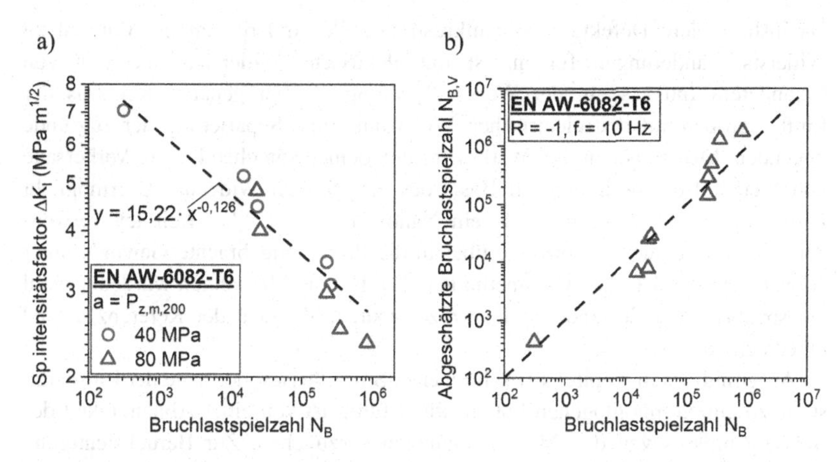

Abbildung 5.66 Verbesserung der Korrelation der Bruchlastspielzahl mit dem Spannungsintensitätsfaktor nach Murakami durch Mittelung großer Defekte (a), resultierende Güte der Lebensdauerberechnung (b), vgl. [261]

dass aufgrund der starken Längung eine systematische Abweichung von den wahren Spannungsintensitätsfaktoren vorliegt, die in der Folge durch Einbeziehung kleinerer Defekte vermeintlich ausgeglichen wird. [261]

5.4.2 Widerstandsbasierte Mechanismenseparation

Wie in Kapitel 2 beschrieben, sind zahlreiche Einflussgrößen bekannt, die sich auf den elektrischen Widerstand auswirken. So kann einerseits eine Vielzahl von Einflussgrößen mit der Messung des elektrischen Widerstands aufgenommen werden, allerdings ist zur genauen Zuordnung von Widerstandsänderungen zu den entsprechenden verursachenden Einflussgrößen eine genaue Separierung dieser erforderlich. Die in dieser Arbeit berücksichtigten Einflussgrößen lassen sich in drei Gruppen unterteilen, deren Einfluss im Folgenden separiert betrachtet wird.

- Geometrie
- Temperatur
- Mikrostruktur

Da insbesondere Defekte sowie mikrostrukturelle Änderungen im Material zu Widerstandsänderungen führen, ist die elektrische Widerstandsmessung von besonderem Interesse in der Werkstoffprüfung, da bei genauer Kenntnis der Einflussgrößen auf den elektrischen Widerstand eine Separierung der zugrunde liegenden Mechanismen im Werkstoff und dementsprechend eine Vorhersage von Werkstoffeigenschaften auf Basis des elektrischen Widerstands ermöglicht wird. Für die Messungen wurde ein Nanovoltmeter der Fa. Keithley verwendet. Die Stromeinleitung erfolgte über in die Probe eingebrachte Gewinde unter Anwendung der 4-Leiter-Messmethode [241]. Für die Messungen wurden sowohl die spanbasierten Zustände beider Prozessrouten, als auch der Referenzzustand untersucht.

Aufgrund des in Kapitel 4 beschriebenen Stromflusses, der nahe der Einspannstelle zu einem inhomogenen Potenzialfeld führt, ist von einer Abhängigkeit des Messergebnisses von den Messbedingungen auszugehen. Zur Berücksichtigung im Rahmen der Interpretation der weiteren Einflussgrößen wird zunächst die Stromeinleitung analysiert.

5.4.2.1 Einfluss der Stromeinleitung

Durch den Fluss der Elektronen, über deren Potenzial letztlich der elektrische Widerstand bestimmt ist, wird maßgeblich das Ergebnis einer Messung bestimmt. Da die Elektronen im Bereich der Stromeinleitung nicht den gesamten Querschnitt des Messobjekts durchfließen, sondern dies erst in einem bestimmten Abstand von der Stromeinleitung der Fall ist, kann ein Einfluss der Stromeinleitung auf das Messergebnis nicht ausgeschlossen werden. Abbildung 5.67 zeigt die Ergebnisse des Abstands der Einleitung und die Auswirkung auf den Messwert des elektrischen Widerstands. Es zeigt sich, dass bei der Nutzung eines Gewindes zur Stromeinleitung ein Abstand der Messstelle von der Stromeinleitung von min. 80 mm eingehalten werden sollte, um Einflüsse durch die Stromeinleitung zu vermeiden. [236]

5.4.2.2 Geometrie

In Abbildung 5.68 sind die Ergebnisse von Messungen des defektfreien Werkstoffs mit unterschiedlicher Messlänge dargestellt. Es ergibt sich ein proportionaler Zusammenhang zwischen elektrischem Widerstand und Messlänge. Aufgrund der Proportionalität zeigt sich, dass Kontaktwiderstände aufgrund der angewandten 4-Leiter-Messmethode nicht auftreten und der werkstoffbezogene Widerstand zwischen den Kontaktstellen gemessen wird. [236]

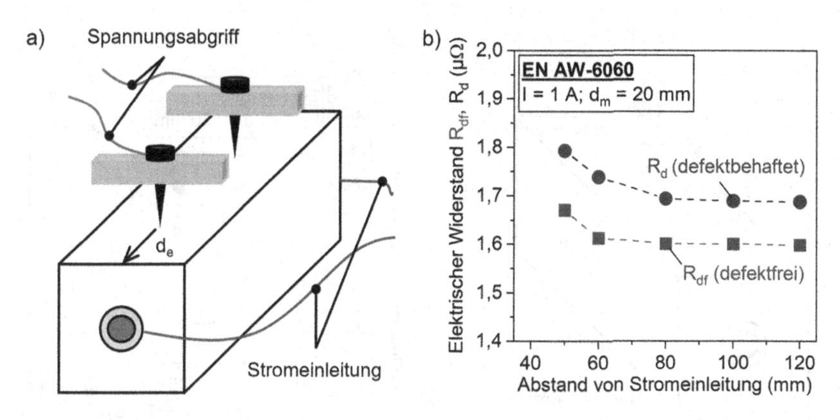

Abbildung 5.67 Einfluss des Abstands von der Stromeinleitung auf den elektrischen Widerstand: Versuchsaufbau (a), Messergebnisse (b), vgl. [236]

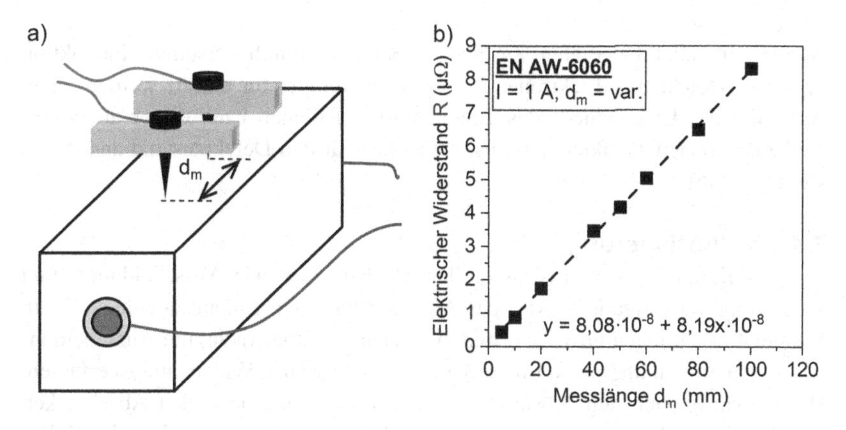

Abbildung 5.68 Einfluss der Messlänge auf den elektrischen Widerstand: Versuchsaufbau (a), Messergebnisse (b), vgl. [236]

5.4.2.3 Temperatur

Die Messungen zur Temperaturabhängigkeit des Widerstands sind in Abbildung 5.69 dargestellt. Hierbei wurden sowohl Messungen im Bereich mit eingebrachtem Defekt (Bohrung, d_D = 3 mm, t_D = 5 mm), als auch im defektfreien Bereich vorgenommen. Die Ergebnisse zeigen einen linearen Zusammenhang zwischen Temperatur und elektrischem Widerstand. Der Koeffizient

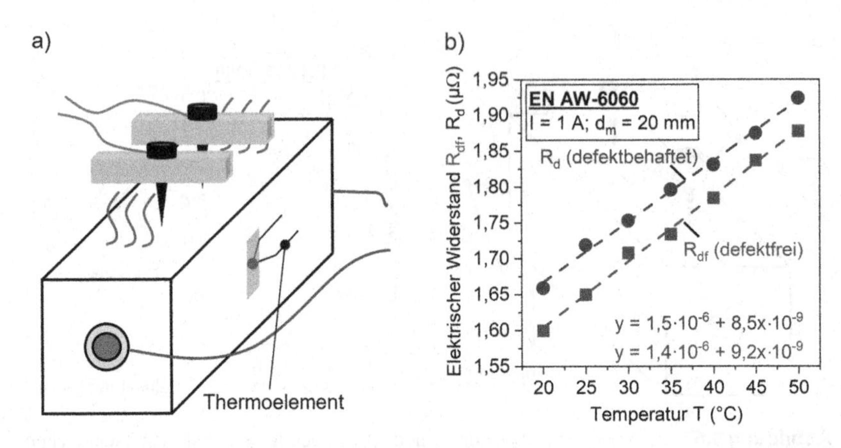

Abbildung 5.69 Einfluss der Temperatur auf den elektrischen Widerstand: Versuchsaufbau (a), Messergebnisse (b), vgl. [236]

ist für den defektbehafteten Zustand größer, was durch verstärkte Interaktion zwischen Defekt und Elektronen bei erhöhter Temperatur erklärt werden kann. Aufgrund des Unterschieds des Temperaturkoeffizienten kann dieser als potenziell zusätzliche Charakterisierungsmöglichkeit für den Defektzustand angesehen werden. [236]

5.4.2.4 Auslagerung

Zur Separierung von mikrostrukturellen Mechanismen wie Ausscheidungs- und Versetzungsverfestigung wurde der Mechanismus der Kaltauslagerung wie in Kapitel 4 beschrieben provoziert und messtechnisch überwacht, um Ausscheidungen zu generieren und deren Einfluss auf den elektrischen Widerstand zu erfassen. Hierzu wurde nach dem Lösungsglühen und dem anschließenden Abschrecken der elektrische Widerstand unmittelbar und kontinuierlich erfasst. Um das Gelingen einer Separierung von temperaturinduzierten Effekten zu zeigen, wurden die Untersuchungen in einem unklimatisierten Raum durchgeführt und die Temperatur kontinuierlich erfasst (Abbildung 5.70a). Zur Messung des Fortschritts der erfolgenden Kaltauslagerung und der damit verbundenen Werkstoffveränderungen wurde die Härte in bestimmten Abständen an einer Kontrollprobe, die der gleichen Wärmebehandlung unterzogen wurde, gemessen (Abbildung 5.70b). Die Ergebnisse der Messungen sind Abbildung 5.71 zu entnehmen.

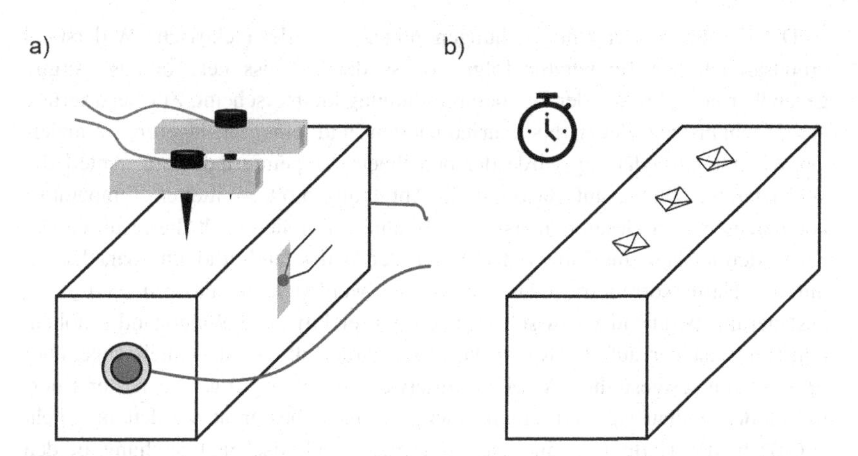

Abbildung 5.70 Versuchsaufbau zur Messung des Einflusses der Kaltauslagerung auf den elektrischen Widerstand: Widerstandsmessung an ausgelagerter Probe (a), kontinuierliche Härtemessung an Kontrollprobe (b)

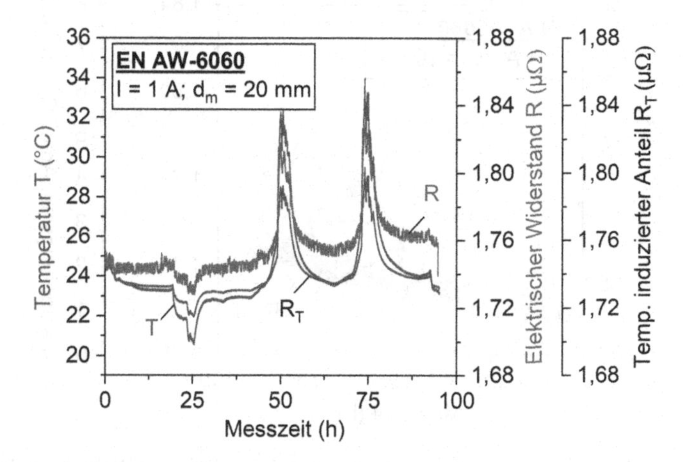

Abbildung 5.71 Einfluss des Kaltauslagerung auf den elektrischen Widerstand: Temperaturinduzierter Anteil, vgl. [236]

Die Ergebnisse der Untersuchungen zeigen, dass der elektrische Widerstand grundsätzlich der Temperatur folgt, sodass der Einfluss der Kaltauslagerung gegenüber dem Einfluss der Temperaturerhöhung klein erscheint. Zur Separierung der Mechanismen der temperaturinduzierten und einer auslagerungsinduzierten Widerstandsänderung wurde der berechnete temperaturinduzierte Anteil der Widerstandserhöhung auf Basis des in Abbildung 5.69 ermittelten Temperaturkoeffizienten vom Gesamtwiderstand subtrahiert. Folglich stellt die resultierende Kurve den auslagerungsinduzierten Anteil der Widerstandserhöhung dar, der gut mit der Härte korreliert, sodass festgestellt werden kann, dass die auf Kaltauslagerung beruhenden Ausscheidungen den elektrischen Widerstand erhöhen. Allerdings ist der auf die Kaltauslagerung zurückzuführende Anteil gegenüber den anderen festgestellten Anteilen um etwa den Faktor 30 geringer. Der Koeffizient des Kaltauslagerungsanteils kann demnach bestimmt werden und geht auf Basis der Härte mit einer abgeschätzten quadratischen Gleichung in den Gesamtwiderstand ein (Abbildung 5.72).

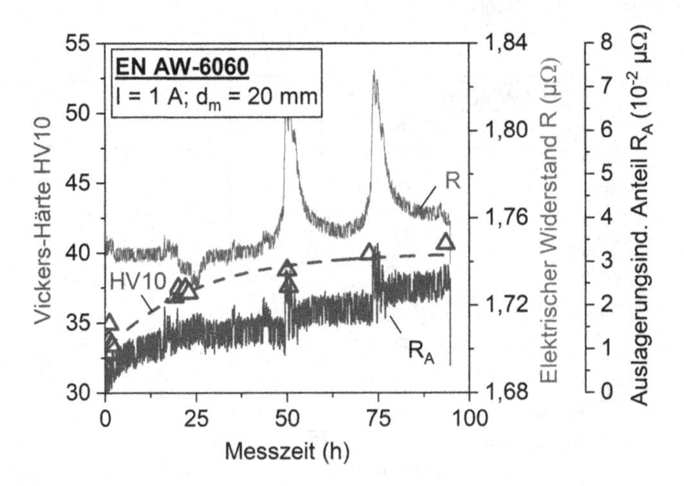

Abbildung 5.72 Einfluss des Kaltauslagerung auf den elektrischen Widerstand: Auslagerungsinduzierter Anteil, vgl. [236]

Neben der Kaltauslagerung wurde die Warmauslagerung untersucht und die Einflüsse warmauslagerungsbedingter Ausscheidungen auf den elektrischen Widerstand analysiert. Eine Separierung beider Auslagerungsarten ist insofern von Relevanz, als dass vor dem Hintergrund einer Eigenschaftsvorhersage auf

Basis von elektrischen Widerstandsmessungen der Zusammenhang zwischen Festigkeitssteigerung und Erhöhung des elektrischen Widerstands bekannt sein muss. Unter dieser Voraussetzung wird im Folgenden untersucht, ob ein bestimmtes Maß einer Festigkeitssteigerung unabhängig von der Art der Ausscheidung und dem zugrundeliegenden Ausscheidungsmechanismus zu einer identischen Änderung des elektrischen Widerstands führt oder ob die Art der Ausscheidung von Bedeutung ist. Zusätzlich wurde überprüft, ob für die Warmauslagerung Zeit und Temperatur und damit die Interaktion des Metallgitters mit den Ausscheidungen, die abhängig von Auslagerungszeit und -temperatur inkohärent, kohärent oder teilkohärent ausgebildet sein können, Änderungen des elektrischen Widerstands zur Folge haben. Zur Überprüfung wurde der elektrische Widerstand unterschiedlich ausgelagerter Zustände des spanbasierten Werkstoffs sowie der Referenz gemessen. Die Zeiten und Temperaturen wurden auf Basis des Stands der Technik so gewählt, dass sowohl unteralterte als auch überalterte Materialzustände zu erwarten sind. Die Ergebnisse der Widerstandsmessungen können Abbildung 5.73 entnommen werden.

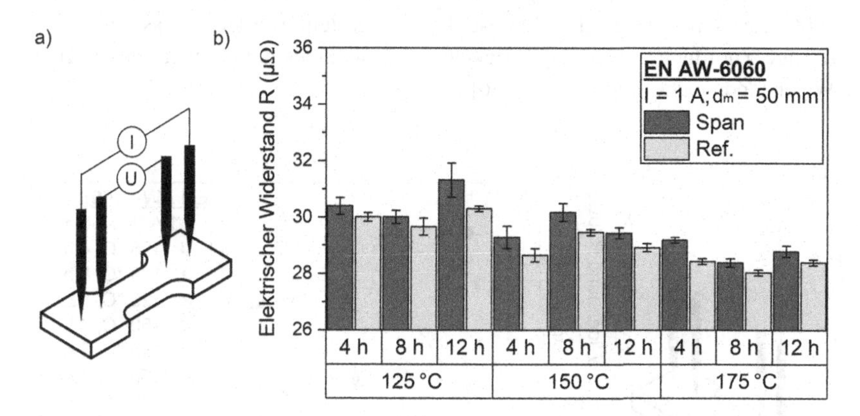

Abbildung 5.73 Einfluss der Warmauslagerung des mittels SPD-basierter Prozessroute hergestellten Materials auf den elektrischen Widerstand: Versuchsaufbau (a), Messergebnisse (b)

Aus Basis der unterschiedlich ausgelagerten Proben ergibt sich ein Einfluss der Auslagerungscharakteristik auf den elektrischen Widerstand. Zunächst kann festgestellt werden, dass eine steigende Auslagerungstemperatur eine geringe Abnahme des elektrischen Widerstands zur Folge hat. Ausgehend von einer Auslagerungsdauer von 4 h wird der elektrische Widerstand bei 150 °C um etwa

5 % reduziert. Es zeigt sich damit, dass der elektrische Widerstand grundsätzlich von der Warmauslagerung abhängt. Im Gegensatz zur Kaltauslagerung verringert sich der elektrische Widerstand allerdings mit steigender Festigkeit, da kohärente Ausscheidungen offenbar nur wenig mit den Elektronen interagieren. Die Werte des elektrischen Widerstands für den spanbasierten Werkstoff sind gegenüber der Referenz grundsätzlich erhöht, was auf das Vorhandensein weiterer Inhomogenitäten in Form von Delaminationen und Oxiden zurückgeführt werden kann. Grundsätzlich kann konstatiert werden, dass die konventionelle Wärmebehandlungsstrategie für Aluminiumlegierungen auf spanbasiertes Material übertragen werden kann. Zur Evaluierung, ob mit Hilfe des elektrischen Widerstands genaue Vorhersagen über die Materialeigenschaften möglich sind, ist in Abbildung 5.74 der Zusammenhang des gemessenen elektrischen Widerstands der in Abbildung 5.73 betrachteten Proben mit der entsprechenden Zugfestigkeit gezeigt. Es ergibt sich ein komplexer Zusammenhang zwischen elektrischem Widerstand und Zugfestigkeit. Während für eine Auslagerungstemperatur von 125 °C noch ein linearer Zusammenhang zwischen elektrischem Widerstand und Zugfestigkeit besteht, kann für höhere Temperaturen eine Reduktion des elektrischen Widerstands bei steigender Zugfestigkeit festgestellt werden, sodass eine eindeutige Zuordnung einer Zugfestigkeit auf Basis eines gemessenen elektrischen Widerstands nicht möglich ist. [236]

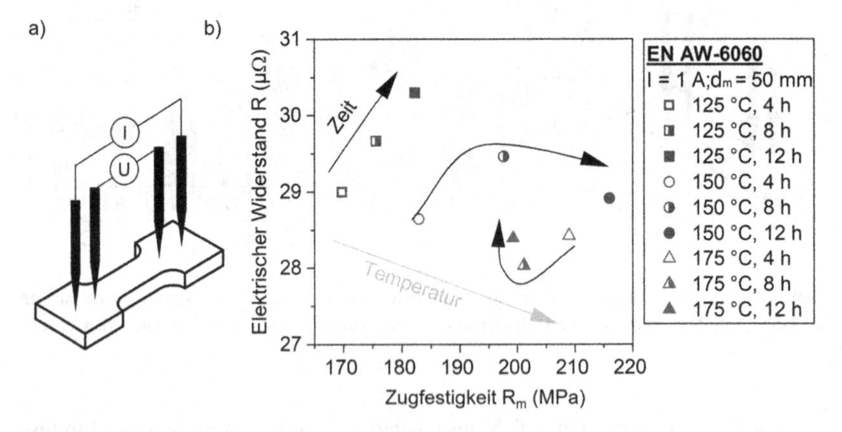

Abbildung 5.74 Messung der warmauslagerungsbedingten Festigkeitssteigerung des mittels SPD-basierter Prozessroute hergestellten Materials: Versuchsaufbau (a), Messergebnisse (b)

5.4.2.5 Versetzungsverfestigung

Zur Analyse des Einflusses der Versetzungsverfestigung auf den elektrischen Widerstand wurden Untersuchungen an den Schultern der Fließpresslinge durchgeführt, da hier, durch die Härtemessungen in Abschnitt 5.3.3 bestätigt, ein kontinuierlicher Anstieg der Härte aufgrund von Versetzungsverfestigung vorliegt. Zur Quantifizierung des Widerstandsanteils wurden Messungen in einem Abstand von 2 mm an einer Fließpressschulter des bei einer Sintertemperatur von 450 °C für 10 min gesinterten Referenzwerkstoffs durchgeführt. Zur Vermeidung eines Geometrieeinflusses wurde die Fließpressschulter auf eine konstante Dicke geschliffen. Nach Messung des elektrischen Widerstands wurde die Vickers-Härte (HV0,1) ebenfalls in einem Abstand von jeweils 2 mm ermittelt. Die versetzungsverfestigungsbasierte Widerstandserhöhung auf Grundlage der Gegenüberstellung von Härte und elektrischem Widerstand ist in Abbildung 5.75 dargestellt.

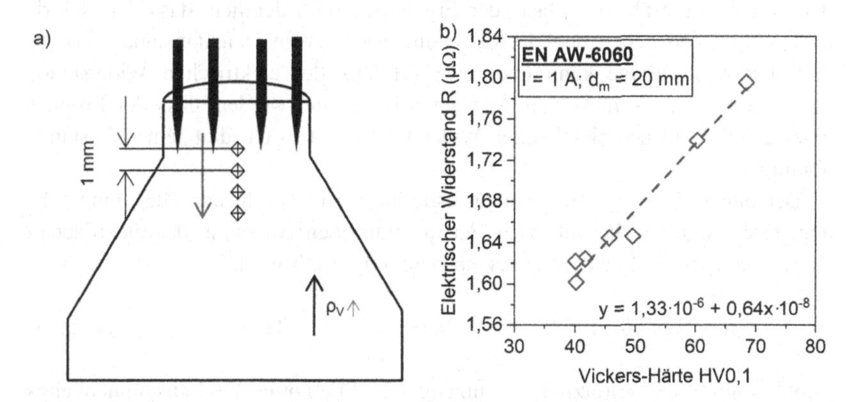

Abbildung 5.75 Ermittlung des versetzungsverfestigungsbasierten Anteils der Widerstandserhöhung anhand mittels FAST-basierter Prozessroute hergestellter Fließpresslinge im Schulterbereich: Versuchsaufbau (a), Messergebnisse (b)

Die Ergebnisse der Widerstandsmessungen zeigen, dass ein Einfluss der Versetzungsverfestigung auf den elektrischen Widerstand messbar ist. Beim Vergleich mit der Härte kann konstatiert werden, dass der Zusammenhang zwischen der Härtesteigerung aufgrund der Verfestigung und des Widerstands linear ist und eine Größenordnung von $0,64 \cdot 10^{-8}$ Ω/HV einnimmt. Damit ist die Widerstandsänderung durch Versetzungsverfestigung verglichen mit der Kaltauslagerung deutlich geringer.

5.4.2.6 Defekte

Neben der Änderung der Mikrostruktur beeinflussen auch Defekte durch Interaktion mit den Elektronen den elektrischen Widerstand. Vorhandene Defekte bewirken einerseits eine Streuung von Elektronen, was gemäß den Überlegungen von Kaveh und Wiser [216,217] zu einer Widerstandserhöhung führt und andererseits eine Reduktion der Querschnittsfläche, die ebenso eine Erhöhung des elektrischen Widerstands zur Folge hat. Arndt et al. [263] konnten zeigen, dass auch der Abstand der Defekte (zur Oberfläche) einen Einfluss auf den elektrischen Widerstand hat. Zur Evaluation wurden Bohrungen in ein quadratisches Profil eingebracht und mittels verschiedener Messpositionen in unterschiedlichen Höhen zum Defekt vermessen. Die Ergebnisse der Messungen können Abbildung 5.76 entnommen werden. Die Untersuchungen zeigen die grundsätzliche Detektierbarkeit von Defekten mittels der elektrischen Widerstandmessung. Dabei hängen die Defekterkennung sowie der gemessene elektrische Widerstand von der Messposition ab. Auf Basis der Ergebnisse wird deutlich, dass der elektrische Widerstand neben dem Defektvolumen auch vom Defektabstand abhängt. Auf dieser Grundlage kann über die Differenz des elektrischen Widerstands basierend auf den gemessenen Abständen hergeleitet werden, dass der Einfluss eines Defekts auf den elektrischen Widerstand mit dem Quadrat seines Abstands abnimmt.

Der quadratische Zusammenhang kann hierbei über folgende Gleichung 5.13 angenähert werden, die auf Basis der quadratischen Änderung des elektrischen Widerstands mit steigendem Defektabstand aufgestellt wird.

$$\Delta R = 2,45 d_t \cdot 10^{-8} \Omega/mm - 9,09 \cdot d_t^2 \cdot 10^{-10} \Omega/mm^2 \quad \text{(Gl. 5.13)}$$

Somit kann unter zusätzlicher Nutzung der Erkenntnis des Zusammenhangs aus Defektvolumen und elektrischem Widerstand folgende Gleichung 5.14 über die durch einen Defekt hervorgerufene Änderung des elektrischen Widerstands hergeleitet werden.

$$P_D = \frac{V_D}{d_D^2} \quad \text{(Gl. 5.14)}$$

V_D repräsentiert hierbei das Defektvolumen, während d_D den Abstand des Defekts von der Messposition angibt. Aufgrund der Gewichtung des Volumens und des Abstands wird der Parameter als abstandsgewichteter Defektparameter definiert.

Zur Überprüfung, ob dieser Zusammenhang zur Detektion von Defekten genutzt werden kann wurden im Folgenden Messungen des elektrischen Widerstands an einem mittels SPD-basierter Prozessroute und Flachmatrize hergestellten Profil vorgenommen. Das Profil wurde zunächst mittels Computertomografie analysiert und die Defektverteilung bestimmt. Anschließend wurden die 4 Seiten des quadratischen Profils jeweils im Abstand von 5 mm mittels elektrischer Widerstandsmessung charakterisiert (Abbildung 5.77). Die Ergebnisse für alle 4 Seiten sind in Abbildung 5.78 dargestellt. Es zeigt sich, dass der Widerstand auf allen 4 Seiten mit dem entwickelten abstandsgewichteten Defektparameter korreliert, sodass der abstandsgewichtete Defektparameter auf Basis des elektrischen Widerstands abgeschätzt werden kann. In diesem Kontext ist aufgrund der Kopplung von Volumen und Abstand zwar keine direkte Ermittlung des Defektvolumens möglich, jedoch konnte gezeigt werden, dass der elektrische Widerstand für lokale Messungen zur Bestimmung der Mikrostruktur- und Defekteigenschaften genutzt werden kann. [236]

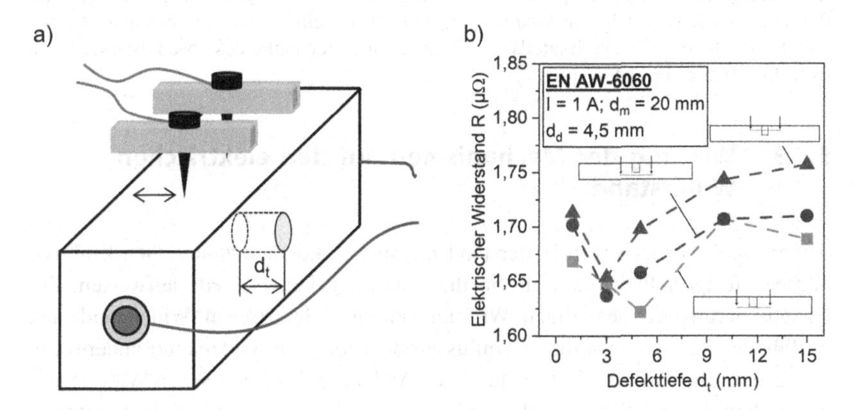

Abbildung 5.76 Defektdetektion anhand künstlich eingebrachter Defekte mittels elektrischer Widerstandsmessungen: Versuchsaufbau (a), Messergebnisse (b), vgl. [236]

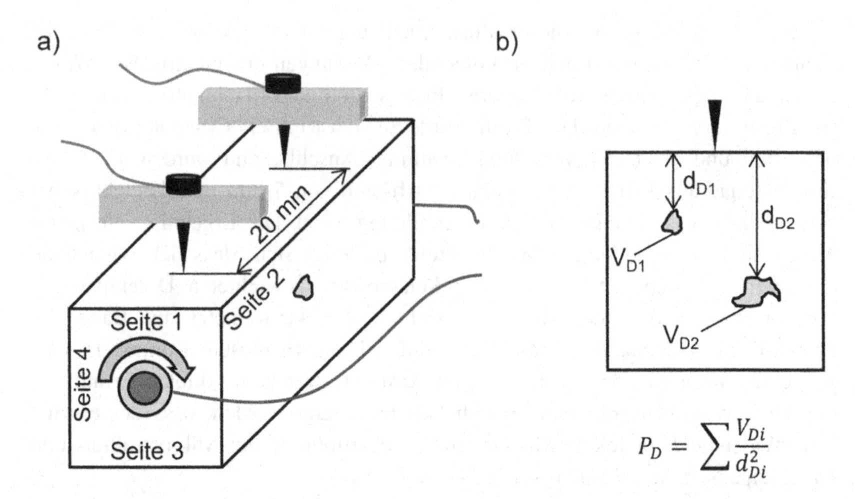

Abbildung 5.77 Messprinzip zur Abschätzung des Defektvolumens und der -lage auf Basis des abstandsgewichteten Volumenparameters (a), Definition der Defektparameter V_D und d_D im Querschnitt des Bauteils und Formel zur Berechnung des abstandsgewichteten Defektparameters P_D (b)

5.4.3 Wirkung der Mechanismen auf den elektrischen Widerstand

Auf Basis der elektrischen Widerstandsmessungen konnten zahlreichen Einflussfaktoren festgestellt werden, die in ihrer Wirkung Unterschiede aufweisen. Zur Quantifizierung der jeweiligen Wirkung auf den elektrischen Widerstand sind in Tabelle 5.24 die jeweiligen einflussgrößenbedingten Widerstandsänderungen angegeben. Es wird der Einfluss durch die Änderung des elektrischen Widerstands pro Einheit der jeweiligen Einflussgröße quantifiziert. Bei den festigkeitssteigernden Einflussgrößen wurde hierbei die Änderung der Vickers-Härte als Einheit genutzt.

Für die Warmauslagerung kann aufgrund des komplexen Zusammenhangs und der Interaktion aus Auslagerungstemperatur und -zeit keine eindeutige Wirkung zugewiesen werden. Es wird deutlich, dass die Kaltauslagerung einen etwa 4-fach so großen Einfluss auf den elektrischen Widerstand im Vergleich zur Versetzungsverfestigung ausübt.

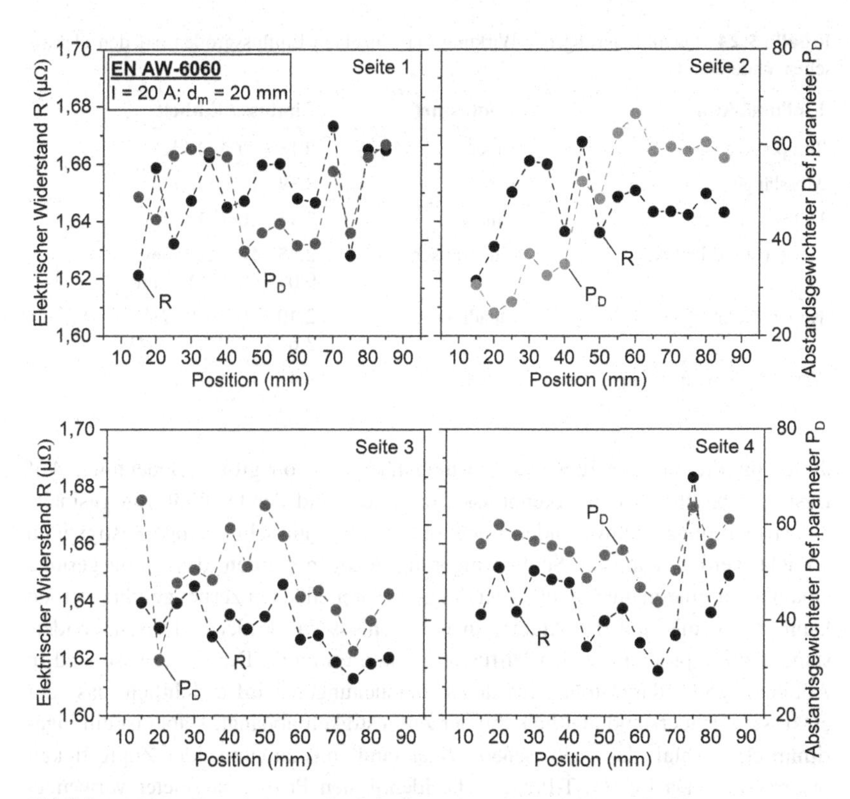

Abbildung 5.78 Korrelation zwischen dem abstandsgewichteten Defektparameter und dem elektrischen Widerstand für das untersuchte Rechteckprofil (d = 20 mm), ausgewertet für alle Seiten, vgl. [236]

5.4.4 Widerstandsbasierte Ermittlung der Grenzflächenqualität

Vor dem Hintergrund der Charakterisierung der Verbindungsmechanismen ist zur Einschätzung der Leistungsfähigkeit die Grenzflächenqualität von entscheidender Bedeutung. Diese wird, wie in Kapitel 2 gezeigt, vor allem vom Aufbruch der Oxidbelegungen bestimmt. Es konnte gezeigt werden, dass der Oxidabstand bzw. die Qualität der Grenzflächen der wiederverwerteten Späne direkt mit den mechanischen Eigenschaften zusammenhängen. Da mit steigendem Abstand zwischen den Grenzflächen die effektive Verbundfläche reduziert wird, ist eine Abschätzung

Tabelle 5.24 Quantifizierung der Wirkung der einzelnen Einflussgrößen auf den elektrischen Widerstand

Einflussfaktor	Einflussart	Einfluss / Einheit
Temperatur	Linear	$9{,}18 \cdot 10^{-9}$ Ω / K
Messlänge	Linear	$8{,}19 \cdot 10^{-8}$ Ω / mm
Defektvolumen	Linear	$2{,}93 \cdot 10^{-9}$ Ω / mm^3
Randabstand Defekt	Quadratisch	$2{,}45 \cdot 10^{-8}$ Ω / mm – $9{,}09 \cdot 10^{-10}$ Ω / mm^2
Kaltauslagerung	Quadratisch	$2{,}40 \cdot 10^{-8} \cdot$ Ω/ HV + $3{,}63 \cdot 10^{-10} \cdot$ Ω / HV^2
Versetzungsverfestigung	Linear	$6{,}41 \cdot 10^{-9}$ Ω / HV

dieser für die Einschätzung der Leistungsfähigkeit von großer Bedeutung. Auf Basis der beschriebenen Erkenntnisse, dass aufgrund der Qualität von gesinterten Spänen ohne nachfolgenden Fließpressvorgang nur sehr geringe Festigkeiten erreicht werden, kann die Schlussfolgerung gezogen werden, dass diese geringe Qualität auf eine mangelhafte Anbindung der Grenzflächen zurückgeführt werden kann. Zur Ermittlung des Anteils an Formschluss wurde der elektrische Widerstand der Zugproben aus den Diffusionsproben ermittelt. Die Ergebnisse sind in Abbildung 5.79 dargestellt. Aus den Untersuchungen wird ersichtlich, dass der elektrische Widerstand deutlich von der Zugfestigkeit abhängt. Dabei ist ein logarithmischer Abfall des elektrischen Widerstands mit zunehmender Zugfestigkeit festzustellen. Da im FAST-Prozess die identischen Prozessparameter verwendet wurden, unterscheiden sich die Zustände lediglich in der Ausprägung der Oxidschicht. Die Unterschiede in der Zugfestigkeit sind daher auf die Grenzflächen zurückzuführen. Zur detaillierten Aufklärung der Ursache der Widerstandserhöhung wurden rasterelektronenmikroskopische Aufnahmen der Bruchflächen erstellt.

In Abbildung 5.80 ist eine exemplarische Aufnahme des sauerstofffrei gefügten Zustands dargestellt. Die rasterelektronenmikroskopischen Aufnahmen zeigen, dass eine mangelhafte Anbindung zwischen den Grenzflächen erfolgt ist. Nur an einigen Stellen kam es partiell zu einem Verbund. Weiterhin sind in der Grenzfläche verbliebende Oxidpartikel zu erkennen. Damit ist die Erhöhung des elektrischen Widerstands auf eine Abnahme der Fügefläche zurückzuführen. Diese führt gleichzeitig zu einer Reduktion der Zugfestigkeit. Mit Hilfe der Software ImageJ wurde der Anteil der Fügefläche mit etwa 22 % abgeschätzt. Unter Berücksichtigung dieser Fügefläche ergibt sich bei Nutzung des

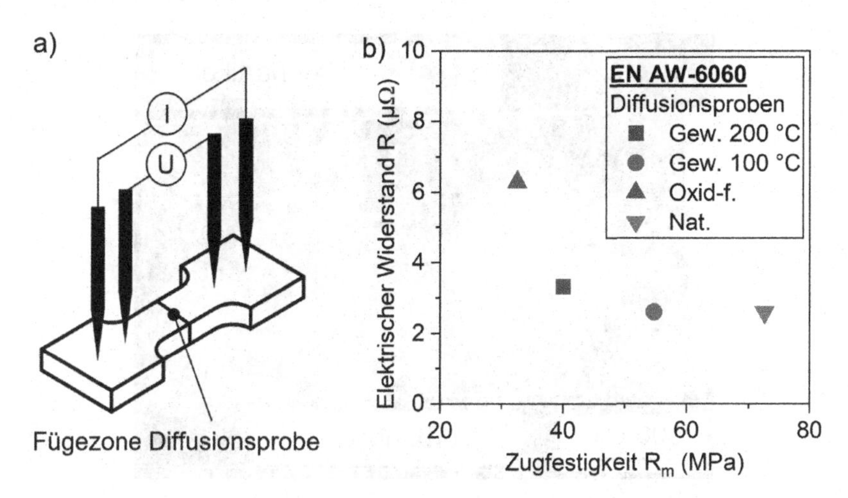

Abbildung 5.79 Elektrischer Widerstand in Abhängigkeit der Zugfestigkeit der aus den Diffusionsproben entnommenen Zugproben: Versuchsaufbau (a), Messergebnisse (b)

Werts der Zugfestigkeit der Referenz von $R_m = 147$ MPa eine theoretische Zugfestigkeit von $R_{m,oxid.f.} = 147 \text{ MPa} \cdot 0{,}22 = 32{,}3$ MPa, was sehr gut mit der erreichten Zugfestigkeit von 32 MPa übereinstimmt. Der theoretische elektrische Widerstand müsste unter Nutzung des Ohm'schen Gesetzes einen Wert von $R_{oxid.f.} = 2{,}3\ \mu\Omega \cdot 0{,}22^{-1} = 10{,}45\ \mu\Omega$ annehmen. Dieser Wert wird unterschritten, sodass davon auszugehen ist, dass die nur schwach verbundenen Flächenanteile zwar nicht zur Zugfestigkeit beitragen, allerdings z. T. leitend miteinander verbunden sind und somit zur Leitfähigkeit beitragen. Dies erklärt auch den logarithmischen Zusammenhang zwischen Zugfestigkeit und elektrischem Widerstand, da mit steigender Zugfestigkeit von einem höheren Anteil an leitend verbundenem Werkstoff auszugehen ist.

Zusätzlich wurde bei den in Abschnitt 5.3.5 für Zugversuche verwendeten Proben der elektrische Widerstand gemessen. Die Ergebnisse der Messungen sind in Abbildung 5.81 dargestellt. Die Ergebnisse belegen grundsätzlich, dass der elektrische Widerstand mit steigender Zugfestigkeit abnimmt, was auf Unterschiede in der individuellen Grenzflächenqualität der einzelnen Proben zurückgeführt werden kann. Qualitativ besser ausgeprägte Spangrenzflächen weisen eine größere effektive Verbindungsfläche auf, sodass nach dem Ohm'schen Gesetz der Widerstand abnimmt.

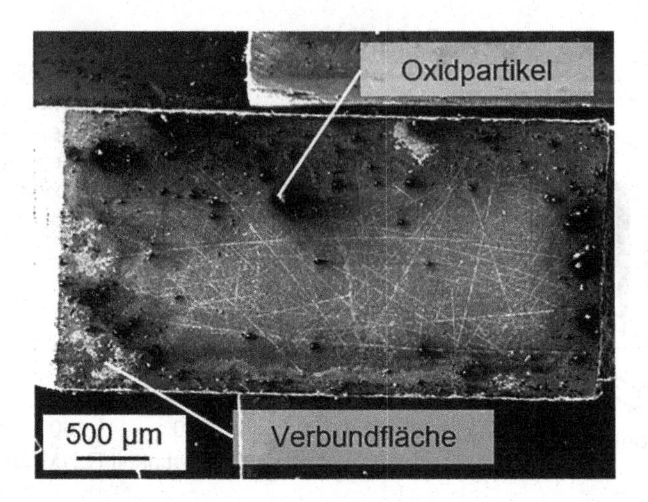

Abbildung 5.80 Bruchfläche einer im Zugversuch gebrochenen sauerstofffrei gefügten Diffusionsprobe (400 °C, 5 min)

Es zeigt sich, dass für die unterschiedlichen Zustände individuelle Abschätzungen der Zugfestigkeit mit abnehmendem elektrischem Widerstand getroffen werden können, wobei für die Zustände 400 °C, 5 min und 450 °C, 5 min jeweils ein bzw. zwei Ausreißer aufgetreten sind. Gleichzeitig kann damit gezeigt werden, dass die reduzierte Festigkeit in der Tat auf einer mangelhaften Anbindung zwischen den Spänen beruht, die eine Widerstandserhöhung bedingt. Auf Basis der erreichten Zugfestigkeiten wird deutlich, dass die Ergebnisse der elektrischen Widerstandsmessungen nicht unmittelbar auf die Proben aus spanbasierten Sinterlingen übertragen werden können. So wird trotz einer vergleichbaren Zugfestigkeit zwischen der sauerstofffrei gesinterten Diffusionsprobe und den bei 400 °C für 5 min gesinterten Spanproben ein deutlich geringerer Wert des elektrischen Widerstands gemessen, was auf eine größere Verbindungsfläche hindeutet.

Offenbar kommt es hier durch die Relativbewegung zwischen den Spänen während des Sinterprozesses zu einem größeren Anteil an verbundenen Grenzflächen, die zur Leitfähigkeit, jedoch nicht zur Zugfestigkeit beitragen. Nichtsdestotrotz kann auf Basis der elektrischen Widerstandsmessung eine Abschätzung der Zugfestigkeit erfolgen. Eine exemplarische Bruchfläche des bei 450 °C für 5 min gesinterten Zustands ist in Abbildung 5.82 dargestellt. Die Bruchfläche

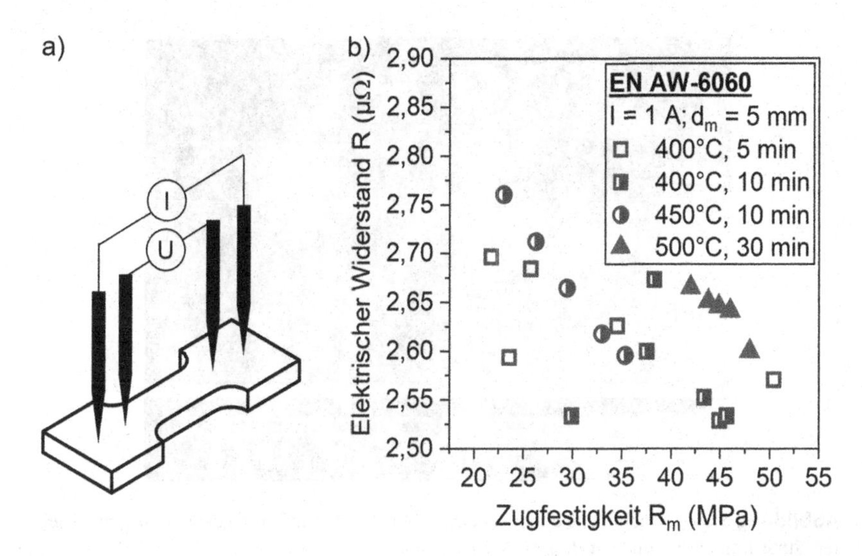

Abbildung 5.81 Abschätzung der Zugfestigkeit der mittels FAST-basierter Prozessroute hergestellten Sinterlinge anhand des elektrischen Widerstands: Versuchsaufbau (a), Messergebnisse (b)

zeigt analog zu den Diffusionsproben Anteile verbundener sowie nicht verbundener Grenzflächen. Es zeigt sich, dass durch die zusätzliche Umformung der Späne während des Sinterns offenbar eine Verbesserung der Anbindung untereinander erfolgt, während bei den Diffusionsproben größere partielle Abstände zwischen den Fügeflächen zu verzeichnen sind. Als Folge daraus kommt es zu einem größeren Anteil der verbundenen Flächen, obgleich die resultierende Festigkeit nicht höher ist.

5.4.4.1 Widerstandsbasierte Festigkeitsberechnung

Auf Basis der in Abschnitt 5.4.2 ermittelten Einflussgrößen auf den elektrischen Widerstand sowie den separierten Festigkeitsanteilen kann der elektrische Widerstand nun um diese Einflüsse korrigiert werden, sodass Rückschlüsse auf die Qualität der Spangrenzflächen ermöglicht werden. Der um die Festigkeitsanteile reduzierte elektrische Widerstand wird in Tabelle 5.25 hergeleitet. Es ergeben sich die einzelnen, auf Ausscheidungs- und Versetzungsverfestigung bezogenen Widerstandsanteile unter Nutzung der Kenntnisse der Einflüsse auf den elektrischen Widerstand

Abbildung 5.82 Bruchfläche einer aus einem bei 400 °C für 5 min gesinterten spanbasierten Sinterling entnommenen Probe

($R_{F,A}$ bzw. $R_{F,V}$) und Faktoren der Festigkeit (F_A bzw. F_V) der jeweiligen Mechanismen mittels Gleichung 5.15. Zur Auswertung werden die Widerstände vorher auf Basis der Messlänge bzw. Fläche spezifiziert und die Einflussgrößen in prozentuale Werte umgerechnet, um die Korrektur geometrieunabhängig durchführen zu können.

$$R_A = (1 - F_A) \cdot R_{F,A}\, bzw.\, R_V = (1 - F_V) \cdot R_{F,V} \qquad \text{(Gl. 5.15)}$$

Der auf die verfestigenden Mechanismen zurückzuführende Widerstand ergibt sich schließlich aus der Summe der durch Ausscheidungs- und Versetzungsverfestigung verursachten Widerstandsanteile.

Tabelle 5.25 Anteile verfestigender Mechanismen auf den elektrischer Widerstand (normiert auf spez. Widerstand)

T (°C)	t (min)	R_A (µΩ)	R_V (µΩ)
400	5	0,59	0,24
	10	0,46	0,08
450	5	0,46	0,12
	10	0,41	0,10
500	30	1,80	0,10

Basierend auf dem um die verfestigenden Mechanismen korrigierten elektrischen Widerstand ergibt sich der Zusammenhang mit der Zugfestigkeit wie in Abbildung 5.83 dargestellt. Es wird deutlich, dass mit Hilfe des auf diese Weise korrigierten elektrischen Widerstands eine Abschätzung aller Zustände mit Hilfe einer Geraden erfolgen kann. Analog zum nicht korrigierten Widerstand weicht der Zustand 400 °C, 5 min leicht von dieser Geraden ab. Somit kann festgestellt werden, dass der elektrische Widerstand bei Kenntnis der Anteile von Ausscheidung- und Versetzungsverfestigung korrigiert werden kann und sich zur Abschätzung der Zugfestigkeit eignet.

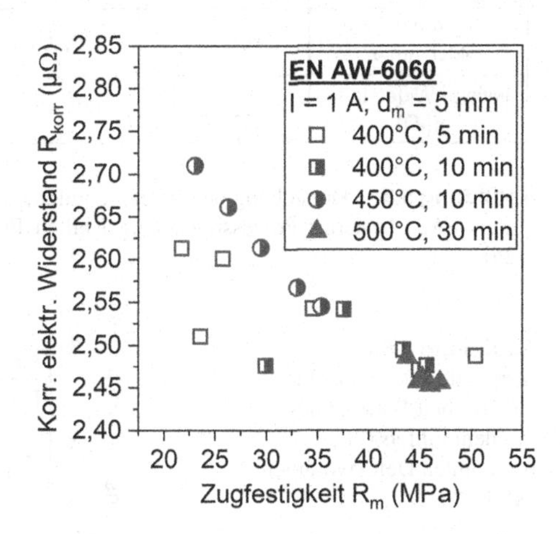

Abbildung 5.83
Korrelation des korrigierten elektrischen Widerstands mit der Zugfestigkeit der mittels FAST-basierter Prozessroute hergestellten Sinterlinge

5.4.5 Widerstandsbasierte Lebensdauerberechnung

Zur Anwendung der im Rahmen der elektrischen Widerstandsmessung erzielten Erkenntnisse wurden zusätzlich zu den in Abschnitt 5.4.2.6 betrachteten Proben wärmebehandelte Proben mittels elektrischer Widerstandsmessungen untersucht. Vergleichend wurden Computertomografieanalysen genutzt, um die dreidimensionale Defektverteilung zu bestimmen. Die Ergebnisse beider Messungen sind in Abbildung 5.84 dargestellt. Es kann analog zu den vorherig vorgenommenen Messungen festgestellt werden, dass der elektrische Widerstand mit dem Defektvolumen korreliert. Weiterhin zeigt Abbildung 5.85, dass der elektrische Widerstand grundsätzlich mit dem mittels CT bestimmten Defektvolumen korreliert.

Volumen-rekonstruktionen	2 mm			
Defektvolumen (mm^3)	1,784	2,393	3,72	9,982
Anteil Defektvolumen (%)	0,276	0,364	0,564	1,651
Initialer Widerstand (µΩ)	22,741	23,420	23,612	24,195

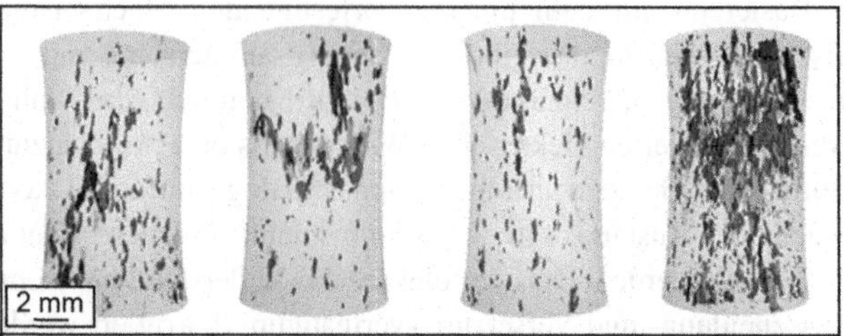

Abbildung 5.84 Darstellung der Defektverteilung sowie des elektrischen Widerstands der mittels FAST-basierter Prozessroute hergestellten Fließpresslinge aus EN AW-6082, vgl. [125]

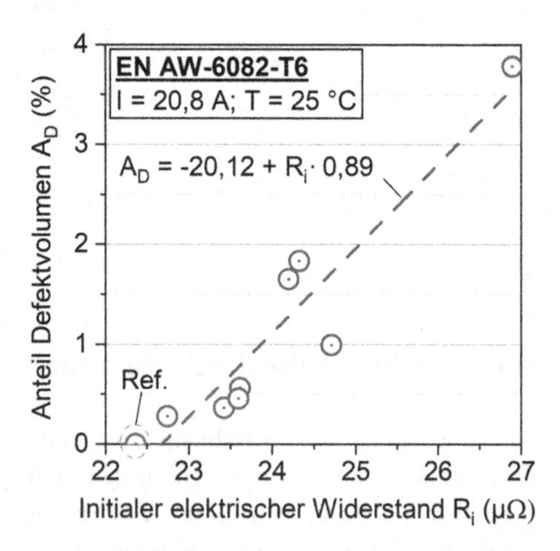

Abbildung 5.85 Korrelation des initialen elektrischen Widerstands mit dem mittels CT bestimmten Defektvolumen, vgl. [125]

Um aus den Erkenntnissen der Korrelationen zwischen dem elektrischen Widerstand der Proben und dem Defektvolumen einerseits und dem Defektvolumen und der Lebensdauer über den Ansatz nach Murakami andererseits ein Modell zur Abschätzung der Lebensdauer auf Basis initialer Widerstandsmessungen abzuleiten, müssen die spannungsabhängigen Lebensdauern jeder Probe auf eine bestimmte Spannungsamplitude transformiert werden. Dazu wurde die Gleichung nach Basquin verwendet:

$$\sigma_a = 1315,69MPa \cdot (2N_B)^{-0,16074} \quad \text{(Gl. 5.9)}$$

Weiterhin wird angenommen, dass die Steigung der Wöhler-Kurve für die Referenz- und die Spanproben identisch ist und der einzige Einfluss auf die Lebensdauer das Defektvolumen ist. Das heißt, es wird angenommen, dass eine defektfreie spanbasierte Probe die gleiche Lebensdauer erreicht wie eine Referenzprobe. Die Steigung der Wöhler-Linie des Referenzmaterials wurde mit b = −0,16074 bestimmt. Zur Anpassung der Lebensdauer jeder Spannungsamplitude an eine theoretische Spannungsamplitude von σ_a = 150 MPa wurde das reale Wertepaar (Spannungsamplitude und Bruchlastspielzahl) als Basispunkt für die Gleichung von Basquin verwendet. Zusammenfassend lässt sich erkennen, dass jeder Punkt der Wöhler-Linie in Richtung der Steigung der Wöhler-Linie des Referenzmaterials bis zu einer Spannungsamplitude von 150 MPa verschoben wird (Abbildung 5.86a). Da die Lebensdauer jeder Probe nun zur gleichen Spannungsamplitude gehört, ist eine direkte Korrelation zwischen der Lebensdauer und dem Defektvolumen möglich (Abbildung 5.86b).

Um die Spannungsamplitude von σ_a = 150 MPa wieder auf die ursprüngliche Spannungsamplitude zurückzuführen, kann das beschriebene Verfahren umgekehrt angewendet und die nun bestimmten Datenpunkte in die Basquin-Gleichung eingesetzt werden. Daraus ergibt sich die folgende Gleichung für die Bruchlastspielzahl, abhängig vom Anteil des durch Computertomografie-Scans ermittelten Defektvolumens.

$$N_B = \left(\frac{\sigma_a}{\frac{150MPa}{\left(68.519 \cdot P_d^{-1,32948}\right)^{-0,16074}}} \right)^{\frac{-1}{0,16074}} \quad \text{(Gl.5.10)}$$

Wie in Abbildung 5.84 gezeigt, lässt sich der Anteil des Defektvolumens durch Bestimmung des initialen elektrischen Widerstands der Proben gut abschätzen. Daher kann diese Gleichung in Gleichung 5.9 eingesetzt werden, um eine widerstandsbasierte Gleichung für die Schätzung der Lebensdauer zu erhalten.

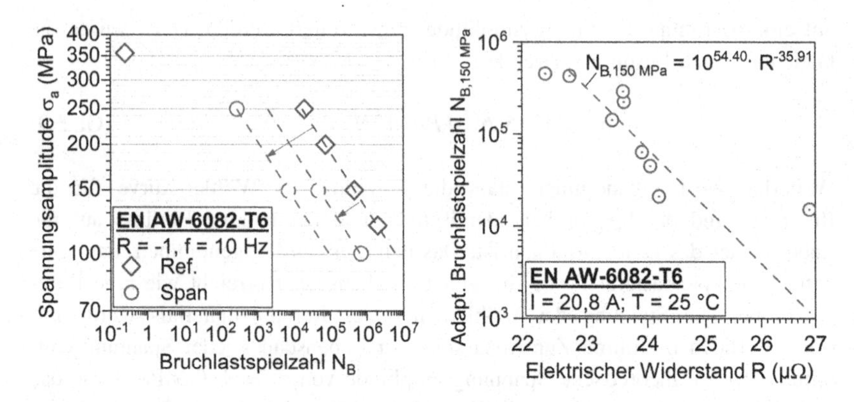

Abbildung 5.86 Adaption der Wöhler-Linie der mittels FAST-basierter Prozessroute hergestellten Fließpresslinge aus EN AW-6082 zur Beurteilung der Auswirkung der Defekte auf die Ermüdungslebensdauer (a), Korrelation des elektrischen Widerstands mit der adaptierten Bruchlastspielzahl (b), vgl. [125]

$$N_B = \left(\frac{\frac{\sigma_a}{150MPa}}{\left(68.519 \cdot \left(-20,12 + \frac{0,89}{\mu\Omega} \cdot R_i\right)^{-1,32948}\right)^{-0,16074}} \right)^{\frac{-1}{0,16074}} \quad \text{(Gl. 5.11)}$$

Mit Hilfe der Gleichung kann eine Abschätzung der Lebensdauer für jede Spannungsamplitude vorgenommen werden, wobei nur der initiale Widerstand bestimmt werden muss. Zusätzlich können Referenzlinien für bestimmte initiale Widerstandswerte erstellt werden (Abbildung 5.87). Das Diagramm kann schließlich dazu verwendet werden, die Lebensdauer von spanbasierten Proben auf der Grundlage des elektrischen Widerstands grafisch abzuschätzen. Es kann festgestellt werden, dass die experimentellen Lebensdauern sehr gut mit den berechneten Lebensdauern übereinstimmen und daher die Messung des elektrischen Widerstands geeignet ist, eine schnelle Abschätzung des Defektvolumens und damit der Ermüdungseigenschaften zu ermöglichen.

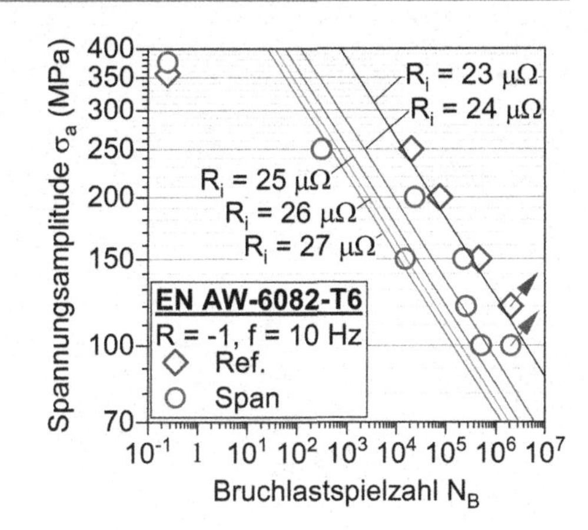

Abbildung 5.87 Widerstandsbasierte Wöhler-Linien des defektbehafteten Zustands der mittels FAST-basierter Prozessroute hergestellten Fließpresslinge aus EN AW-6082 zur Abschätzung der Leistungsfähigkeit mittels des elektrischen Widerstands, vgl. [125]

Auf Basis der Erkenntnisse kann die aufgestellte Forschungsfrage, ob die elektrische Widerstandsmessung zur Beurteilung der lokalen Mikrostruktur- und Defektcharakteristika geeignet ist, beantwortet werden. Sowohl lokale Mikrostruktur- als auch Defektcharakteristika können mit Hilfe der elektrischen Widerstandsmessung detektiert und zur Vorhersage der Leistungsfähigkeit genutzt werden. [125]

Zusammenfassung und Ausblick 6

Mikrostrukturelle Eigenschaften

Die Ergebnisse auf Basis der Untersuchungen der Mikrostruktur haben ergeben, dass sich für die SPD-basierte Wiederverwertungsroute eine stark inhomogene Korn-, Span- und Defektstruktur ausbildet. Dies ist auf die verschiedenen Zonen während des Umformprozesses bezogen. Während außen in den Profilen eine auf die Reibung an der Matrizenwand zurückzuführende Zone ausgeprägter Rekristallisation entsteht, auch über Spangrenzen hinweg, ändert sich die Kornstruktur durch Einflüsse großer Scherdeformationen, sodass ein sehr feinkörniges Gefüge basierend auf dem Mechanismus der geometrisch dynamischen Rekristallisation entsteht. Im Profilinneren ist das Material nur wenig von den Prozessparametern beeinflusst, jedoch entstehen aufgrund der unzureichenden lokalen Dehnung zahlreiche Delaminationen im Material. Auf Basis des in Richtung der Profiloberfläche abnehmenden hydrostatischen Drucks können in den Profilen mit kleinem Pressverhältnis vor allem außen Delaminationen festgestellt werden, da der Mikroextrusionsdruck nicht ausreicht, um die dehnungsbedingt entstehenden Kavitäten in den Spanoberflächen zu füllen. Dies kann über rasterelektronenmikroskopische Aufnahmen nachgewiesen werden, die sowohl die druckbedingt entstehenden, nicht gefüllten Kavitäten außen im Profil, als auch die dehnungsbedingt nicht ausreichend aufgebrochenen Oxidschichten in der Profilmitte zeigen. Entsprechend korreliert die Oxidgröße mit den lokalen Prozessparametern. Es konnte nachgewiesen werden, dass Magnesium eine signifikante Rolle beim Aufbruch der Oxidschichten spielt. Die Verwendung einer Kammermatrize statt einer Flachmatrize führt aufgrund des Werkstoffflusses zu zusätzlicher Dehnung und bewirkt dementsprechend ein homogeneres Gefüge.

A. Koch, *Verbindungsmechanismen und Leistungsfähigkeit von stranggepressten und feldunterstützt gesinterten Halbzeugen aus wiederverwerteten Aluminiumspänen*, Werkstofftechnische Berichte | Reports of Materials Science and Engineering, https://doi.org/10.1007/978-3-658-44531-7_6

Im Gegensatz dazu ist die Mikrostruktur der FAST-basierten Wiederverwertungsroute innerhalb der einzelnen Sinterlinge homogen. Temperatur- und zeitbedingt kommt es zu komplexen Vorgängen, die Kristallerholung und Rekristallisation betreffen. Es konnte nachgewiesen werden, dass Rekristallisation nicht über Spangrenzen hinweg stattfindet. Analog zur SPD-basierten Wiederverwertungsroute können an den Spangrenzen sowohl gebrochene Oxidpartikel als auch Mikrokavitäten ausgemacht werden, sodass davon auszugehen ist, dass die Mechanismen der Spanverschweißung trotz unterschiedlicher Prozessroute ähnlich sind. Insbesondere für geringe Sintertemperaturen entstehen an den Tripelspangrenzen Defekte aufgrund nicht geschlossener Hohlräume, die allerdings durch den anschließenden Fließpressprozess geschlossen werden. Höhere Sinterzeiten und -temperaturen verbessern den diffusionsbedingten Aufbruch der Oxidhäute, erhöhen gleichzeitig aber auch das Vorkommen von Kavitäten. Die Defektentstehung hängt von vielen Einflussfaktoren ab, wird jedoch vor allem durch geringe Drücke und Oberflächenzustände mit erhöhten Oxidschichtdicken gefördert. Es konnte gezeigt werden, dass die entstehenden Defekte bei den entsprechenden Zuständen durch Erhöhung von Druck und Temperatur ausgeglichen werden können.

Leistungsfähigkeit

Die mechanischen Untersuchungen haben für die SPD-basierte Wiederverwertungsroute einen Einfluss der Probenposition sowie des Pressverhältnisses auf die mechanischen Eigenschaften gezeigt. Während für die quasistatischen Versuche mit Ausnahme des geringsten Pressverhältnisses kein signifikanter Einfluss auf die Leistungsfähigkeit festgestellt werden konnte, ist in zyklischen Versuchen eine deutliche Abnahme der Leistungsfähigkeit mit abnehmendem Pressverhältnis zu verzeichnen. Die Zugversuche zeigen ein hohes Verfestigungspotenzial sowie eine hohe Bruchdehnung, was bestätigt, dass aufgrund der bei erhöhter Temperatur erfolgenden Umformung ein Großteil der eingebrachten Versetzungsverfestigung abgebaut wird. Geringe Pressverhältnisse haben im quasistatischen Bereich jedoch vor allem einen Abfall der Bruchdehnung statt der Zugfestigkeit zur Folge, was auf die frühe Trennung der Spangrenzen aufgrund der unzureichend aufgebrochenen Oxidschichten zurückgeführt werden konnte.

Neben dem Pressverhältnis zeigt sich ein hoher Einfluss der Probenposition, der auf die unterschiedlichen Verläufe von Druck und Dehnung in radialer Richtung zurückzuführen ist und zu der beschriebenen Inhomogenität der Mikro- und Delaminationsstruktur führt. Durch Vergleich von Referenz und spanbasiertem Material konnte der auf ver- und entfestigende Mechanismen zurückgehende Anteil separiert werden und der auf die Spangrenzen zurückzuführende Anteil bestimmt werden.

Während äußere Positionen für die Flachmatrize zu höheren Spangrenzenqualitäten führen, ist dies für die Kammermatrize vor allem für die inneren Positionen der Fall, was auf die Kombination aus Druck und Dehnung zurückgeführt werden können, die an den entsprechenden Positionen eine bessere Verbindung der Spangrenzen zur Folge haben. Für die Referenz zeigt sich ein umgekehrter Trend für die Flachmatrize, so wurden hier im Profilinneren die höchsten Zugfestigkeiten festgestellt. Entsprechend kommt es hier an den äußeren Positionen aufgrund der höheren Temperatur zu einem stärkeren Abbau der Verfestigung, die aufgrund der höheren Dehnung an den äußeren Positionen deutlich ausgeprägter ist. Somit entfällt auf den temperaturbedingten Abbau der Verfestigung ein höherer Anteil gegenüber dem dehnungsbedingten Aufbau der Verfestigung. Für die Kammermatrize zeigt sich hingegen der identische Trend für die Referenz im Vergleich zum spanbasierten Material.

Dehnungsgeregelte Versuche im LCF-Bereich zeigen analog zu den quasistatischen Versuchen eine starke (zyklische) Verfestigung innerhalb der ersten Zyklen. Es kann eine Zunahme des zyklischen Verfestigungsexponenten festgestellt werden. Bei maximaler erreichter Verfestigung nimmt die Spannungsamplitude deutlich ab und es kommt zum Risswachstum. Es zeigt sich jedoch nur ein allmählicher Abfall der Spannungsamplitude, sodass von einer, trotz hoher zyklischer Verfestigung, hohen Duktilität und Schädigungstoleranz auszugehen ist.

In Rissfortschrittsuntersuchungen konnte gezeigt werden, dass der Rissverlauf von der Probenposition abhängt und je nach lokalen Spangrenzeneigenschaften, bedingt durch die lokalen Prozessparameter Dehnung, Temperatur und Druck, trans- oder interkristallin und entlang oder durch Spangrenzen verläuft.

Bei der FAST-basierten Wiederverwertungsroute konnten signifikante Einflüsse von Sintertemperatur und -zeit auf die mechanischen Eigenschaften festgestellt werden. Im Gegensatz zur SPD-basierten Prozessroute besteht für die Sinterlinge kein signifikanter Einfluss von der Probenposition.

Die quasistatischen Untersuchungen der Fließpresslinge zeigen, dass eine Sintertemperatur von 400 °C deutlich verringerte Eigenschaften zur Folge hat, die sich im Besonderen in der Bruchdehnung niederschlagen und zeigen, dass der spanbasierte Werkstoff eine sehr geringe Dehnungstoleranz aufweist. Für Temperaturen von 450 °C und 500 °C wird hingegen die Referenz übertroffen, was zeigt, dass zusätzliche verfestigende Mechanismen wirken müssen. Im Gegensatz zu den SPD-basierten Proben tritt während der Versuche keine signifikante Verfestigung auf, was darauf zurückgeführt werden kann, dass durch den bei Raumtemperatur stattfindenden Voll-Vorwärts-Fließpressprozess bereits Verfestigung eingebracht wurde, sodass nur noch ein geringes Potenzial für weitere Verfestigung besteht.

Die zyklischen Versuche bestätigen den starken Einfluss der Sintertemperatur, hier ergibt sich allerdings für eine Sintertemperatur von 450 °C und eine Sinterzeit von 10 min die höchste Bruchspannungsamplitude. Auch hier wird die Referenz übertroffen. Eine Sintertemperatur von 400 °C führt zu geringeren Bruchspannungsamplituden, allerdings ist der Unterschied zur Referenz deutlich weniger ausgeprägt im Vergleich zu den Zugversuchen, was auf die in den Zugversuchen höhere Dehnung zurückzuführen ist und die geringe Dehnungstoleranz des spanbasierten Materials unterstreicht.

In dehnungsgeregelten LCF-Versuchen ist im Gegensatz zu den SPD-basierten Proben und in Analogie zu den Zugversuchen keine zyklische Verfestigung auszumachen. Stattdessen ist eine kontinuierliche Abnahme der Spannungsamplitude festzustellen, die sich ab dem Beginn der Rissausbreitung rapide und kontinuierlich verstärkt, sodass die Schädigungstoleranz gegenüber den SPD-basierten Proben als geringer anzusehen ist. Allerdings sind die maximal erreichten Werte der Spannungsamplitude deutlich höher, sodass die Proben aus dem FAST-basierten Prozess insgesamt deutlich stärker verfestigen.

Geringe Festigkeiten bei der geringsten Sintertemperatur von 400 °C konnten dabei mit unterdrückter Diffusion in Einklang gebracht werden. Zudem konnte nachgewiesen werden, dass die Diffusion selbst nur einen geringen Anteil der Festigkeit ausmacht und die mechanische Umklammerung, die einen Formschluss der Späne bewirkt in Kombination mit dem angeschlossenen Voll-Vorwärts-Fließpressprozess, der ein weiteres Schließen noch vorhandener Mikrokavitäten bewirkt, einen Großteil der Verbundfestigkeit ausmacht.

Für die mechanischen Eigenschaften ergibt sich insgesamt, dass die Sintertemperatur gegenüber der Sinterzeit den deutlich größeren Einfluss aufweist.

Verbindungsmechanismen

Durch systematische Untersuchungen konnten die wirksamen Mechanismen und die entsprechenden Anteile an der Verbundfestigkeit der auf Spänen basierenden Halbzeuge aufgedeckt werden.

Für die SPD-basierte Prozessroute ergeben sich druck- und dehnungsabhängige Aufbrüche der Oxidschichten. Auf Basis der Simulationen lokaler Eigenschaften zeigt sich, dass die Dehnung außen in den Profilen, der Druck hingegen im Inneren der Profile maximal ist. Die Analyse entsprechender Pfade zeigt, dass es nur begrenzte Bereiche gibt, in denen die benötigten Kriterien hinsichtlich Druck und Dehnung erfüllt sind und ein adäquater Aufbruch der Oxidschichten gewährleistet ist. Dies schlägt sich in den festgestellten Unterschieden bezüglich der Mikrostruktur und insbesondere den Positionen, in denen Delaminationen auftreten, nieder, sowie der festgestellten Positionsabhängigkeit der Spangrenzenqualität.

Für die FAST-basierte Prozessroute ergibt sich ein anderer Verbindungsmechanismus. Im Gegensatz zu der SPD-basierten Prozessroute erfahren die Späne im Sinterprozess keine nennenswerte Dehnung, sodass der Aufbruch der Oxidhäute nicht nach dem Aufbruchmechanismus erfolgen kann. Stattdessen konnte nachgewiesen werden, dass das in den Aluminiumlegierungen enthaltene Magnesium das Aluminiumoxid zu Aluminium bzw. Spinell reduzieren kann, sodass es zu lokalen Auflösungen der Oxidschichten kommt. Der Transport des Magnesiums zu den Oxidschichten geschieht hierbei mittels Diffusion, sodass der Prozess zeit- und temperaturabhängig verläuft. Bei entsprechend hohen Sinterzeiten und -temperaturen kommt es durch die Wasserlöslichkeit des Spinells zu Mikrokavitäten, die die geringeren zyklischen Festigkeiten bei 500 °C gegenüber 450 °C erklären.

Auf Basis der Zugversuche an den Sinterlingen zeigt sich jedoch, dass die Festigkeiten der Referenz nicht annähernd erreicht werden, sodass deutlich wird, dass der Sinterprozess und die Reduktion der Oxidschichten mittels Magnesium alleine nicht ausreichend für einen guten Verbund sind. Die letztliche Verbundfestigkeit entsteht damit erst durch den folgenden Fließpressprozess, der die bereits lokal anhaftenden Spanoberflächen bei deutlich geringeren Dehnungen als ohne vorherige Konsolidierung durch Sintern zu verbinden vermag. Dies zeigt sich daran, dass bereits bei einem Pressverhältnis von etwa 5 höhere Festigkeiten im Vergleich zur Referenz erzielt werden konnten, wohingegen bei den reinen SPD-basierten Verfahren Delaminationen und deutlich reduzierte quasistatische Eigenschaften resultierten.

Zusätzlich wird durch die Kombination aus einer Umformung bei Raumtemperatur und der Erwärmung des Materials auf Temperaturen nahe der Lösungsglühtemperatur eine Interaktion verschiedener ver- und entfestigender Mechanismen erreicht. Durch das Sintern bei erhöhter Temperatur kommt es einerseits zum Abbau der in den Spänen durch den Zerspanprozess eingebrachten Versetzungsverfestigung, andererseits kommt es zur Ausscheidungsverfestigung, da die für eine Festigkeitssteigerung verantwortlichen Legierungselemente in Lösung gehen. Entsprechend kommt es mit steigender Sinterzeit und -temperatur zu einem Verstärkten Abbau der Versetzungsverfestigung und mit steigender Sintertemperatur zu stärkerer Ausscheidungsverfestigung. Für eine Sintertemperatur von 450 °C und einer Sinterzeit von 10 min ist der optimale Kompromiss der Ent- und Verfestigung erreicht.

Sintertemperatur- und -zeitabhängig kommen unterschiedliche Anteile an Verfestigungsmechanismen zum Tragen, was letztlich dazu führt, dass eine Sintertemperatur von 500 °C, die die höchsten mechanischen Festigkeiten bewirken kann, hohe Anteile an auslagerungsbedingter Festigkeit aufweist, sodass der Anteil der Spangrenzenqualität an der Gesamtfestigkeit relativiert wird.

Eigenschaftsvorhersage

Zur zerstörungsfreien Vorhersage der Werkstoffeigenschaften konnten im Rahmen dieser Arbeit die elektrische Widerstandsmessung sowie bruchmechanische Konzepte separat oder kombiniert angewandt werden.

Für die elektrische Widerstandmessung konnten zunächst die Einflüsse der einzelnen Verfestigungsarten (Versetzungsverfestigung, Auslagerungsverfestigung), sowie der Einfluss der Temperatur, der Defektposition und des Defektvolumens quantifiziert werden. Hierbei zeigte sich, dass die Kaltauslagerung (pro HV Festigkeitssteigerung) den größten Einfluss der mikrostruktur- und defektbezogenen Mechanismen aufweist, gefolgt von der Versetzungsverfestigung und dem Defektvolumen (pro mm^3). Auf Basis dieser Separation der Mechanismen konnten die einzelnen Anteile der Ver- und Entfestigung in den Proben in Kombination mit Härtemessungen korrigiert werden, sodass die Anteile, die auf die Spangrenzenqualität zurückzuführen sind, bestimmt werden konnten. Da zusätzlich festgestellt wurde, dass die Festigkeit der Sinterlinge direkt mit der relativen Verbindungsfläche der Proben korreliert und dies ebenso eine Einflussgröße auf den elektrischen Widerstand darstellt, konnte eine Vorhersage der quasistatischen Festigkeit erfolgreich vorgenommen werden.

In Kombination mit computertomografischen Untersuchungen konnte zudem die Defekt- von der Mikrostruktur separiert werden. Aufgrund der festgestellten direkten Korrelation des Defektvolumens mit dem elektrischen Widerstand konnte ein Modell zur Vorhersage der Werkstoffeigenschaften auch für den zyklischen Fall, deren Eigenschaften im Besonderen von der Defektstruktur abhängen, mit einer hohen Genauigkeit aufgestellt werden.

Das Modell nach Murakami konnte erfolgreich angewandt werden, um verschiedene Zustände mit unterschiedlicher Defektwahrscheinlichkeit mittels des Spannungsintensitätsfaktors vergleichend zu betrachten. In diesem Zusammenhang gelang es, durch Mittelung von Defekten ohne sonst notwendige Bestimmung der Defektfläche des rissauslösenden Defekts mittels Fraktografie, die Lebensdauer verlässlich vorherzusagen und verschiedene Zustände mittels einer gemeinsamen Lebensdauergleichung zu bewerten.

Zukünftige Untersuchungen

Die Erkenntnisse bezüglich der zum Tragen kommenden Mechanismen können dazu genutzt werden, hybride Strukturen aus Spanmaterial (Abbildung 6.1) herzustellen. Es können unterschiedliche Vorteile der Spansorten genutzt werden, um positive Eigenschaftskombinationen zu erzielen. Eine Herausforderung besteht in diesem Kontext in den unterschiedlichen Wärmebehandlungscharakteristiken.

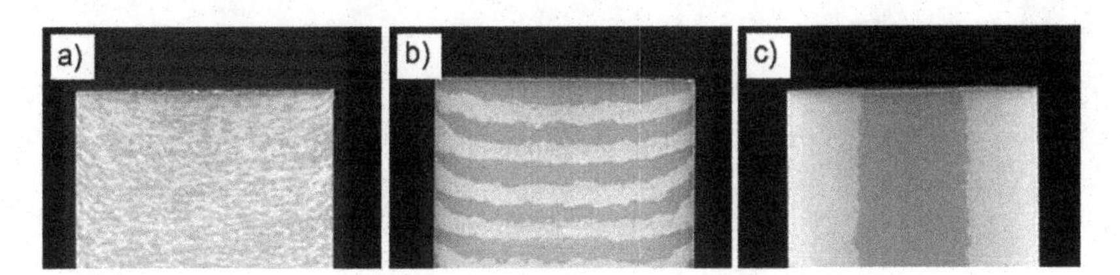

Abbildung 6.1 CT-Rekonstruktionen hybrider Spanstrukturen: homogene (a), serielle (b) und radiale (c) Mischungsstrategie

Weiterhin können die Erkenntnisse zu den festigkeitssteigernden Anteilen der verschiedenen Mechanismen dazu genutzt werden, um eine prozessinterne Wärmebehandlungsstrategie zu etablieren, bei der das Material direkt nach dem Abschrecken im Zuge des Sinterns umgeformt und die dabei entstehende Temperatur für eine Warmauslagerung genutzt wird. Wird diese mit der Umformung kombiniert, kann eine signifikante Festigkeitssteigerung bei Nutzung der Prozesswärme und damit eine hohe Energieeinsparung erreicht werden.

Betreute Studien- und Abschlussarbeiten

Im Themenbereich der vorliegenden Dissertation wurden vom Autor folgende studentische Arbeiten betreut:

- Henkel, T.: Mechanismenorientierte Charakterisierung der Anisotropie wiederverwerteter Aluminiumprofile aus stranggepressten Spänen der Legierung AlMgSi0,5. Bachelorarbeit (2020)
- Hauschopp, C.: Entwicklung und Evaluierung eines Analysetools zur Bestimmung der Spanverteilung von Strangpressprofilen auf Basis wiederverwerteter Aluminiumspäne, Projektarbeit (2021)
- Sokat, P.: Erarbeitung und Validierung einer Prüfmethodik zur experimentellen Abschätzung des Ermüdungsverhaltens der Aluminiumlegierungen AlSi1MgMn und AlMgSi0,5 auf Basis zyklischer Indentationsversuche, Projektarbeit (2021)
- Hauschopp, C.: Entwicklung und Evaluation eines Werkstoffmodells zur Bestimmung der Lebensdauer von Strangpressprofilen auf Basis wiederverwerteter Aluminiumspäne durch einen Ansatz des maschinellen Lernens, Masterarbeit (2021)
- Laskowski, S.: Mikrostrukturbasierte Charakterisierung des Verformungs- und Rissausbreitungsverhaltens stranggepresster Profile aus Spänen der Aluminiumlegierung AlMgSi0,5, Bachelorarbeit (2021)
- Laskowski, S.: Prozessorientierte Charakterisierung der Einflussgrößen auf die Mikrostruktur wiederverwerteter Strangpressprofile aus Spänen der Aluminiumlegierung AlMgSi0,5, Projektarbeit (2021)

A. Koch, *Verbindungsmechanismen und Leistungsfähigkeit von stranggepressten und feldunterstützt gesinterten Halbzeugen aus wiederverwerteten Aluminiumspänen*, Werkstofftechnische Berichte | Reports of Materials Science and Engineering, https://doi.org/10.1007/978-3-658-44531-7

- Clewing, T.: Ermittlung der Einflussgrößen und Einsatzgrenzen der elektrischen Widerstandsmessung zur lokalen Fehlerdetektion in defektbehafteten Aluminiumprofilen, Projektarbeit (2022)
- Willner, S.: Ermittlung der Einflussgrößen und Einsatzgrenzen der elektrischen Widerstandsmessung zur lokalen Fehlerdetektion in defektbehafteten Aluminiumprofilen, Projektarbeit (2022)
- Hojenski, C.: Simulationsgestützte Entwicklung und Validierung eines Werkstoffmodells zur Charakterisierung des Verformungs- und Schädigungsverhaltens von Strangpressprofilen auf Basis wiederverwerteter Aluminiumspäne, Bachelorarbeit (2023)

Im Themenbereich der vorliegenden Dissertation wurden vom Autor folgende Publikationen vorveröffentlicht:

- Koch, A.; Wittke, P.; Walther, F.: Characterization of the fatigue and damage behavior of extruded AW6060 aluminum chip profiles. Structural Integrity 7 – Mechanical Fatigue of Metals: Experimental and Simulation Perspectives, Editors: Correia, J.; De Jesus, A.; Fernandes, A.; Calçada, R., Springer, Cham, ISBN 978-3-030-13979-7 (2019) 11–17.
- Koch, A.; Henkel, T.; Walther, F.: Characterization of the anisotropy of extruded profiles based on recycled AW6060 aluminum chips. ICSID 2019, Proceedings of the 3rd International Conference on Structural Integrity and Durability (2019) 1–5.
- Koch, A.; Wittke, P.; Walther, F.: Computed tomography-based characterization of the fatigue behavior and damage development of extruded profiles made from recycled AW6060 aluminum chips. Materials 12 (15), 2372 (2019) 1–17.
- Koch, A.; Bonhage, M.; Teschke, M.; Lücker, L.; Behrens, B.-A.; Walther, F.: Electrical resistance-based fatigue assessment and capability prediction of extrudates from recycled field-assisted sintered EN AW-6082 aluminium chips. Materials Characterization 169, 110644 (2020) 1–8.
- Koch, A.; Henkel, T.; Walther, F.: Mechanism-oriented characterization of the anisotropy of extruded profiles based on solid-state recycled EN AW-6060 aluminum chips. Engineering Failure Analysis 121, 105099 (2021) 1–9.
- Koch, A.; Ursinus, J.; Behrens, B.-A.; Walther, F.: Computed tomography-based defect characterization and prediction of fatigue properties of extrudates from recycled field-assisted sintered EN AW-6082 aluminium chips. Proceedings of Fatigue 2021 conference (2021) 1–13.
- Koch, A.; Ursinus.; Behrens, B.-A.; Walther, F.: Computed tomography-based defect characterization and prediction of fatigue properties of extrudates from

recycled field-assisted sintered EN AW-6082 aluminium chips. Engineering Integrity 51 (2021) 10–18.
- Koch, A.; Laskowski, S.; Walther, F.: Process-related characterization of the influence of the die design on the microstructure and the mechanical properties of profiles made from directly recycled hot extruded EN AW-6060 aluminum chips. Light Metals 2022 (2022) 1021–1028.

Curriculum Vitae

Persönliche Angaben

Name: Alexander Koch

Geburtsdatum/-ort: 09.08.1992 in Werne

Familienstand: ledig

Akademische Ausbildung

2011–2017 B.Sc. Maschinenbau, Technische Universität Dortmund

2017–2017 M.Sc. Maschinenbau, Technische Universität Dortmund

Beruflicher Werdegang

2015–2017 Wissenschaftliche Hilfskraft, Lehrstuhl für Werkstoffprüftechnik, Technische Universität Dortmund

2017-heute Wissenschaftlicher Mitarbeiter, Lehrstuhl für Werkstoffprüftechnik, Technische Universität Dortmund

2019–2022 Gruppenleiter „Leichtmetalle", Lehrstuhl für Werkstoffprüftechnik, Technische Universität Dortmund

2022-heute Oberingenieur, Lehrstuhl für Werkstoffprüftechnik, Technische Universität Dortmund

A. Koch, *Verbindungsmechanismen und Leistungsfähigkeit von stranggepressten und feldunterstützt gesinterten Halbzeugen aus wiederverwerteten Aluminiumspänen*, Werkstofftechnische Berichte | Reports of Materials Science and Engineering, https://doi.org/10.1007/978-3-658-44531-7

Literaturverzeichnis[1]

1. Q.G. Wang, C.J. Davidson, Solidification and precipitation behaviour of Al-Si-Mg casting alloys, Journal of Materials Science 36 (2001) 739–750.
2. F. Ostermann, Anwendungstechnologie Aluminium, 3rd ed., Springer Vieweg, Berlin, 2014.
3. V. Güley, Recycling of aluminum chips by hot extrusion. Zugl.: Dortmund, Techn. Univ., Dissertation, 2013, Shaker, Aachen, 2014.
4. T. Herlan, Optimaler Energieeinsatz bei der Fertigung durch Massivumformung, Springer Berlin Heidelberg, Berlin, Heidelberg, 1989.
5. J.R. Cui, W. Guo, H.J. Roven, Q.D. Wang, Y.J. Chen, T. Peng, Recycling of aluminum scrap by severe plastic deformation, Materials Science Forum 667–669 (2010) 1177–1182.
6. B. Arnold, Werkstofftechnik für Wirtschaftsingenieure, Springer Vieweg, Heidelberg, Dordrecht, London, New York, NY, 2013.
7. A. Wagiman, M.S. Mustapa, R. Asmawi, S. Shamsudin, M.A. Lajis, Y. Mutoh, A review on direct hot extrusion technique in recycling of aluminium chips, The International Journal of Advanced Manufacturing Technology 106 (2020) 641–653.
8. E Doege, Handbuch Umformtechnik Grundlagen, Technologien, Maschinen: Doege E, Behrens BA (2007) Handbuch Umformtechnik Grundlagen, Technologien, Maschinen. Springer, Berlin, 2007.
9. GDA – Gesamtverband der Aluminiumindustrie, Aluminiumverbundplatte – Umweltproduktdeklaration nach /ISO 14025/ und /EN 15804/(EPD-GDA-2019132-IBG1-DE), Institut Bauen und Umwelt e.V. (IBU), 2020.
10. N.E. Ruhaizat, N.K. Yusuf, M.A. Lajis, S. Al-Alimi, S. Shamsudin, I.S.T. Tukiat, W. Zhou, Effect of direct recycling hot press forging parameters on mechanical properties and surface integrity of AA7075 aluminum alloys, Metals 12 (2022) 1555.

[1] Quellenangaben am Ende eines Absatzes bzw. eines Kapitels beziehen sich auf den gesamten Absatz bzw. das gesamte Kapitel.

A. Koch, *Verbindungsmechanismen und Leistungsfähigkeit von stranggepressten und feldunterstützt gesinterten Halbzeugen aus wiederverwerteten Aluminiumspänen*, Werkstofftechnische Berichte | Reports of Materials Science and Engineering, https://doi.org/10.1007/978-3-658-44531-7

11. A.L. Greer, P.S. Cooper, M.W. Meredith, W. Schneider, P. Schumacher, J.A. Spittle, A. Tronche, Grain refinement of aluminium aloys by inoculation, Advanced Engineering Materials 5 (2003) 81–91.
12. T. Beyer, D. Ebereonwu, A. Koch, P. Decker, A. Kauws, M. Rosefort, F. Walther, Influence of increased Cu and Fe concentrations on the mechanical properties of the EN AB-42100 (AlSi7Mg0.3) aluminum alloy, in: S. Broek (Ed.), Light Metals 2023, Springer Nature Switzerland, Cham, 2023, pp. 511–519.
13. D. Altenpohl, Aluminium von Innen, Beuth, Düsseldorf, 2011.
14. M. Bonhage, Entwicklung einer ressourceneffizienten Verfahrenskombination zum Solid-State- Recycling von EN AW-6082 Aluminiumspänen mit integrierter Qualitätskontrolle. Dissertation, Tewiss-Verlag, 2019.
15. C. Kammer (Ed.), Aluminium-Taschenbuch. – 1: Grundlagen und Werkstoffe, 15th ed., Aluminium-Verlag, Düsseldorf, 1998.
16. A. Koch, Mechanische Eigenschaften gepresster Späne-Strangpressprofile der Legierung AlSiMg0,5, Technische Universität Dortmund, Masterarbeit, 2017.
17. V. Güley, A. Güzel, A. Jäger, N. Ben Khalifa, A.E. Tekkaya, W.Z. Misiolek, Effect of die design on the welding quality during solid state recycling of AA6060 chips by hot extrusion, Materials Science and Engineering: A 574 (2013) 163–175.
18. G. Gaustad, E. Olivetti, R. Kirchain, Design for recycling, Journal of Industrial Ecology 14 (2010) 286–308.
19. L. Bäckerud, G. Chai, J. Tamminen, Solidification characteristics of aluminium, Alloys (1990) 45–53.
20. S. Michelfeit, Werkstoffgesetze einer AlSi-Gusslegierung unter Hochtemperaturbeanspruchung in Abhängigkeit des Werkstoffzustandes: Dissertation, Darmstadt, 2012.
21. H. Ye, An overview of the development of Al-Si-alloy based material for engine applications, Journal of Materials Engineering and Performance 12 (2003) 288–297.
22. K. Kuhnke, Gefügecharakterisierung von Aluminium-Silicium Gusslegierungen, Practical Metallography (2009) 627–639.
23. E. Roos, Werkstoffkunde für Ingenieure, Springer Berlin Heidelberg, 2015.
24. F.J. Feikus, Optimierung von Aluminium-Silicium-Gusslegierungen für Zylinderköpfe, Gießerei-Praxis (1999) 50–57.
25. P. Jonason, Thermal fatigue of cylinder head alloys, Transaction of the American Foundrymen's Society (1992) 601–607.
26. Q.G. Wang, Microstructural effects on the tensile and fracture behavior of aluminum casting alloys A356/357, Metallurgical and Materials Transactions A 34 (2003) 2887–2899.
27. A. Hetke, R.B. Gundlach, Aluminum casting quality in alloy 356 engine components, Transaction of the American Foundrymen Society (1994) 367–380.
28. S. Kitaoka, Wear resistant cast aluminium alloy and process of producing same, Patentschrift EP 0 672 760 A1, 1995.
29. H.M. Tensi, R. Rösch, Beeinflussung von Gefüge und Festigkeit einer technischen AlSi-Gusslegierung, Aluminium (1992) 634–640.
30. B. Closset, J.E. Gruzleski, Structure and properties of hypoeutectic Al-Si-Mg alloys modified with pure strontium, Metallurgical Transactions A 13 (1982) 945–951.

31. L. Heusler, W. Schneider, M. Stolz, G. Brieger, D. Hartmann, Neue Untersuchungen zum Einfluss von Phosphor auf die Veredelung von AlSi-Gußlegierungen mit Natrium oder Strontium, Gießerei-Praxis (1997) 66–73.
32. S.G. Shabestari, F. Shahri, Influence of modification, solidification conditions and heat treatment on the microstructure and mechanical properties of A356 aluminum alloy, Journal of Materials Science 39 (2004) 2023–2032.
33. S. Klan, Beitrag zur Evolution von Aluminium-Gusslegierungen für warmfeste Anwendungen. Dissertation, Technische Universität Bergakademie Freiberg, 2009.
34. D. Kube, F.-J. Klinkenberg, S. Engler, Einfluß von Antimon und Wismut auf die Veredelung und die Porosität bei der Legierung AlSi0Cu3, Giesserei die Zeitschrift für Technik, Innovation und Management 85 (1998).
35. M. Alabi, Hypo-eutectic aluminum-silicon-copper alloy having bismuth additions, Patent, US5122207A, USA, 1991.
36. J. Jorstad, Applications of 390 alloy: an update (retroactive coverage), Transaction of the American Foundrymen's Society (1984) 573–578.
37. J. Andrews, M. Seneviratne, A new highly wear-resistant aluminium-silicon casting alloy for automotive engine block applications, AFS Transactions (1984) 209–216.
38. D.A. Lados, Fatigue crack growth mechanisms in Al–Si–Mg alloys, Surface Engineering 20 (2004) 416–424.
39. M. Araghchi, H. Mansouri, R. Vafaei, Y. Guo, Optimization of the mechanical properties and residual stresses in 2024 aluminum alloy through heat treatment, Journal of Materials Engineering and Performance 27 (2018) 3234–3238.
40. H.-J. Bargel, G. Schulze (Eds.), Werkstoffkunde, 12th ed., Springer Berlin Heidelberg; Imprint; Springer Vieweg, Berlin, Heidelberg, 2018.
41. A. Harnischmacher, Schädigung und Lebensdauer von Aluminium-Gusslegierungen für thermisch-mechanisch hochbeanspruchte Motorbauteile: Dissertation, 2013.
42. G.A. Edwards, K. Stiller, G.L. Dunlop, M.J. Couper, The precipitation sequence in Al–Mg–Si alloys, Acta Materialia 46 (1998) 3893–3904.
43. M. Murayama, K. Hono, M. Saga, M. Kikuchi, Atom probe studies on the early stages of precipitation in Al–Mg–Si alloys, Materials Science and Engineering: A 250 (1998) 127–132.
44. C. Marioara, S. Andersen, J. Jansen, H. Zandbergen, The influence of temperature and storage time at RT on nucleation of the β'' phase in a 6082 Al–Mg–Si alloy, Acta Materialia 51 (2003) 789–796.
45. T. Petkov, D. Künstner, T. Pabel, K. Faerber, C. Kneißl, P. Schumacher, Optimierung der Wärmebehandlung einer AlMgSi-Gusslegierung, Giesserei-Rundschau (2012) 194–200.
46. N. Berndt, P. Frint, M. Böhme, M.F.-X. Wagner, Microstructure and mechanical properties of an AA6060 aluminum alloy after cold and warm extrusion, Materials Science and Engineering: A 707 (2017) 717–724.
47. Y. Matsukawa, Crystallography of precipitates in metals and alloys: (2) Impact of crystallography on precipitation hardening, Crystallography (2019) 1–12.
48. M. Riehle, E. Simmchen, Grundlagen der Werkstofftechnik, 2nd ed., Deutscher Verlag für Grundstoffindustrie, Stuttgart, 2000.
49. L. Schultz, J. Freudenberger, Physikalische Werkstoffeigenschaften.: Skript, Dresden, Leibniz Institute for Solid State and Materials Research Dresden, 2004.

50. G. Gottstein, Physikalische Grundlagen der Materialkunde, 3rd ed., Springer Berlin Heidelberg, Berlin, Heidelberg, 2007.
51. R. Hanke, Computertomographie in der Materialprüfung. Stand der Technik und aktuelle Entwicklungen, 2010.
52. S. Laskowski, Mikrostrukturbasierte Charakterisierung des Verformungs- und Rissausbreitungsverhaltens stranggepresster Profile aus Spänen der Aluminiumlegierung AlMgSi0,5: TU Dortmund, Bachelorarbeit, 2021; Prozessorientierte Charakterisierung der Einflussgrößen auf die Mikrostruktur wiederverwerteter Strangpressprofile aus Spänen der Aluminiumlegierung AlMgSi0,5: TU Dortmund, Projektarbeit, 2021
53. F.J. Humphreys, G.S. Rohrer, A. Rollett, Recrystallization and related annealing phenomena, Elsevier, Amsterdam, 2017.
54. H.J. McQueen, Deficiencies in continuous DRX hypothesis as a substitute for DRV theory, Materials Science Forum (2004) 351–356.
55. H.J. McQueen, Development of dynamic recrystallization theory, Materials Science and Engineering: A 387–389 (2004) 203–208.
56. M. Negendank, Untersuchungen zum Strangpressen von Aluminiumhohlprofilen mit axial variabler Wandstärke: Dissertation, Technische Universität Berlin, 2017.
57. W. Blum, H.J. McQueen, Dynamics of recovery and recrystallization, Materials Science Forum 217–222 (1996) 31–42.
58. H.J. McQueen, Mechanisms in creep and hot working to high strain; microstructural evidence, inconsistencies part I: Substructure evolution; grain interactions, Metallurgical Science and Technology (2010) 12–21.
59. A.R. Woodward, Aluminium extrusion: alloys, shapes and properties, Talat Lecture (1994).
60. M. Bauser, G. Sauer, K. Siegert (Eds.), Strangpressen, 2nd ed., Alu Media, Düsseldorf, 2011.
61. A. Güzel, A. Jäger, F. Parvizian, H.-G. Lambers, A.E. Tekkaya, B. Svendsen, H.J. Maier, A new method for determining dynamic grain structure evolution during hot aluminum extrusion, Journal of Materials Processing Technology 212 (2012) 323–330.
62. V. Güley, N.B. Khalifa, A.E. Tekkaya, The effect of extrusion ratio and material flow on the mechanical properties of aluminum profiles solid state recycled from 6060 aluminum alloy chips, in: The Proceedings of the 14th International., pp. 1609–1614.
63. A. Güzel, Microstructure evolution during thermomechanical multi-step processing of extruded aluminum profiles. Zugl.: Dortmund, Technische Universität, Dissertation, 2014, Shaker, Aachen, 2015.
64. E.V. Konopleva, H.J. McQueen, E. Evangelista, Serrated grain boundaries in hot-worked aluminum alloys at high strains, Materials Characterization 34 (1995) 251–264.
65. X.H. Fan, D. Tang, W.L. Fang, D.Y. Li, Y.H. Peng, Microstructure development and texture evolution of aluminum multi-port extrusion tube during the porthole die extrusion, Materials Characterization 118 (2016) 468–480.
66. T. Kayser, Characterization of microstructure in aluminum alloys based on electron backscatter diffraction. Technische Universität Dortmund, Dissertation, Technische Universität Dortmund, 2011.
67. E. Richter, Richtiger Umgang mit Abfällen, WEKA-Media, Kissing, 1997.

68. S.K. Das, J. Green, J.G. Kaufman, Aluminum recycling: economic and environmental benefits., Light Metal Age (2010) 22–24.
69. International Aluminium Institute (2011) results of the 2010 anode effect survey, 2011.
70. M. Gándara, Aluminium: the metal of choice, Materials Technology 47 (2013) 261.
71. M. Stacey, Aluminium recyclability and recycling, Nottingham, 2015.
72. S. Shamsudin, M.A. Lajis, Z.W. Zhong, Solid-state recycling of light metals: A review, Advances in Mechanical Engineering 8 (2016) 1–23.
73. J. Gronostajski, H. Marciniak, A. Matuszak, New methods of aluminium and aluminium-alloy chips recycling, Journal of Materials Processing Technology 106 (2000) 34–39.
74. R. Hirve, Issues in recycling aluminium for extrusion—a review, Metalworld (2009) 32–35.
75. W. Chmura, J. Gronostajski, Mechanical and tribological properties of aluminium-base composites produced by the recycling of chips, Journal of Materials Processing Technology 106 (2000) 23–27.
76. S.K. Das, W. Yin, The worldwide aluminum economy: The current state of the industry, JOM 59 (2007) 57–63.
77. E. Gaštan, Einfluss von Werkzeugschwingungen auf das Verdichtungsverhalten metallischer Pulver beim Matrizenpressen. Dissertation, Leibniz Universität Hannover, Tewiss-Verlag, 2012.
78. B. Wan, W. Chen, T. Lu, F. Liu, Z. Jiang, M. Mao, Review of solid state recycling of aluminum chips, Resources, Conservation and Recycling 125 (2017) 37–47.
79. D.R. Cooper, J.M. Allwood, The influence of deformation conditions in solid-state aluminium welding processes on the resulting weld strength, Journal of Materials Processing Technology 214 (2014) 2576–2592.
80. J.R. Noonan, H.L. Davis, Atomic arrangements at metal surfaces, Science 234 (1986) 310–316.
81. D. Labus Zlatanovic, J.P. Bergmann, S. Balos, J. Hildebrand, M. Bojanic-Sejat, S. Goel, Effect of surface oxide layers in solid-state welding of aluminium alloys – review, Science and Technology of Welding and Joining 28 (2023) 331–351.
82. R.F. Tylecote, Solid phase welding of metals, University of Wisconsin – Madison, 1968.
83. J.E. Inglesfield, Adhesion between Al slabs and mechanical properties, Journal of Physics F: Metal Physics 6 (1976) 687–701.
84. H. Conrad, L. Rice, The cohesion of previously fractured Fcc metals in ultrahigh vacuum, Metallurgical and Materials Transactions B 1 (1970) 3019–3029.
85. J. Suzuki, Influences of chip characteristics and extrusion conditions on the properties of a 6061 aluminum alloy recycled from cutting chips, Journal of Japanese Institute of Light Metals 53 (2005) 1–12.
86. M. Lazzaro, Recycling of aluminum trimmings by conform process, Light Metals (1992) 1379.
87. D.R. Cooper, J.M. Allwood, Influence of diffusion mechanisms in aluminium solid-state welding processes, Procedia Engineering 81 (2014) 2147–2152.
88. A. Bay, Mechanisms producing metallic bonds in cold welding, Welding Ressource Supply (1983) 137–147.

89. J. Pilling, The kinetics of isostatic diffusion bonding in superplastic materials, Materials Science and Engineering 100 (1988) 137–144.
90. A. Hill, E.R. Wallach, Modelling solid-state diffusion bonding, Acta Metallurgica 37 (1989) 2425–2437.
91. A.P. Semenov, The phenomenon of seizure and its investigation, Wear 4 (1961) 1–9.
92. K. Huang, R.E. Logé, A review of dynamic recrystallization phenomena in metallic materials, Materials & Design 111 (2016) 548–574.
93. W. Zhang, State of the art in cold welding, Journal of Manufacturing Processes (1995) 215–219.
94. R. Parks, Recrystallization welding, Welding Ressource Supply 32 (1953) 209.
95. R.C. Pendrous, A.N. Bramley, G. Pollard, Cold roll and indent welding of some metals, Metals Technology 11 (1984) 280–289.
96. K.V. Jata, S.L. Semiatin, Continuous dynamic recrystallization during friction stir welding of high strength aluminum alloys, Scripta Materialia 43 (2000) 743–749.
97. K. Akeret, Properties of pressure welds in extruded aluminum alloy sections, Journal of Instrumental Metallurgy 10 (1972) 202–210.
98. L. Donati, L. Tomesani, Evaluation of a new FEM criterion for seam welds quality prediction in aluminum extruded profiles, Proceedings of Eighth International Aluminum Conference (2004) 221–229.
99. M. Plata, J. Piwnik, Theoretical and experimental analysis of seam weld formation in hot extrusion of aluminum alloys, Proceedings of International Aluminum Extrusion Conference (2000) 205–212.
100. S.P. Edwards, A. Bakker, J. Neuenhuis, W. Kool, L. Katgermann, The influence of the solid-state bonding process on the mechanical integrity of longitudinal weld seams, JSME International Journal Series A 49 (2006) 63–68.
101. J. Gronostajski, J.W. Kaczmar, H. Marciniak, A. Matuszak, Direct recycling of aluminium chips into extruded products, Journal of Materials Processing Technology 1 (1997) 149–156.
102. H.-Y. Wu, S. Lee, J.-Y. Wang, Solid-state bonding of iron-based alloys, steel–brass, and aluminum alloys, Journal of Materials Processing Technology 75 (1998) 173–179.
103. F.B. Bowden, The adhesion of clean metals, Proceedings of the Royal Society A: Mathematical (1956) 429–436.
104. V.W. Cooke, A. Levy, Solid-phase bonding of aluminum alloys to steel, JOM 1 (1949) 28–35.
105. A.A. Shirzadi Ghoshouni, Diffusion bonding aluminium alloys and composites: New approaches and modelling: Dissertation, 1998.
106. A. Ureña, J.M. Gómez de Salazar, M.D. Escalera, Diffusion bonding of discontinuously reinforced SiC/Al matrix composites: The role of interlayers, Key Engineering Materials 104–107 (1995) 523–540.
107. F. Kolpak, A. Schulze, C. Dahnke, A.E. Tekkaya, Predicting weld-quality in direct hot extrusion of aluminium chips, Journal of Materials Processing Technology 274 (2019) 116294.
108. A. Schulze, Bleche aus stranggepressten Aluminiumspänen: Herstellung, Charakterisierung und Umformbarkeit. Technische Universität Dortmund, Dissertation, 1st ed., Shaker, Düren, 2023.

109. C.S. Smith, A history of metallograpy: The development of ideas on the structure of metals before 1890, The Mit Press, Cambridge, 1988.
110. J.T. Desaguliers, VI. Some experiments concerning the cohesion of lead, by the same, Philosophical Transactions of the Royal Society of London 33 (1724) 345–347.
111. W. Spring, Über das Vorkommen gewisser für den Flüssigkeits- oder Graszustand charakteristischen Eigenschaften bei festen Metallen, Zeitschrift für Physikalische Chemie 15U (1894) 65–78.
112. M. Haase, N. Ben Khalifa, A.E. Tekkaya, W.Z. Misiolek, Improving mechanical properties of chip-based aluminum extrudates by integrated extrusion and equal channel angular pressing (iECAP), Materials Science and Engineering: A 539 (2012) 194–204.
113. T. Ying, M. Zheng, X.S. Hu, K. Wu, Recycling of AZ91 Mg alloy through consolidation of machined chips by extrusion and ECAP, Transactions of Nonferrous Metals Society of China 22 (2010) 2906.
114. M. Haase, Mechanical properties improvement in chip extrusion with integrated equal channel angular pressing. Zugl.: Dortmund, Technische Universität, Dissertation, 2013, Shaker, Aachen, 2014.
115. V. Güley, N. Ben Khalifa, A.E. Tekkaya, Direct recycling of 1050 aluminum alloy scrap material mixed with 6060 aluminum alloy chips by hot extrusion, International Journal of Material Forming 3 (2010) 853–856.
116. A.E. Tekkaya, V. Güley, M. Haase, A. Jäger, Hot extrusion of aluminum chips. ICAA13: 13th International Conference on Aluminum Alloys, ICAA13: 13th International Conference on Aluminum Alloys Proceeding 1559–1573, 2012.
117. J.Z. Gronostajski, J.W. Kaczmar, H. Marciniak, A. Matuszak, Direct recycling of aluminium chips into extruded products, Journal of Materials Processing Technology 64 (1997) 149–156.
118. Stern M (1945) U.S. Patent 2,391,752, 1945.
119. A.E. Tekkaya, M. Schikorra, D. Becker, D. Biermann, N. Hammer, K. Pantke, Hot profile extrusion of AA-6060 aluminum chips, Journal of Materials Processing Technology 209 (2009) 3343–3350.
120. S. Wu, Z. Ji, T. Zhang, Microstructure and mechanical properties of AZ31B magnesium alloy recycled by solid-state process from different size chips, Journal of Materials Processing Technology 209 (2009) 5319–5324.
121. H.-Y. Wu, C.-C. Hsu, J.-B. Won, P.-H. Sun, J.-Y. Wang, S. Lee, C.-H. Chiu et al., Effect of heat treatment on the microstructure and mechanical properties of the consolidated Mg alloy AZ91D machined chips, Journal of Materials Processing Technology 209 (2009) 4194–4200.
122. Z. Sherafat, M.H. Paydar, R. Ebrahimi, S. Sohrabi, Mechanical properties and deformation behavior of Al/Al7075, two-phase material, Journal of Alloys and Compounds 502 (2010) 123–126.
123. W.Z. Misiolek, M. Haase, N. Ben Khalifa, A.E. Tekkaya, M. Kleiner, High quality extrudates from aluminum chips by new billet compaction and deformation routes, CIRP Annals 61 (2012) 239–242.
124. A. Koch, S. Laskowski, F. Walther, Process-related characterization of the influence of the die design on the microstructure and the mechanical properties of profiles made from directly recycled hot extruded EN AW-6060 aluminum chips, in: D. Eskin (Ed.), Light Metals 2022, 1st ed., Springer, Cham, 2022, pp. 1021–1028.

125. A. Koch, M. Bonhage, M. Teschke, L. Luecker, B.-A. Behrens, F. Walther, Electrical resistance-based fatigue assessment and capability prediction of extrudates from recycled field-assisted sintered EN AW-6082 aluminium chips, Materials Characterization 169 (2020) 110644.
126. A. Koch, P. Wittke, F. Walther, Computed tomography-based characterization of the fatigue behavior and damage development of extruded profiles made from recycled AW6060 aluminum chips, Materials 12 (2019) 2372.
127. L. Donati, L. Tomesani, The prediction of seam welds quality in aluminum extrusion, Journal of Materials Processing Technology 153–154 (2004) 366–373.
128. F. Widerøe, T. Welo, H. Vestøl, A new testing machine to determine the behaviour of aluminium granulate under combined pressure and shear, International Journal of Material Forming 6 (2013) 199–208.
129. R. Chiba, T. Nakamura, M. Kuroda, Solid-state recycling of aluminium alloy swarf through cold profile extrusion and cold rolling, Journal of Materials Processing Technology 211 (2011) 1878–1887.
130. M. Haase, A.E. Tekkaya, Cold extrusion of hot extruded aluminum chips, Journal of Materials Processing Technology 217 (2015) 356–367.
131. B.-A. Behrens, C. Frischkorn, M. Bonhage, Reprocessing of AW2007, AW6082 and AW7075 aluminium chips by using sintering and forging operations, Production Engineering 8 (2014) 443–451.
132. M. Lajis, N. Yusuf, A.H. Azami, A. Wagiman, Mechanical properties of recycled aluminium chip reinforced with alumina (Al2O3) particle, Materialwissenschaft und Werkstofftechnik 48 (2017) 306.
133. T. Takahashi, Y. Kume, M. Kobashi, N. Kanetake, Solid state recycling of aluminum machined chip wastes by compressive torsion processing, Journal of Japan Institute of Light Metals 59 (2009) 354–358.
134. M.I. Abd El Aal, E. Yoo Yoon, H. Seop Kim, Recycling of AlSi8Cu3 alloy chips via high pressure torsion, Materials Science and Engineering: A 560 (2013) 121–128.
135. K. Suzuki, X.S. Huang, A. Watazu, I. Shigematsu, N. Saito, Recycling of 6061 aluminum alloy cutting chips using hot extrusion and hot rolling, Materials Science Forum 544–545 (2007) 443–446.
136. Richert, A new method for unlimited deformation of metals and alloys, Aluminium 62 (1986) 604.
137. M. Richert, Q. Liu, N. Hansen, Microstructural evolution over a large strain range in aluminium deformed by cyclic-extrusion–compression, Materials Science and Engineering: A 260 (1999) 275–283.
138. H. Zhang, X. Li, X. Deng, A.P. Reynolds, M.A. Sutton, Numerical simulation of friction extrusion process, Journal of Materials Processing Technology 253 (2018) 17–26.
139. W. Tang, A.P. Reynolds, Production of wire via friction extrusion of aluminum alloy machining chips, Journal of Materials Processing Technology 210 (2010) 2231–2237.
140. Werenskiold, J.C., Auran, L., Roven, H.J., Ryum, N., Reiso, O., Screw extruder for continuous extrusion of materials with high viscosity. U.S. Patent Application No. 12/515,497, 2007.
141. F. Widerøe, T. Welo, Using contrast material techniques to determine metal flow in screw extrusion of aluminium, Journal of Materials Processing Technology 213 (2013) 1007–1018.

142. D. Paraskevas, K. Kellens, R. Renaldi, W. Dewulf, J. Duflou, Resource efficiency in manufacturing: Identifying low impact paths, Proceedings of the 10th Global Conference on Sustainable Manufacturing (GCSM2012), 2012.
143. Z. Sherafat, M.H. Paydar, R. Ebrahimi, Fabrication of Al7075/Al, two phase material, by recycling Al7075 alloy chips using powder metallurgy route, Journal of Alloys and Compounds 487 (2009) 395–399.
144. W. Schatt, Pulvermetallurgie: Technologie und Werkstoffe, 2nd ed. VDI, Berlin, Heidelberg, New York, Springer, 2007, https://doi.org/10.1007/978-3-540-68112-0.
145. M. Tokita, Progress of spark plasma sintering (SPS) method, systems, ceramics applications and industrialization, Ceramics 4 (2021) 160–198.
146. B. Kieback, J. Trapp (Eds.), Grundlegende Prozesse beim Spark Plasma Sintern: Vorträge und Ausstellerbeiträge des Hagener Symposiums am 24. und 25. November 2011 in Hagen, Heimdall, [Rheine], 2011.
147. S. Kumar, F. Mathieux, G.C. Onwubolu, V.V. Chandra, A novel powder metallurgy-based method for the recycling of aluminum adapted to a small island developing state in the Pacific, International Journal of Environmental Conscious Design and Manufacturing 13 (2007) 1.
148. D. Paraskevas, K. Vanmensel, J. Vleugels, W. Dewulf, J.R. Duflou, The use of spark plasma sintering to fabricate a two-phase material from blended aluminium alloy scrap and gas atomized powder, Procedia CIRP 26 (2015) 455–460.
149. D. Paraskevas, K. Vanmensel, J. Vleugels, W. Dewulf, Y. Deng, J.R. Duflou, Spark plasma sintering as a solid-state recycling technique: the case of aluminum alloy scrap consolidation, Materials 7 (2014) 5664–5687.
150. O. Guillon, J. Gonzalez-Julian, B. Dargatz, T. Kessel, G. Schierning, J. Räthel, M. Herrmann, Field-assisted sintering technology/spark plasma sintering: mechanisms, materials, and technology developments, Advanced Engineering Materials 16 (2014) 830–849.
151. C.N. Cislo, B. Kronthaler, B. Buchmayr, C. Weiß, Solid state recycling of aluminum alloy chips via pulsed electric current sintering, Journal of Manufacturing and Materials Processing 4 (2020) 23.
152. D.M. Hulbert, A. Anders, D.V. Dudina, J. Andersson, D. Jiang, C. Unuvar, U. Anselmi-Tamburini et al., The absence of plasma in "spark plasma sintering", Journal of Applied Physics 104 (2008).
153. M. Tokita, Mechanism of spark plasma sintering, Proceeding of the International Symposium on Microwave, Plasma and Thermochemical Processing of Advanced Materials (1997) 69–76.
154. Z.A. Munir, U. Anselmi-Tamburini, M. Ohyanagi, The effect of electric field and pressure on the synthesis and consolidation of materials: A review of the spark plasma sintering method, Journal of Materials Science 41 (2006) 763–777.
155. J.R. Groza, A. Zavaliangos, Sintering activation by external electrical field, Materials Science and Engineering: A 287 (2000) 171–177.
156. F.P. Bowden, J.B.P. Williamson, Electrical conduction in solids. I. Influence of the passage of current on the contact between solids, Proceedings of the Royal Society of London. Series A, Mathematical and Physical Sciences 246 (1958) 1–12.

157. J.A. Greenwood, J.B.P. Williamson, Electrical conduction in solids II. Theory of temperature-dependent conductors, Proceedings of the Royal Society of London. Series A. Mathematical and Physical Sciences 246 (1958) 13–31.
158. P. Herger, Die elektrische Leitfähigkeit von grobdispersen Werkstoffen unter Druck, Dissertation der Gesamthochschule Kassel (1978).
159. Z.A. Munir, D.V. Quach, M. Ohyanagi, Electric current activation of sintering: A review of the pulsed electric current sintering process, Journal of the American Ceramic Society 94 (2011) 1–19.
160. M. Rahimian, N. Ehsani, N. Parvin, H.r. Baharvandi, The effect of particle size, sintering temperature and sintering time on the properties of Al–Al2O3 composites, made by powder metallurgy, Journal of Materials Processing Technology 209 (2009) 5387–5393.
161. K. Matsugi, H. Kuramoto, T. Hatayama, O. Yanagisawa, Temperature distribution at steady state under constant current discharge in spark sintering process of Ti and Al2O3 powders, Journal of Materials Processing Technology 146 (2004) 274–281.
162. A. Zavaliangos, J. Zhang, M. Krammer, J.R. Groza, Temperature evolution during field activated sintering, Materials Science and Engineering: A 379 (2004) 218–228.
163. M. Nanko, T. Maruyama, H. Tomino, Neck growth on initial stage of pulse current pressure sintering for coarse atomized powder made of cast-iron, Journal of the Japan Institute of Metals 63 (1999) 917–923.
164. K.L. Vanmeensel, O. Vanderbries, Modelling of the temperature distribution during field assisted sintering, Acta Materialia 53 (2005) 4379–4388.
165. V. Mamedov, Spark plasma sintering as advanced PM sintering method, Powder Metallurgy 45 (2002) 322–328.
166. D. Paraskevas, K. Vanmensel, J. Vleugels, W. Dewulf, J.R. Duflou, Solid state recycling of aluminium sheet scrap by means of spark plasma sintering, Key Engineering Materials 639 (2015) 493–498.
167. S. Shamsudin, M.A. Lajis, Z.W. Zhong, Evolutionary in solid state recycling techniques of aluminium: A review, Procedia CIRP 40 (2016) 256–261.
168. J. Krolo, B. Lela, P. Ljumović, Electrical conductivity and mechanical properties of the solid state recycled EN AW 6082 alloy, Mechanical Technology and Structural Materials Proceedings 55 (2017) 71–76.
169. T. Aida, N. Takatsuki, K. Matsuki., T. Ohara, S. Kamado, Improvement in surface properties of extrusions from Mg-Al-Zn based alloy machined chips, Journal of Japan Institute of Light Metals 55 (2005) 400–404.
170. H.J. McQueen, J.J. Jonas, Plastic deformation of materials, Treatise on Materials Science and Technology 6 (1975) 393–493.
171. Y. Chino, T. Hoshika, J.-S. Lee, M. Mabuchi, Mechanical properties of AZ31 Mg alloy recycled by severe deformation, Journal of Materials Research 21 (2006) 754–760.
172. D. Radaj, M. Vormwald, Ermüdungsfestigkeit: Grundlagen für Ingenieure, 3rd ed., Springer, Berlin, Heidelberg, New York, 2007.
173. K.-O. Edel, Einführung in die bruchmechanische Schadensbeurteilung, Springer Berlin Heidelberg, 2015.
174. A. Wöhler, Resultate der in der Zentralwerkstatt der Niederschlesisch-Märkischen Eisenbahn zu Frankfurt a.d.O. angestellten Versuche über die relative Festigkeit von Eisen, Stahl und Kupfer, Zeitschrift für Bauwesen (1866) 67–84.

175. S.S. Manson, Behavior of materials under conditions of thermal stress, National Advisory Committee for Aeronautics, 1953.
176. L.F. Coffin, A study of the effects of cyclic thermal stresses on a ductile metal, Journal of Fluids Engineering 76 (1954) 931–949.
177. H.J. Maier, T. Niendorf, R. Bürgel, Handbuch Hochtemperatur-Werkstofftechnik: Grundlagen, Werkstoffbeanspruchungen, Hochtemperaturlegierungen und -beschichtungen, 5th ed., Springer Fachmedien Wiesbaden, Wiesbaden, 2015.
178. B. Pyttel, D. Schwerdt, C. Berger, Very high cycle fatigue – Is there a fatigue limit?, International Journal of Fatigue 33 (2011) 49–58.
179. M. Benedetti, V. Fontanari, M. Bandini, Very high-cycle fatigue resistance of shot peened high-strength aluminium alloys, in: Experimental and Applied Mechanics, Volume 4, Springer, New York, NY, 2013, pp. 203–211.
180. R.M. Morrissey, T.M. Nicholas, Fatigue strength of Ti–6Al–4V at very long lives, International Journal of Fatigue 27 (2005) 1608–1612.
181. D.S. Paolino, A. Tridello, G. Chiandussi, M. Rossetto, Crack growth from internal defects and related size-effect in VHCF, Procedia Structural Integrity 5 (2017) 247–254.
182. P. Neumann, Bildung und Ausbreitung von Rissen bei Wechselverformung, International Journal of Materials Research 58 (1967) 780–789.
183. U. Krupp, Mikrostrukturelle Aspekte der Rissinitiierung und -ausbreitung in metallischen Werkstoffen, Siegen, Universität, Fachbereich Maschinentechnik, 2004.
184. Y. Murakami, S. Kodama, S. Konuma, Quantitative evaluation of effects of non-metallic inclusions on fatigue strength of high strength steels. I: Basic fatigue mechanism and evaluation of correlation between the fatigue fracture stress and the size and location of non-metallic inclusions, International Journal of Fatigue 11 (1989) 291–298.
185. S. Redik, Kurzrisswachstum in AlSi9Cu3 und Ti-6Al-4V: Einfluss kurzer Risse auf die Lebensdauer: Dissertation, 2018.
186. G. Henry, D. Horstmann, De ferri metallographia 5„ Fraktographie und Mikrofraktographie (1979).
187. G.Z. Libertiny, T.H. Topper, B.N. Leis, The effect of large prestrains on fatigue, Experimental Mechanics 17 (1977) 64–68.
188. Läpple, V.: Einführung in die Festigkeitslehre-Lehr-und Übungsbuch, Springer Vieweg, 2008.
189. A. Lamik, Ausgewählte Einflüsse auf das Rissfortschrittsverhalten am Beispiel zweier AlSi-Gusslegierungen: Diplomarbeit, 2018.
190. F. Caputo, G. Lamanna, A. Soprano, On the evaluation of the plastic zone size at the crack tip, Engineering Fracture Mechanics 103 (2013) 162–173.
191. D. Broek, Elementary engineering fracture mechanics, 4th ed., Nijhoff, Dordrecht, 2002.
192. J. Rösler, H. Harders, M. Bäker, Mechanisches Verhalten der Werkstoffe, 4th ed., Springer Fachmedien Wiesbaden, Wiesbaden, 2012.
193. Y. Xiong, X. Hu, J. Katsuta, T. Sakiyama, K. Kawano, Influence of compressive plastic zone at the crack tip upon fatigue crack propagation, International Journal of Fatigue 30 (2008) 67–73.

194. K.J. Miller, The behaviour of short fatigue cracks and their initiation part II-a general summary, Fatigue & Fracture of Engineering Materials & Structures 10 (1987) 93–113.
195. Gross, Bruchmechanik, Springer Berlin Heidelberg, Berlin, Heidelberg, 2016.
196. K. Heckel, Einführung in die technische Anwendung der Bruchmechanik, 1983.
197. P. Pitz, Bruchmechanische Charakterisierung physikalisch kleiner Ermüdungsrisse: Bruchmechanische Charakterisierung physikalisch kleiner Ermüdungsrisse.
198. S. Stanzl-Tschegg, Fatigue crack growth and thresholds at ultrasonic frequencies, International Journal of Fatigue 28 (2006) 1456–1464.
199. J. Schijve, Fatigue of structures and materials in the 20th century and the state of the art, International Journal of Fatigue 25 (2003) 679–702.
200. Y. Murakami, Metal fatigue: Effects of small defects and nonmetallic inclusions, Elsevier, Oxford, 2002.
201. S. Kovaks, T. Beck, Lebensdauer und Schädigungsentwicklung martensitischer Stähle für Niederdruck-Dampfturbinenschaufeln bei Ermüdungsbeanspruchung im VHCF ..., Schriften des Forschungszentrums Jülich, 2014.
202. Y.B. Liu, Z.G. Yang, Y.D. Li, S.M. Chen, S.X. Li, W.J. Hui, Y.Q. Weng, Dependence of fatigue strength on inclusion size for high-strength steels in very high cycle fatigue regime, Materials Science and Engineering: A 517 (2009) 180–184.
203. Z.G. Yang, S.X. Li, Y.D. Li, Y.B. Liu, W.J. Hui, Y.Q. Weng, Relationship among fatigue life, inclusion size and hydrogen concentration for high-strength steel in the VHCF regime, Materials Science and Engineering: A 527 (2010) 559–564.
204. H. Noguchi, F. Morishige, T. Fujii, T. Kawazoe, S. Hamada, Proposal of method for estimation stress intensity factor range on small crack for light metals, 56th JSMS annual meetings (2007) 137–138.
205. A. Matthiessen, M. von Bose, I. On the influence of temperature on the electric conducting power of metals, Philosophical Transactions of the Royal Society of London 152 (1862) 1–27.
206. N.W. Ashcroft, N.D. Mermin, Solid state physics, Brooks/Cole Cengage Learning, Singapore [i pozostałe], 2018.
207. S. Reif-Acherman, Augustus Matthiessen: His Studies on Electrical Conductivities and the Origins of his "Rule" [Scanning Our Past], Proceedings of the IEEE 103 (2015) 713–721.
208. L. Larrimore, Low temperature resistivity, Swarthmore College Computer Society 2002.
209. E. Hering, R. Martin, M. Stohrer, Physik für Ingenieure: Mit 116 Tabellen ; [mit durchgerechneten Lösungen und neuem Layout], 10th ed., Springer, Berlin, 2007.
210. J. Buckstegge, Wirbelstromprüfung an Stahl, Materials Testing 36 (1994) 32–35.
211. A. Matthiessen, C. Vogt, IV. On the influence of temperature on the electric conducting-power of alloys, Philosophical Transactions of the Royal Society of London 154 (1864) 167–200.
212. J.M. Charrier, R.M. Roux, Evolution of damage fatigue by electrical measure on smooth cylindrical specimens, Nondestructive Testing And Evaluation 6 (1991) 113–124.
213. Z.S. Basinski, J.S. Dugdale, A. Howie, The electrical resistivity of dislocations, Philosophical Magazine 8 (1963) 1989–1997.

214. T. Kino, T. Endo, S. Kawata, Deviations from Matthiessen's rule of the electrical resistivity of dislocations in aluminum, Journal of the Physical Society of Japan 36 (1974) 698–705.
215. I. Gaal, L. Uray, T. Vicsek, The effect of the dislocation distribution on the electrical resistivity in deformed metals, Physica Status Solidi A 31 (1975) 755–764.
216. M. Kaveh, N. Wiser, Correlation between electron-dislocation scattering and electron-impurity scattering in metals, Journal of Physics F: Metal Physics 11 (1981) 1749–1763.
217. M. Kaveh, N. Wiser, Electrical resistivity of dislocations in metals, Journal of Physics F: Metal Physics 13 (1983) 953–961.
218. D. Trattner, M. Zehetbauer, V. Gröger, Electrical resistivity of dislocations in aluminum, Physical review. B, Condensed matter 31 (1985) 1172–1173.
219. T.M. Tritt, Thermal conductivity: Theory, properties, and applications, Springer International Publishing, Cham, 20.
220. A. Sommerfeld, Zur Elektronentheorie der Metalle auf Grund der Fermischen Statistik, Zeitschrift für Physik 47 (1928) 1–32.
221. K.F. Stärk, Temperaturmessung an schwingend beanspruchten Werkstoffen, Materialwissenschaft und Werkstofftechnik 13 (1982) 333–338.
222. A.K. Wong, J.G. Sparrow, S.A. Dunn, On the revised theory of the thermoelastic effect, Journal of Physics and Chemistry of Solids 49 (1988) 395–400.
223. E. Hering, Sensoren in Wissenschaft und Technik, Vieweg+Teubner Verlag, Dordrecht, 2012.
224. K. Bartholomé, J.D. König, H.-F. Pernau, B. Balke, Abwärme als Energiequelle, Physik in unserer Zeit 48 (2017) 89–95.
225. H.D. Baehr, K. Stephan, Wärme- und Stoffübertragung, 7th ed., Springer, Berlin, New York, 2010.
226. A.J. Schwartz (Ed.), Electron backscatter diffraction in materials science, 2nd ed., Springer Science+Business Media, LLC, Boston, MA, 2009.
227. S.I. Wright, B.L. Adams, K. Kunze, Application of a new automatic lattice orientation measurement technique to polycrystalline aluminum, Materials Science and Engineering: A 160 (1993) 229–240.
228. F.J. Humphreys, Grain and subgrain characterisation by electron backscatter diffraction, Journal of Materials Science 36 (2001) 3833–3854.
229. J.M. Burgers, Geometrical considerations concerning the structural irregularities to be assumed in a crystal, Proceedings of the Physical Society 52 (1940) 23–33.
230. W.T. Read, W. Shockley, Dislocation models of crystal grain boundaries, Physical Review 78 (1950) 275–289.
231. A.J. Wilkinson, A new method for determining small misorientations from electron back scatter diffraction patterns, Scripta Materialia 44 (2001) 2379–2385.
232. S.C. Wang, Z. Zhu, M.J. Starink, Estimation of dislocation densities in cold rolled Al-Mg-Cu-Mn alloys by combination of yield strength data, EBSD and strength models, Journal of Microscopy 217 (2005) 174–178.
233. P. Starke, F. Walther, D. Eifler, Model-based correlation between change of electrical resistance and change of dislocation density of fatigued-loaded ICE R7 wheel steel specimens, Materials Testing 60 (2018) 669–677.
234. F. Walther, Schwingfestigkeit: Vorlesungsskript TU Dortmund, 2020.

235. J. Hiller, T.O.J. Fuchs, S. Kasperl, L.M. Reindl, Einfluss der Bildqualität röntgentomographischer Abbildungen auf Koordinatenmessungen: Grundlagen, Messungen und Simulationen, teme 78 (2011) 334–347.
236. T. Clewing, S. Willner, Prozessorientierte Charakterisierung der Einflussgrößen auf die Mikrostruktur wiederverwerteter Strangpressprofile aus Spänen der Aluminiumlegierung AlMgSi0,5: Projektarbeit, 2022.
237. P. Kurzweil, B. Frenzel, F. Gebhard, Physik Formelsammlung, Springer Vieweg, 2008.
238. M. Hufschmid, Grundlagen der Elektrotechnik: Einführung für Studierende der Ingenieur- und Naturwissenschaften, Springer Berlin Heidelberg, 2020.
239. H. Meister, Elektrotechnische Grundlagen: Mit Versuchsanleitungen, Rechenbeispielen und Lernziel-Tests, 15th ed., Vogel, Würzburg, 2012.
240. T. Mühl, Elektrische Messtechnik: Grundlagen, Messverfahren, Anwendungen, 6th ed., Springer Fachmedien Wiesbaden GmbH; Springer Vieweg, Wiesbaden, 2022.
241. N. Sievers, Die elektrische Widerstandsmessung zur zerstörungsfreien Prüfung von Lötnähten am Beispiel von Hartmetall-Stahl-Verbunden, Vulkan-Verlag, 2017.
242. T. Mühl, Einführung in die elektrische Messtechnik: Grundlagen, Messverfahren, Anwendungen, 4th ed., Springer Vieweg, Wiesbaden, 2014.
243. G. Reuter, E.H. Sondheier, The theory of the anomalous skin effect in metals, Proceedings of the Royal Society of London. Series A. Mathematical and Physical Sciences 195 (1948) 336–364.
244. C. Hauschopp, Entwicklung und Evaluierung eines Analysetools zur Bestimmung der Spanverteilung von Strangpressprofilen auf Basis wiederverwerteter Aluminiumspäne: Projektarbeit, 2021.
245. C. Hojenski, Simulationsgestützte Entwicklung und Validierung eines Werkstoffmodells zur Charakterisierung des Verformungs- und Schädigungsverhaltens von Strangpressprofilen auf Basis wiederverwerteter Aluminiumspäne: Bachelorarbeit, 2023.
246. H. Zhao, L. Sun, G. Zhao, J. Yu, F. Liu, X. Sun, Z. Lv et al., Abnormal grain growth behavior and mechanism of 6005A aluminum alloy extrusion profile, Journal of Materials Science & Technology 157 (2023) 42–59.
247. S. Redik, C. Guster, W. Eichlseder, Bruchmechanische Lebensdauerbewertung von Aluminiumgussbauteilen mit Hilfe eines erweiterten Kitagawa-Diagramms, BHM Berg- und Hüttenmännische Monatshefte 156 (2011) 275–280.
248. C. Hauschopp, Entwicklung und Evaluation eines Werkstoffmodells zur Bestimmung der Lebensdauer von Strangpressprofilen auf Basis wiederverwerteter Aluminiumspäne durch einen Ansatz des maschinellen Lernens: Masterarbeit, 2021.
249. A. Koch, F. Walther, Influence of sintering time and temperature on microstructure and mechanical properties of solid-state recycled EN AW-6060 aluminum chips, 5. Symposium Materialtechnik Clausthal, Tagungsband (2023) 502–513.
250. D.C. Montgomery, G.C. Runger, N.F. Hubele, Engineering statistics, 4th ed., Wiley, Hoboken, N.J., 2010.
251. E. Nes, K. Marthinsen, Y. Brechet, On the mechanisms of dynamic recovery, Scripta Materialia 47 (2002) 607–611.
252. R. Gustus, M. Szafarska, W. Maus-Friedrichs, Oxygen-free transport of samples in silane-doped inert gas atmospheres for surface analysis, Journal of Vacuum Science & Technology B, Nanotechnology and Microelectronics: Materials, Processing, Measurement, and Phenomena 39 (2021) 54204.

253. S. Ortloff, Diffusionsschweissen hochfester Aluminiumlegierungen, Utz, München, 1995.
254. C.A. Grubbs, Anodizing of aluminum, Metal Finishing 97 (1999) 476–493.
255. A. Koch, P. Wittke, F. Walther, Characterization of the fatigue and damage behavior of extruded AW6060 aluminum chip profiles, in: J.A.F.O. Correia (Ed.), Mechanical Fatigue of Metals, Springer International Publishing, Cham, 2019, pp. 11–17.
256. E.O. Hall, The deformation and ageing of mild steel: III Discussion of results, Proceedings of the Physical Society. Section B 64 (1951) 747–753.
257. J. Tenkamp, Charakterisierung und Modellierung des Ermüdungsverhaltens und der Schädigungstoleranz aushärtbarer Al-Si-Mg-Gusslegierungen im HCF- und VHCF-Bereich, 1st ed., Springer Vieweg, 2022.
258. Y. Estrin, A. Vinogradov, Extreme grain refinement by severe plastic deformation: A wealth of challenging science, Acta Materialia 61 (2013) 782–817.
259. T. Khelfa, J.-A. Muñoz-Bolaños, F. Li, J.-M. Cabrera-Marrero, M. Khitouni, Strain-hardening behavior in an AA6060-T6 alloy processed by equal channel angular pressing, Advanced Engineering Materials 23 (2021).
260. P.S. Ho, T. Kwok, Electromigration in metals, Reports on Progress in Physics 52 (1989) 301–348.
261. A. Koch, J. Ursinus, B.A. Behrens, F. Walther, Computed tomography-based defect characterization and prediction of fatigue properties of extrudates from recycled field-assisted sintered EN AW-6082 aluminium chips, Fatigue 2021 Proceedings (2021) 170–182.
262. J. Tenkamp, F. Stern, F. Walther, Uniform fatigue damage tolerance assessment for additively manufactured and cast Al-Si alloys: An elastic-plastic fracture mechanical approach, Additive Manufacturing Letters 3 (2022) 100054.
263. A. Arndt, D. Spoddig, P. Esquinazi, J. Barzola-Quiquia, S. Dusari, T. Butz, Electric carrier concentration in graphite: Dependence of electrical resistivity and magnetoresistance on defect concentration, Physical Review B 80 (2009).